职业教育建筑类专业系列教材

建筑识图与构造

主　编　龚碧玲　饶宜平

副主编　王　锐　齐继贺　欧阳焜

参　编　何　亮　黄真会　顾　黎

　　　　张　莉

机械工业出版社

本书包括投影、识图、民用建筑构造和工业建筑 4 篇，共 14 章。投影部分包括正投影原理、形体的投影、轴测投影、剖面图与断面图。识图部分主要介绍建筑工程制图。民用建筑构造部分包括基础与地下室、墙体、楼地层、楼梯与电梯、屋顶、门窗及变形缝。工业建筑部分包括工业建筑概论及单层工业厂房主要构造。为了便于学生学习，本书在每章的开始明确地指出了本章知识要点及学习程度要求，每一节还有课题导入及学习要求。

本书可作为中职学校建筑施工、工程造价和建筑装饰等建筑类专业的教材，也可作为建筑工程专业从业人员参考用书。

为方便教学，本书配有电子课件，凡选用本书作为授课教材的教师均可登录 www.cmpedu.com，以教师身份免费注册下载。编辑咨询电话：010-88379934，机工社职教建筑 QQ 群：221010660。

图书在版编目（CIP）数据

建筑识图与构造/龚碧玲，饶宜平主编. —北京：机械工业出版社，2018.12（2023.2 重印）

职业教育建筑类专业系列教材

ISBN 978-7-111-62109-6

Ⅰ.①建⋯　Ⅱ.①龚⋯　②饶⋯　Ⅲ.①建筑制图-识图-高等职业教育-教材②建筑构造-高等职业教育-教材　Ⅳ.①TU2

中国版本图书馆 CIP 数据核字（2019）第 037035 号

机械工业出版社（北京市百万庄大街 22 号　邮政编码 100037）
策划编辑：刘思海　责任编辑：刘思海　陈紫青　于伟蓉
责任校对：陈　越　封面设计：鞠　杨
责任印制：常天培
固安县铭成印刷有限公司印刷
2023 年 2 月第 1 版第 5 次印刷
184mm×260mm · 21.75 印张 · 534 千字
标准书号：ISBN 978-7-111-62109-6
定价：49.90 元

电话服务　　　　　　　　网络服务
客服电话：010-88361066　机　工　官　网：www.cmpbook.com
　　　　　010-88379833　机　工　官　博：weibo.com/cmp1952
　　　　　010-68326294　金　书　网：www.golden-book.com
封底无防伪标均为盗版　机工教育服务网：www.cmpedu.com

编审委员会名单 （排名不分先后）

主 任 委 员：吴建伟　廖春洪　王昌辉

副主任委员：程　辉　王春强　代礼涛　王洪波　张天虎　王雁荣

委　　　员：陈　超　饶宜平　毛　苹　龚碧玲　王　锐　钟世昌

于金海　李　彬　何芯件　甄小丽　顾　鹏　陈　杨

安雪丽　龙林彬　田子丹　周　锐　王玉夜　何海燕

李　丽　王　越　陈　燕　满文正　许　玲　何　艺

黄真会　顾　黎　张　莉　高德强　李红霞　李　伟

张洪燕　黄　柯　韩远兵　缪希伟　包美春　王岑元

陈　科　乔志杰　金　煜　曾　洁　赵　波　李春年

前　言

随着我国中等职业教育事业的迅猛发展，中等职业教育的教学改革工作也在不断深化，从事专业课教学的教师们都积累了丰富的教学成果和经验。本着共享成果和交流经验的目的，中国建设教育协会中等职业教育专业委员会西南组特组织编写了本套教材。

"建筑识图与构造"是中职建筑工程施工专业及工程造价专业的一门实践性很强的专业基础课程。本书包括投影、识图、民用建筑构造和工业建筑4篇，主要讲述建筑制图、识图的基本知识，研究房屋建筑的构造组成和原理。通过本书的学习，可以使学生具备建筑施工图的识读能力，掌握建筑制图的基本技能。本书按照中等职业教育的规律和原则编写，以必需、够用为度，适应中等职业教育的现状，使学生能适应本岗位和相近岗位的需求。本书内容逐层深入，循序渐进，把国家制图标准、投影基本知识与房屋建筑施工图的识读有机地联系起来，相互融合，相互渗透。本书内容突出重点、图文并茂、通俗易懂，力求反映当前建筑构造相关的新规范、新技术和新工艺。

本教材针对中等职业学生的特点，采用了大量的图样来说明制图和构造的原理和做法，意在提高学生识读施工图和通用图的能力，以便使学生在毕业后能尽快适应建筑工程的一线工作。此外，为强调重点和便于学生自学，每章末还设置了本章回顾。为强化训练，还另外编写了配套使用的《建筑识图与构造习题集》（ISBN 978-7-111-61493-7）。

本教材的参考学时为222学时，各章学时分配见下表（供参考）。

章号	课程内容	课时分配		
		总学时	理论学时	实践练习或现场教学学时
	绪论	4	4	
第1篇　投　影				
第1章	正投影原理	24	18	6(实践练习)
第2章	形体的投影	22	18	4(实践练习)
第3章	轴测投影	14	10	4(实践练习)
第4章	剖面图与断面图	10	6	4(实践练习)
第2篇　识　图				
第5章	建筑工程图	50	38	12(实践练习)
第3篇　民用建筑构造				
第6章	基础与地下室	10	10	
第7章	墙体	24	22	2(现场教学)
第8章	楼地层	12	10	2(实践练习)
第9章	楼梯与电梯	14	10	4(实践练习)
第10章	屋顶	14	10	2(实践练习)+2(现场教学)
第11章	门窗	4	4	
第12章	变形缝	4	4	

（续）

章号	课程内容	课时分配		
		总学时	理论学时	实践练习或现场教学学时
第4篇　工业建筑				
第13章	工业建筑概论	8	6	2（现场教学）
第14章	单层工业厂房主要构造	8	8	
	合计	222	178	44（实践练习）

　　本书由龚碧玲、饶宜平任主编，王锐、齐继贺、欧阳焜任副主编。此外，何亮、黄真会、顾黎、张莉也参与了编写。

　　由于编者的水平有限，资料和信息收集不全，教材中难免有不足之处，敬请广大读者提出宝贵意见，以便修改。

编　者

目　录

第4篇　工业建筑

绪论

知识要点及学习程度要求

- 建筑的定义（了解）
- 建筑识图与构造课程的基本内容和学习方法（了解）
- 建筑的构成要素（掌握）
- 建筑的分类、分级（了解）
- 民用建筑的构造组成（重点掌握）
- 影响建筑构造的因素和构造原则（了解）
- 建筑模数协调统一标准与建筑轴线的确定（掌握）

0.1 建筑及建筑构造课程的基本内容和学习方法

课题导入：什么是建筑？建筑与建筑物、构筑物的区别是什么？怎样才能学好建筑识图与构造课程？

【学习要求】 熟悉建筑与建筑物和构筑物的概念、建筑识图与构造课程的基本内容，掌握学习本课程的方法。

人们的生活和工作始终离不开房屋建筑，那房屋是如何建造出来的呢？它们是我们的建筑工程施工人员依据建筑图建造出来的。在房屋建造之前，建筑设计人员将一栋拟建房屋的内外形状、尺寸大小以及各部分的结构和构造等，按照国家制图标准的规定，用正投影的方法，详细准确地画出图样，这种图样就称为"房屋建筑图"，用来指导房屋建筑施工，建造出各种漂亮的房屋。

0.1.1 建筑

一般来讲，**建筑**是建筑物与构筑物的通称。**建筑物**是供人们直接在其中生产、生活或从事其他活动的房屋或场所，如工厂、住宅、办公楼、学校等。**构筑物**是人们间接在其中生产、生活的建筑，如水池、烟囱、水塔、堤坝等。

0.1.2 建筑识图与构造课程的学习方法

1. 识图课程的学习方法

1）学习投影知识，需要勤动脑多思考，培养自己的空间想象能力，弄清楚投影图与实物之间的对应关系，掌握投影图的投影规律，能根据投影图想象出空间形体的形状和组合关系。

2）学习房屋建筑制图标准，牢固掌握建筑制图国家标准基本知识。

3）学习建筑工程图识读时，多留心观察已建房屋的组成和构造，便于在识图时加深对房屋建筑工程图图示方法和图示内容的理解和掌握。

4）培养严肃认真的工作态度和一丝不苟的工作作风，为后续相关专业的学习和今后的就业打下坚实的基础。

2. 构造课程的学习方法

1）从简单、常见的具体构造入手，逐步掌握建筑构造原理和方法的一般规律。

2）通过观察周围典型建筑的构造，验证所学的知识。

3）通过作业和课程设计，提高绘制和识读建筑施工图的能力。

4）注意收集相关的信息和阅读有关的科技文献和资料，了解建筑构造方面的新工艺、新技术、新动态，不断拓宽自己的知识面。

0.2　建筑的构成要素

课题导入：建筑构成要素中建筑功能、建筑技术、建筑形象的具体内容是什么？

【学习要求】　了解建筑功能、建筑技术和建筑形象的具体内容。

0.2.1　建筑功能

人们建造建筑物的目的，就是为了满足生产和生活的使用要求，例如，工厂的建设是为了生产的需要，住宅的建设是为了居住的需要，影剧院的建设则是文化生活的需求等。由于各类建筑的用途不尽相同，因此就产生了不同的建筑。建筑功能往往会对建筑的结构形式、平面空间构成、内部和外部的尺度、形象等产生直接的影响。不同的建筑具有不同的个性，建筑功能在其中起到了决定性的作用。

0.2.2　建筑技术

建筑技术是把设计构想变成实物的手段，包括建筑结构、建筑材料、建筑施工和建筑设备等内容。随着生产和科学技术的发展，各种新材料、新结构、新设备的发展和新施工工艺水平的提高，新的建筑形式不断涌现，满足了人们对各种不同功能的新需求。

0.2.3　建筑形象

建筑形象是建筑物内外观感的具体体现，它包括平面的空间组合、建筑体型和立面、材料的色彩和质感、细部的处理等内容。不同的时代、不同的地域、不同的人群可能对建筑的形象有不同的理解，但建筑的形象仍然需要符合建筑美学的一般规律。成功的建筑应当反映时代的特征、民族的特点、地方的特色和文化的内涵，并与周围建筑和环境和谐相融，能经受住时间的考验。

0.3　建筑的分类

课题导入：建筑按使用性质、规模、层数、高度和结构类型不同，可分为哪几类？

【学习要求】　熟悉建筑分类的方法和内容。

0.3.1　按建筑的使用性质分类

1. 民用建筑

民用建筑是指供人们居住及进行社会活动等非生产性的建筑，又分为居住建筑和公共建筑两种。

（1）居住建筑　居住建筑是供人们生活起居使用的建筑物，如住宅、公寓和宿舍等。

（2）公共建筑　公共建筑是供人们进行社会活动的建筑物，如办公、科教、文体、商业、医疗、广播、邮电和交通建筑等。公共建筑的类型较多，功能和体量也有较大差异。有些大型公共建筑内部功能比较复杂，可能同时具备上述两个以上的功能，一般这类建筑称为综合性建筑。

2. 工业建筑

工业建筑是指为工业生产服务的各类建筑，如生产车间、动力用房和仓储建筑等。

3. 农业建筑

农业建筑是指用于农业、畜牧业生产和加工使用的建筑，如温室、畜禽饲养场、粮食与饲料加工站、农机修理站等。

0.3.2　按建筑的规模分类

1. 大量性建筑

大量性建筑是指单体规模不大，但兴建数量多、分布广、单方造价较低的建筑，如住宅、学校、中小型办公楼、商场、医院等。

2. 大型建筑

大型建筑是指建筑规模大、耗资多、影响大的公共建筑，如大型火车站、航空港、大型体育馆、博物馆、大会堂等。

0.3.3　按建筑的层数和高度分类

1. 住宅建筑按层数分类

（1）低层建筑　1~3 层。

（2）多层建筑　4~6 层。

（3）中高层建筑　7~9 层。

（4）高层建筑　10 层及 10 层以上。

2. 其他民用建筑按建筑高度分类

（1）普通建筑　普通建筑是指建筑高度小于 24m 的单层和多层民用建筑。建筑高度是指自室外设计地面至建筑主体檐口顶部的垂直高度。

（2）高层建筑　高层建筑是指建筑高度大于 24m 的民用建筑（不包括单层主体建筑）。

（3）超高层建筑　超高层建筑是指建筑高度超过100m时的住宅及公共建筑。

0.3.4　按建筑的结构类型分类

1. 砖木结构建筑

砖木结构建筑是指采用砖（石）墙体、木楼板、木屋顶的建筑，这种建筑使用舒适，但防火和抗震性能较差。

2. 砖混结构建筑

砖混结构建筑是指采用砖（石）墙体、钢筋混凝土楼板和屋顶的多层建筑，墙体中应设置钢筋混凝土圈梁和构造柱。这种结构整体性、耐久性和耐火性较好，取材方便，施工简单，但质量较大，耗砖较多，多适用于6层及以下的住宅和次要建筑。

3. 钢筋混凝土结构建筑

钢筋混凝土结构建筑是指由钢筋混凝土柱、梁、板承重的多层及高层建筑，以及用钢筋混凝土材料制造的装配式大板、大模板建筑，包括钢筋混凝土框架结构、钢筋混凝土剪力墙结构和大板结构。

4. 钢结构建筑

钢结构建筑是指全部采用钢柱、钢梁组成承重骨架，用轻质块材、板材制作围护和分隔墙的建筑。这种建筑整体性好，质量较轻，工业化施工程度高，但耗钢量大、施工难度高、耐火性较差，多用于超高层建筑和大跨度公共建筑。

5. 其他结构建筑

其他结构建筑有生土建筑、充气建筑、塑料建筑等。

0.4　建筑的分级

课题导入：建筑物的分级是按耐久年限、重要性和规模、耐火等级进行划分的。

【学习要求】　熟悉建筑分级的内容，掌握建筑构件的燃烧性能及耐火极限的概念。

建筑的等级是建筑设计最先考虑的主要因素之一，不同的建筑等级所采用的标准、定额不同，相应材料的选用、结构的选型都应符合各自等级的要求。

0.4.1　按建筑物的耐久年限分类

我国现行规范规定，建筑物按主体结构的耐久年限分为4个等级，见表0-1。

表 0-1　建筑物的耐久年限

建 筑 等 级	建筑物性质	耐 久 年 限
一	具有历史性、纪念性、代表性的重要建筑物，如纪念馆、博物馆等	100 年以上
二	重要的公共建筑物，如一级行政机关办公楼、大城市火车站、大剧院等	50~100 年
三	普通的建筑物，如文教、交通、居住建筑及一般性厂房等	25~50 年
四	简易建筑和使用年限在 15 年以下的临时建筑	15 年以下

0.4.2　按建筑物的重要性和规模分类

建筑按其重要性、规模使用要求的不同，分为6个级别，具体划分见表0-2。

表 0-2　民用建筑的等级

工 程 等 级	工程主要特征	工程范围举例
特级	1. 列为国家重点项目或以国际性活动为主的特高级大型公共建筑 2. 有全国性历史意义或技术要求特别复杂的中小型公共建筑 3. 30 层以上建筑 4. 高大空间有声、光等特殊要求的建筑物	国宾馆，国家大会堂，国际会议中心，国际体育中心，国际贸易中心，国际大型航空港，国际综合俱乐部，重要历史纪念建筑，国家级图书馆、博物馆、美术馆、剧院、音乐厅，三级以上人防
一级	1. 高级大型公共建筑 2. 有地区性历史意义或技术要求复杂的中、小型公共建筑 3. 16 层以上、29 层以下或超过 50m 高的公共建筑	高级宾馆、旅游宾馆，高级招待所、别墅，省级展览馆、博物馆、图书馆，科学试验研究楼（包括高等院校），高级会堂，高级俱乐部，300 床位以上的医院、疗养院、医疗技术楼，大型门诊楼，大中型体育馆、室内游泳馆、室内滑冰馆，大城市火车站、航运站、候机楼、摄影棚、邮电通信楼，综合商业大楼，高级餐厅，四级人防，五级平战结合人防等
二级	1. 中高级、大中型公共建筑 2. 技术要求较高的中小型建筑 3. 16 层以上、29 层以下住宅	大专院校教学楼、档案楼、礼堂、电影院，部或省级机关办公楼，300 床位以下（不含 300）医院、疗养院，地或市级图书馆、文化馆、少年宫、俱乐部、排演厅、报告厅、风雨操场，大中城市汽车客运站，中等城市火车站、邮电局，多层综合商场，风味餐厅，高级小住宅等
三级	1. 中级、中型公共建筑 2. 7 层以上（含 7 层）、15 层以下有电梯的住宅或框架结构的建筑	重点中学、中等专科学校的教学楼、试验楼、电教楼，社会旅馆、饭馆、招待所、浴室、邮电所、门诊部、百货楼、托儿所、幼儿园、综合服务楼、1~2 层商场、多层食堂、小型车站等
四级	1. 一般中小型公共建筑 2. 7 层以下无电梯的住宅、宿舍及砖混结构建筑	一般办公楼、中小学教学楼、单层食堂、单层汽车库、消防车库、消防站、蔬菜门市部、粮站、杂货店、阅览室、理发室、水冲式公共厕所等
五级	1~2 层单功能，一般小跨度结构建筑	同特征

0.4.3　按建筑物的耐火等级分类

建筑物的耐火等级是由构件的燃烧性能和耐火极限两个方面来决定的，共分为 4 级。各级建筑物所用构件的燃烧性能和耐火极限见表 0-3 和表 0-4。

表 0-3　高层民用建筑构件的燃烧性能和耐火极限

构件名称	燃烧性能和耐火极限/h	耐火等级 一级	耐火等级 二级
墙	防火墙	不燃烧体 3.00	不燃烧体 3.00
	承重墙、楼梯间、电梯井和住宅单元之间的墙	不燃烧体 2.00	不燃烧体 2.00
	非承重外墙、疏散走道两侧的隔墙	不燃烧体 1.00	不燃烧体 1.00
	房间隔墙	不燃烧体 0.75	不燃烧体 0.50
柱		不燃烧体 3.00	不燃烧体 2.50
梁		不燃烧体 2.00	不燃烧体 1.50
楼板、疏散楼梯、屋顶承重构件		不燃烧体 1.50	不燃烧体 1.00
吊顶		不燃烧体 0.25	不燃烧体 0.25

表 0-4　多层建筑构件的燃烧性能和耐火极限

构件名称	燃烧性能和耐火极限/h	耐火等级			
		一级	二级	三级	四级
墙	防火墙	非 4.00	非 4.00	非 4.00	非 4.00
	承重墙、楼梯间、电梯井的墙	非 3.00	非 2.50	非 2.50	难 0.50
	非承重外墙、疏散走道两侧的隔墙	非 1.00	非 1.00	非 0.50	难 0.25
	房间隔墙	非 0.75	非 0.50	非 0.50	难 0.25
柱	支承多层的柱	非 3.00	非 2.50	非 2.50	难 0.50
	支承单层的柱	非 2.50	非 2.00	非 2.00	燃烧体
梁		非 2.00	非 1.50	非 1.00	
楼板		非 1.50	非 1.00	非 0.50	难 0.25
屋顶承重构件		非 1.50	非 0.50	燃烧体	燃烧体
疏散楼梯		非 1.50	非 1.00	非 1.00	燃烧体
吊顶		非 0.25	难 0.25	难 0.15	燃烧体

注：表中"非"是指非燃烧材料，"难"是指难燃烧材料。

1. 构件的燃烧性能

按建筑构件在空气中遇火时的不同反应，将燃烧性能分为以下三类。

（1）非燃烧体　非燃烧体是指用非燃烧材料制成的构件。非燃烧体材料是指在空气中受到火烧或高温作用时，不起火、不炭化、不微燃，如砖石材料、钢筋混凝土和金属等。

（2）难燃烧体　难燃烧体是指用难燃烧材料做成的构件，或用燃烧材料做成，而用非燃烧材料做保护层的构件。难燃烧体是指在空气中受到火烧或高温作用时，难燃烧、难起火、难碳化。当难燃烧体离开火源后，难燃烧体燃烧或微燃立即停止，如沥青混凝土、石膏板和板条抹灰等。

（3）燃烧体　燃烧体是指用燃烧材料做成的构件。燃烧材料系指在空气中受到火烧或高温作用时立即起火或微燃，离开火源继续燃烧或微燃，如木材、纤维板和胶合板等。

2. 构件的耐火极限

耐火极限是指对任一建筑构件按时间-温度曲线进行耐火试验，从受到火作用时起，到失去支持能力，或发生穿透裂缝，或背火一面温度升高到 220℃ 时为止的这段时间为耐火极限，用小时（h）表示（图 0-1）。

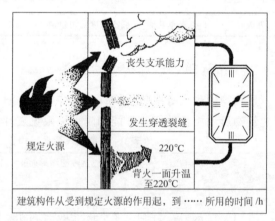

图 0-1　耐火极限试验示意图

0.5　民用建筑的构造组成

课题导入：一般民用建筑是由哪几部分组成的？哪些是承重构件？哪些是围护构件？

【学习要求】　熟悉建筑物是由哪几部分组成的，并掌握承重构件的作用和围护构件的作用。

一般民用建筑是由基础、墙或柱、楼板层和地层、楼梯、屋顶和门窗等主要部分组成的，这些组成部分在建筑上通常被称为构件或配件。它们所处的位置不同，有着不同的作用，其中有的起着承重的作用，有的起着围护的作用，而有些构件既有承重作用又有围护作用（图 0-2）。

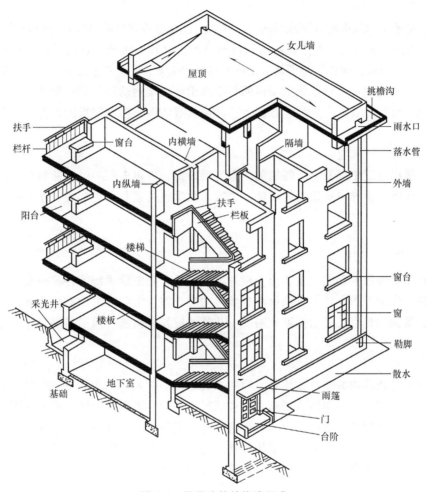

图 0-2　民用建筑的构造组成

0.5.1　基础

基础是建筑最下部的承重构件，它埋在地下，承受建筑物的全部荷载，并把这些荷载传递给地基。基础必须具备足够的强度和稳定性，并能抵御地下水、冰冻等各种不良因素的侵蚀。

0.5.2　墙体和柱

在建筑物基础的上部是墙体或柱。墙体和柱都是建筑物的竖向承重构件，是建筑物的重要组成部分。墙的作用主要是承重、围护和分隔空间。作为承重构件，墙承受着屋顶和楼板等传来的荷载，并把这些荷载传递给基础。作为围护构件，外墙能够抵御自然界各种因素对室内的侵蚀，内墙则起到分隔内部空间的作用。因此，墙体根据功能的不同，分别应具有足够的强度、稳定性、良好的热功性能及防火、防水、隔声和耐久性能。柱也是建筑物的承重构件，除了不具备围护和分隔作用之外，其他要求与墙体相差不大。

0.5.3 楼板层和地层

楼板层是楼房建筑中的水平承重构件，并在竖向将整栋建筑物内部划分为若干部分。楼板层承担建筑物的楼面荷载，并把这些荷载传递给墙体（柱）或梁，同时楼层还对墙体起到水平支撑的作用。因此，楼板层必须具有足够的强度和刚度，并应具备防火、防水和隔声性能。

地层，又称地坪，是建筑物底层房间与下部土壤相接触的部分，承受着底层房间的地面荷载。因此，地层应具有一定的承载能力，并应具有防潮、防水和保温的能力。

0.5.4 楼梯

楼梯是楼房建筑中联系上下各层的垂直交通设施，以供人们平时交通和在紧急情况下疏散时使用。因此，楼梯应有适当的坡度、宽度、数量、位置和布局形式，还要满足防火和防滑等要求。

0.5.5 屋顶

屋顶是建筑物最上部的承重和围护构件。它承受着建筑物顶部的各种荷载，并将荷载传递给墙或柱。作为围护构件，它抵御着自然界中雨、雪、太阳辐射等对建筑物顶层房间的影响。因此，屋顶应具有足够的强度和刚度，此外还应具有防水、保温和隔热等性能。

0.5.6 门和窗

门和窗都是建筑物的非承重构件。门的主要作用是供人们出入和分隔空间，有时还兼有采光和通风的作用。窗的作用主要是采光和通风，有时也可起到挡风、避雨等围护作用。根据建筑物的使用空间要求不同，门和窗还应具有一定的保温、隔声、防火和防风沙等能力。

在建筑物中，除了以上基本组成构件外，还有许多为人们使用或建筑物本身所必需的其他构件和设施，如阳台、雨篷、台阶、烟道和通风道等。

0.6 影响建筑构造设计的因素和原则

课题导入：影响建筑构造设计的因素有哪些？设计的原则是什么？

【**学习要求**】 理解影响建筑构造设计的外力作用、人为因素和建筑技术条件等因素的内容，熟悉构造设计的原则。

0.6.1 影响建筑构造设计的因素

为确保建筑物能充分发挥使用功能，延长建筑物的使用年限，在进行建筑构造设计时，需对影响建筑构造的因素进行综合分析，以便制订合理可行的构造方案。影响建筑构造设计的主要因素有以下几个方面（图 0-3）。

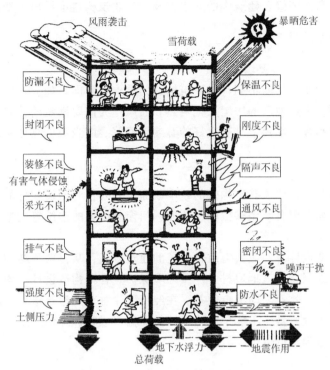

图 0-3　影响建筑构造的因素

1. 外力作用

作用在建筑物上的各种外力统称为荷载。荷载可分为恒荷载（如建筑自重）和活荷载（如人群、家具、风、雪及地震荷载）两类。荷载的大小是建筑结构设计的重要依据。

2. 气候条件

我国各地区地理位置及环境不同，气候条件有许多差异。太阳的辐射热，自然界的风、雨、雪、霜、地下水和太阳辐射等构成了影响建筑物的多种因素。因此，在进行构造设计时，应该针对建筑物所受影响的性质与程度，对房屋的各有关部位采取必要的防范措施，如防潮、防水、保温、隔热、设置伸缩缝和隔蒸汽层等，以保证房屋的正常使用。

3. 各种人为因素

在生产和生活活动中，人们往往会受到火灾、地震、爆炸、机械振动、化学腐蚀和噪声等人为因素的影响，因此，在进行构造设计时，必须针对这些影响因素，采取相应的防火、防震、防爆、防振、防腐及隔声等构造措施，以确保建筑物的正常使用。

4. 建筑技术条件

由于建筑材料技术的日新月异，建筑结构技术不断发展，建筑施工技术不断进步，建筑构造技术也在不断更新，例如，悬索、薄壳、网架等空间结构建筑，点式玻璃幕墙，彩色铝合金等新材料的应用。可以看出，建筑构造没有一成不变的固定模式，因而在构造设计中要以构造原理为基础，在利用原有的、标准的、典型的建筑构造的同时，不断发展和创造新的构造方案。

5. 经济条件

随着建筑技术的不断发展和人们生活水平的日益提高，人们对建筑的使用要求也越来

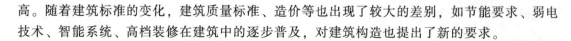

高。随着建筑标准的变化，建筑质量标准、造价等也出现了较大的差别，如节能要求、弱电技术、智能系统、高档装修在建筑中的逐步普及，对建筑构造也提出了新的要求。

0.6.2　建筑构造设计的原则

1. 满足建筑使用功能的要求

房屋建造环境的使用功能不同，对建筑构造的要求也不同。如：寒冷地区的房屋要解决好冬季保温的问题；炎热地区的房屋要把隔热和通风作为需要满足的首要条件；计算机房要求防静电，影剧院和音乐厅要求具有良好的音响环境等。应当根据具体的使用情况，选择合理的构造方案。

2. 确保结构安全

除按荷载大小及结构要求确定构件的基本断面尺寸外，有些构配件的安全使用是通过构造措施来保证的，如对阳台、楼梯栏杆、顶棚、门窗与墙体的连结等构造设计。

3. 先进技术合理降低造价

在进行建筑构造设计时，应大力改进传统的建筑方式，从材料、结构及施工等方面引入先进技术，注意因地制宜，就地取材，注重环境保护。各种构造设计，均要注重整体建筑物经济、社会和环境三个效益，即综合效益。在经济上注意节约建筑造价，降低材料的能源消耗，同时必须保证工程质量，不能单纯追求效益而偷工减料，降低质量标准，应做到在确保工程质量的同时，合理降低造价。

4. 美观大方

建筑物的形象除了取决于建筑设计中的体型组合和立面处理外，一些建筑细部的构造设计对整体美观也有很大影响。如对栏杆、台阶、勒脚、门窗、挑檐及线脚等细部设计是建造建筑精品的关键环节。

综上所述，应当本着满足功能、技术先进、经济适用、确保安全、美观大方及符合环境要求的原则，对构造方案进行比较和分析，以做出最佳选择。

0.7　建筑模数协调统一标准与建筑定位轴线的确定

课题导入：建筑模数是指什么？建筑模数有哪几种？房屋墙体定位轴线是怎样确定的？

【学习要求】　理解建筑模数的含义，掌握基本模数、扩大模数和分模数的适用范围，了解一般墙体和柱轴线的定位方法。

0.7.1　建筑模数协调统一标准

由于建筑设计单位、施工单位、构配件生产厂家往往是各自独立的企业，甚至可能不属于同一地区、同一行业。为了协调建筑设计、施工及构配件生产之间的尺度关系，达到简化构件类型、降低建筑造价、保证建筑质量且提高施工效率的目的，我国制订了《建筑模数协调标准》（GB/T 50002—2013)，用以约束和协调建筑尺度。

1. 模数

建筑模数是指选定的尺寸单位，作为尺度协调中的增值单位，它是建筑设计、建筑施工、建筑材料与制品、建筑设备、建筑组合件等各部门进行尺度协调的基础，其目的是使构配件安装尺寸吻合，并有互换性。

2. 基本模数

基本模数是模数协调中选用的基本单位，其数值为 100mm，符号为 M，即 1M = 100mm。

3. 扩大模数

扩大模数是指基本模数的整倍数。扩大模数的基数应符合下列规定：

1）水平扩大模数　3M、6M、12M、15M、30M、60M 共 6 个，其相应的尺寸分别为 300mm、600mm、1200mm、1500mm、3000mm、6000mm。

2）竖向扩大模数的基数　3M、6M，其相应的尺寸为 300mm、600mm。

4. 分模数

分模数是基本模数的分数值。分模数的基数为 M/10、M/5、M/2 共 3 个，其相应的尺寸为 10mm、20mm、50mm。

5. 模数数列

模数数列是指由基本模数、扩大模数、分模数为基础扩展成的一系列尺寸。它可以保证不同建筑及其组成部分之间尺度的统一协调，有效减少建筑尺寸的种类，并确保尺寸具有合理的灵活性。模数数列的幅度及适用范围见表 0-5。

表 0-5　常用模数数列

模数名称	基本模数	扩 大 模 数						分 模 数		
模数基数	1M	3M	6M	12M	15M	30M	60M	M/10	M/5	M/2
模数数列	100	300	600	1200	1500	3000	6000	10	20	50
	200	600	1200	2400	3000	6000	12000	20	40	100
	300	900	1800	3600	4500	9000	18000	30	60	150
	400	1200	2400	4800	6000	12000	24000	40	80	200
	500	1500	3000	6000	7500	15000	30000	50	100	250
	600	1800	3600	7200	9000	18000	36000	60	120	300
	700	2100	4200	8400	10500	21000		70	140	350
	800	2400	4800	9600	12000	24000		80	160	400
	900	2700	5400	10800		27000		90	180	450
	1000	3000	6000	12000		30000		100	200	500
	1100	3300	6600			33000		110	220	550
	1200	3600	7200			36000		120	240	600
	1300	3900	7800					130	260	650
	1400	4200	8400					140	280	700
	1500	4500	9000					150	300	750
	1600	4800	9600					160	320	800
	1700	5100						170	340	850
	1800	5400						180	360	900
	1900	5700						190	380	950
	2000	6000						200	400	1000
	2100	6300								
	2200	6600								
	2300	6900								

（续）

模数名称	基本模数	扩 大 模 数							分 模 数		
模数基数	1M	3M	6M	12M	15M	30M	60M	M/10	M/5	M/2
模数数列	2400	7200									
	2500	7500									
	2600										
	2700										
	2800										
	2900										
	3000										
	3100										
	3200										
	3300										
	3400										
	3500										
	3600										
应用范围	主要用于建筑物层高、门窗洞口和构配件截面	1. 主要用于建筑物的开间或柱距、进深或跨度、层高、构配件截面尺寸和门窗洞口等处 2. 扩大模数 30M 数列按 3000mm 进级，其幅度可增至 360M；60M 数列按 6000mm 进级，其幅度可增至 360M							1. 主要用于缝隙、构造节点和构配件截面等处 2. 分模数 M/2 数列按 50mm 进级，其幅度可增至 10M		

0.7.2 建筑定位轴线的确定

定位轴线是确定房屋主要结构或承重构件的位置及其尺寸的基线。为了统一与简化结构或构件等的尺寸和节点构造，减少规格类型，提高互换性和通用性，以满足建筑工业化生产的要求，我们规定了定位轴线的布置以及结构构件与定位轴线联系的原则。

1. 墙体的平面定位轴线

（1）承重墙的定位轴线

1）承重外墙的定位轴线。当底层墙体与顶层墙体厚度相同时，平面定位轴线与外墙内缘距离为 120mm；当底层墙体与顶层墙体厚度不同时，平面定位轴线与顶层外墙内缘距离为 120mm（图 0-4）。

2）承重内墙的定位轴线。承重内墙的平面定位轴线应与顶层墙体中线重合。如果墙体是对称内缩，则平面定位轴线中分底层墙身；如果墙体是非对称内缩，则平面定位轴线偏中分底层墙身（图 0-5）。

（2）非承重墙的定位轴线 非承重墙的平面定位轴线比较灵活。除可按承重墙定位轴线的规定定位之外，还可以使墙身内缘与平面定位轴线重合（图 0-6）。

2. 框架结构的定位轴线

在框架结构中，柱与平面定位轴线的联系原则是：中柱（中柱上柱或顶层中柱）的中线一般与纵横向平面定位轴线重合；边柱的外缘一般与纵向平面定位轴线重合或偏离，也可使边柱（顶层边柱）的纵向中线与纵向平面定位轴线重合（图 0-7）。

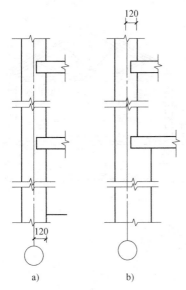

图 0-4　承重外墙的定位轴线

a）底层墙体与顶层墙体厚度相同

b）底层墙体与顶层墙体厚度不同

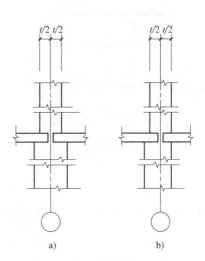

图 0-5　承重内墙的定位轴线

a）定位轴线中分底层墙身

b）定位轴线偏分底层墙身

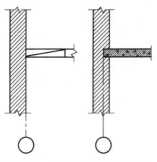

图 0-6　非承重墙的定位轴线

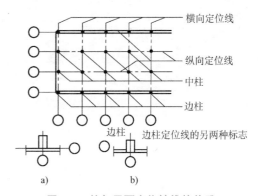

图 0-7　柱与平面定位轴线的关系

a）墙包柱时　b）墙与柱外平时

3. 建筑的层高与净高

楼房的层高是指该楼层地面到上一层楼面之间的垂直高度。公共建筑的层高应取 3M 的模数，如 3300mm、3600mm、4800mm 等；住宅楼的层高取 1M 的模数，如 2800mm、2900mm、3000mm 等（图 0-8、图 0-9）。

楼房的净高是指楼地面到结构层（梁、板）底面或悬吊顶棚下表面之间的垂直距离（图 0-8、图 0-9）。

坡屋顶建筑的层高是指坡屋顶结构层上表面倾斜线与外墙定位轴线相交处至顶层楼面上表面的垂直距离（图 0-10）。

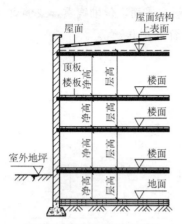

图 0-8 砖墙的层高与净高

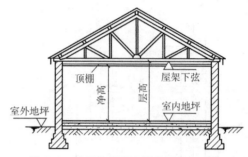

图 0-9 单层坡屋顶房屋的层高与净高

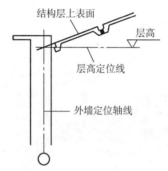

图 0-10 坡屋顶层高的确定

第1篇

投　　影

第1章

正投影原理

知识要点及学习程度要求

- 投影的概念，投影的分类和特性（理解）
- 三面投影的形成原理，三面投影的规律（理解）
- 点的三面投影特征，空间两点的相对位置关系、重影点（掌握）
- 直线的三面投影特征，能分析三面投影中直线的空间位置关系（掌握）
- 平面的三面投影特征，能分析三面投影中点、直线、平面的相对位置关系（掌握）

1.1 投影的基本知识

课题导入：日常生活中，物体在阳光和灯光的照射下，会在地面或墙面上产生影子，人们认识到光线、物体和影子之间存在一定的关系，并对这种关系进行科学的归纳和总结，就是投影的概念。

【学习要求】 熟悉投影的概念，投影的分类和特性。

1.1.1 投影的概念

要产生投影必须具备三个条件，如图 1-1 所示，S 为投影中心，即光源或光线，投影所在平面 P 为投影面，ABC 代表空间几何元素或物体，这三个条件又称为投影三要素。在这样的条件下，通过空间点 A、B、C 的投射线（SA、SB、SC 连线）与投影面 P 的交点 abc，即为 ABC 的投影。这种对物体进行投影在投影面上产生图像的方法称为投影法。用投影法画出的物体图形称为投影图，工程上常用各种投影法来绘制图样。

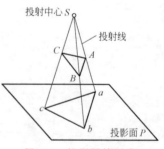

图 1-1 投影图的形成

1.1.2 投影的分类

根据投射方式的不同情况，投影一般分为两类：中心投影和平行投影。

（1）中心投影 中心投影是指由一点发射的投射线所产生的投影，如图 1-2a 所示。

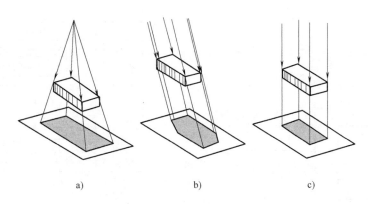

图 1-2 投影的分类

a）中心投影 b）斜投影 c）正投影

（2）平行投影 平行投影是指由相互平行的投射线所产生的投影。根据投影线与投影面的夹角不同，平行投影又分为斜投影和正投影。

1）斜投影：平行投射线倾斜于投影面的投影（图 1-2b）。

2）正投影：平行投射线垂直于投影面的投影（图 1-2c）。

1.1.3 常用的工程图

1. 透视投影图

用中心投影法将空间形体投射到单一投影面上得到的图形称为透视图，如图 1-3 所示。透视图与人的视觉习惯相符，能体现近大远小的效果，所以形象逼真，具有丰富的立体感，但作图比较麻烦，且度量性差，常用于绘制建筑效果图。

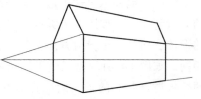

图 1-3 透视投影图

2. 轴测投影图

将空间形体正放用斜投影法画出或将空间形体斜放用正投影法画出的图称为轴测图，如图 1-4 所示。形体上互相平行且长度相等的线段，在轴测图上仍互相平行、长度相等。轴测图虽不符合近大远小的视觉习惯，但仍具有很强的直观性，所以在工程上得到广泛应用。

3. 正投影图

根据正投影法所得到的图形称为正投影图。房屋（模型）的正投影图如图 1-5 所示。正投影图虽直观性不强，但能够反映物体的形状和大小，并且作图方便，度量性好，所以工程上应用最广。绘制房屋建筑图主要用正投影图。

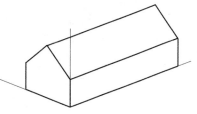

图 1-4 轴测投影图

4. 标高投影图

用正投影法将局部地面的等高线投射在水平的投影面上，并标注出各等高线的高程，从而表达该局部的地形。这种用标高来表示地面形状的正投影图称为标高投影图，如图 1-6所示。

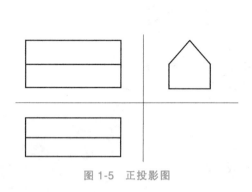

图 1-5 正投影图

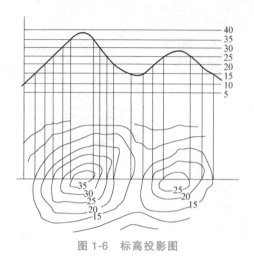

图 1-6 标高投影图

1.2 三面正投影图

工程图是工程施工的依据，应尽可能完整地反映形体各部分的形状和大小。如果一个形体只向一个投影面投射，那么所得到的投影图就不能完整地表示出这个形体各个表面及整体的形状和大小。如图 1-7 所示，三个不同形状的形体，而在一个投射方向上的正投影图完全相同。如图 1-8 所示，三个不同形状的形体在两个投射方向上的正投影图也是完全相同的。那么需要几个投影图才能完整确定形体的空间形状和大小呢？

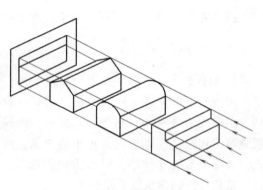

图 1-7 不同形状物体的单面投影相同

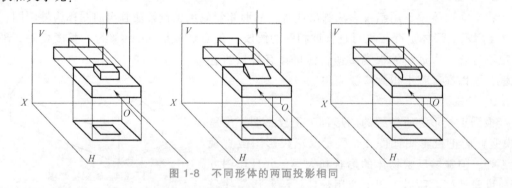

图 1-8 不同形体的两面投影相同

我们生活在一个三维空间里，任何形体都具有长度、宽度和高度三个维度，所以通常需要三个或三个以上的投影图才能完整、正确地表示出它的形状和大小。

1.2.1 三面正投影图的形成

通常把三个相互垂直的投影面所构成的一个空间体系称为三面投影体系，如图 1-9 所示。在三面投影体系中，把处于水平位置的投影面称为水平投影面，简称水平面或 H 面；正立位置投影面称为正立投影面，简称正立面或 V 面；侧立位置的投影面称为侧立面或 W 面（图1-9a）。三个投影面两两相交，交线称为投影轴（图1-9b）。三根投影轴两两垂直并交于原点 O，OX 轴表示长度方向，OY 轴表示宽度方向，OZ 轴表示高度方向，如图1-9c、d 所示。将形体放置在三面正投影体系中，即放置在 H 面的上方，V 面的前方，W 面的左方，并尽量让形体的表面与投影面平行或垂直。

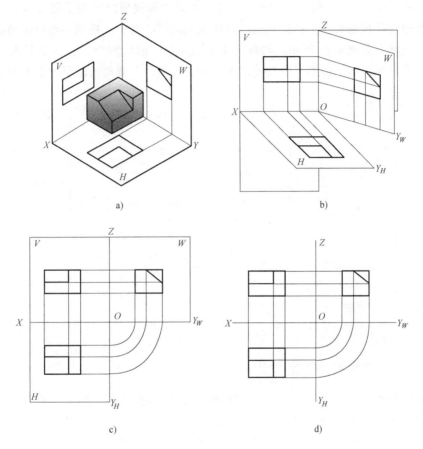

图 1-9 三面投影图的形成和展开

1.2.2 三面正投影图的展开

为了使处于空间位置的三面投影在同一平面上表示出来，如图1-9b所示，规定正立面（V 面）保持不动，将水平面（H 面）绕 OX 轴向下旋转90°，将侧立面（W 面）绕 OZ 轴向右旋转90°，就得到在同一平面上的三面投影。这时 OY 轴分为两条，一条为 OY_H 轴，一条为 OY_W 轴，如图1-9c所示。在绘制形体的三面正投影图时，H 面投影在 V 面投影的正下方，W 面投影在 V 面投影的正右方，如图1-9d所示。

1.2.3 三面正投影图的规律

如图1-10所示，三面投影展开后，水平投影在正面投影的下方，侧面投影在正面投影的右方。如果把物体左右之间的距离称为长，前后之间的距离称为宽，上下之间的距离称为高，则正面投影和水平投影都反映了物体的长度，正面投影和侧面投影都反映了物体的高度，水平投影和侧面投影都反映了物体的宽度。因此，三个投影图之间存在下述投影关系：

正面投影与水平投影——长对正；

正面投影与侧面投影——高平齐；

水平投影与侧面投影——宽相等。

"长对正、高平齐、宽相等"的投影对应关系是三面投影之间的重要特性，也是画图和读图时必须遵守的投影规律。在运用这一规律画图或读图时，应特别注意物体的前后位置在投影图中的反映。如图 1-11 所示，物体有上下、左右、前后六个方位，正面投影反映物体的上下和左右关系，水平投影反映物体的左右和前后关系，侧面投影反映上下和前后关系。

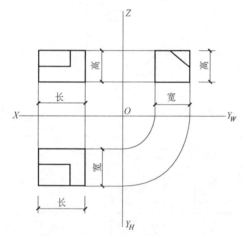

图 1-10   三面正投影图的规律图

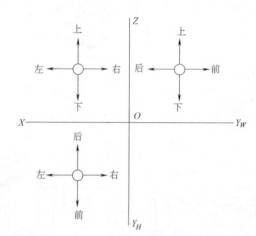

图 1-11   三面正投影图的方位关系

1.2.4   三面正投影图的作图方法

绘制三面投影图时，一般先绘制 V 面投影图或 H 面投影图，然后再绘制 W 面投影图。熟练地掌握形体的三面正投影图的画法是绘制和识读工程图的重要基础。

【例 1-1】   根据图 1-9a 所示立体图，绘制其三面正投影图。

作图：

1）绘制水平和垂直十字相交线，作为正投影图的投影轴，如图 1-12a 所示。

2）根据形体在三面投影体系中的放置位置，先画出能够反映形体特征的 H 面或 V 面投影图，如图 1-12b 所示。

3）根据投影关系，由"长对正"的投影规律，画出 V 面或 H 面投影图；由"高平齐"的规律，把 V 面投影图中涉及高度的各相应部位用水平线画向 W 投影面；由"宽相等"的投影规律将涉及宽度的各相应部位画向 W 面，（以原点 O 为圆心做圆弧或过原点 O 作与 Y_H、Y_W 成 45° 的斜线）与"等高"水平线相交，找出形体的各点连接得到 W 面投影，如图 1-12c、d 所示。

由于房屋建筑的形状形态各异，一些复杂的建筑只用三面正投影可能无法满足表达的要求。因此，国家标准《技术制图 投影法》（GB/T 14692—2008）规定，形体正投影可以有

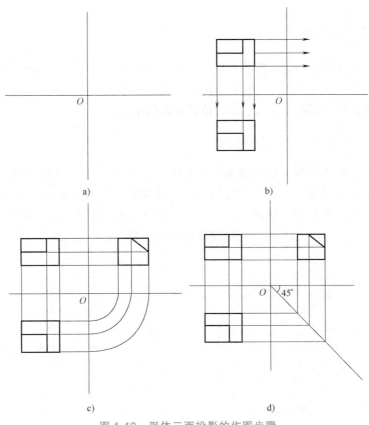

a)   b)

c)   d)

图 1-12　形体三面投影的作图步骤

六个投影方向，如图 1-13 所示，即形体的六个正投影图，又称视图。除了我们已知的自前方 A 的投影——正立面图、自上方 B 的投影——平面图、自左方 C 的投影——左侧立面图外，还有三个：自右方 D 的投影——右侧立面图、自下方 E 的投影——底面图、自后方 F 的投影——背立面图。在同一张纸上绘制若干视图时，各视图的位置按图 1-14 所示的顺序配置。

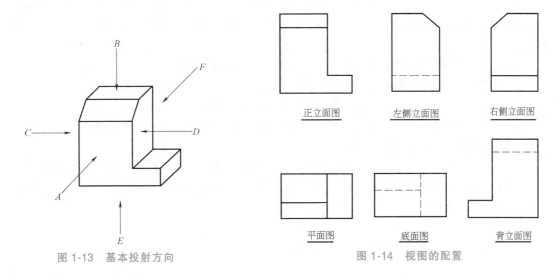

正立面图　　　　左侧立面图　　　　右侧立面图

平面图　　　　　底面图　　　　　　背立面图

图 1-13　基本投射方向　　　　　　图 1-14　视图的配置

1.3　点的投影

　　建筑物或构筑物以及组成它们的构件，都可以看成是由若干形体组成，形体又是由若干个面（平面、曲面）、线（直线、曲线）和点构成。因此，点是构成线、面、体的最基本的几何元素，掌握点的投影是学习线、面、体的投影的基础。

1.3.1　点的三面投影及其投影标注

　　空间点 A 的三面正投影直观图和投影图如图 1-15 所示。在三面投影中，空间点用大写字母来表示，其 H 面投影用同一个字母的小写形式来表示，其 V 面投影用同一个字母的小写形式加一撇表示，其 W 面投影用同一个字母的小写形式加两撇表示。如图 1-15a 所示，空间点用 A 表示，H、V、W 面投影分别用相应的小写字母 a、a′、a″表示。

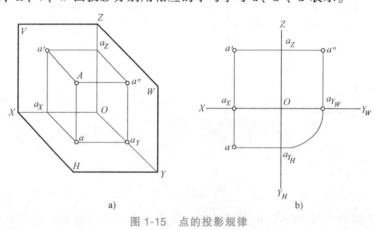

a)   b)

图 1-15　点的投影规律

a）直观图　b）投影图

1.3.2　点的投影规律

　　如图 1-15a 所示，将空间点 A 分别向 H 面、V 面、W 面投射，得到的投影分别为 a、a′、a″，投影面展开后，得到如图 1-15b 所示的投影图。由点的三面投影图中可看出点的投影规律：

　　1）点的正立面投影和水平面投影的连线垂直于 OX 轴，即 $a'a \perp OX$。

　　2）点的正立面投影和侧立面投影的连线垂直于 OZ 轴，即 $a'a'' \perp OZ$。

　　3）点的水平面投影至 OX 轴的距离等于其侧立面投影至 OZ 轴的距离，即 $aa_X = a''a_Z$。

　　由点的投影规律可知，空间任意点的三面投影图中，只要给出其中任意两个投影，就可以根据点的投影规律作出第三投影。

　　【例 1-2】　如图 1-16 所示，已知点 A 的 V 面投影 a′和 W 面投影 a″，求作 H 面投影 a。

　　分析：根据点的投影规律可知，$aa' \perp OX$，过 a′作 OX 轴的垂线 $a'a_X$，所求 a 点必在 $a'a_X$ 的延长线上，然后由 $aa_X = a''a_Z$ 可确定 a 点的位置。

　　作图：

　　1）过 a′作 $a'a_X \perp OX$，并延长，如图 1-16b 所示。

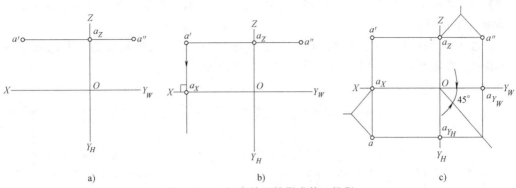

图 1-16 已知点的两投影求第三投影

2）量取 $aa_X = a''a_Z$，求得 a，如图 1-16c 所示。也可以如图 1-16c 所示由 a'' 通过自 O 点引出的 45°线作出 a。

1.3.3 点的坐标和点到投影面的距离

如图 1-17 所示，空间点的位置可由点到三个投影面的距离来确定。如果将三个投影面作为坐标面，投影轴作为坐标轴，则点的投影和点的坐标关系如下：

1）点 A 到 W 面的距离 (X_A) 为 $Aa'' = a_X O = a'a_Z = aa_Y = X$ 坐标。

2）点 A 到 V 面的距离 (Y_A) 为 $Aa' = a_Y O = a''a_Z = aa_X = Y$ 坐标

3）点 A 到 H 面的距离 (Z_A) 为 $Aa = a_Z O = a''a_Y = a'a_X = Z$ 坐标

空间点的位置可由该点的坐标确定，例如 A 点三投影的坐标分别为 a $(X_A、Y_A)$，a' $(X_A、Z_A)$，a'' $(Y_A、Z_A)$。任一投影都包含了两个坐标，所以一点的两个投影就包含了确定该点空间位置的三个坐标，即确定了点的空间位置。

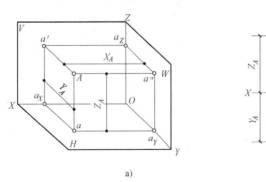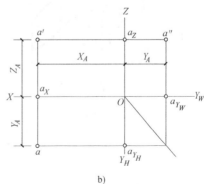

图 1-17 点的投影及其坐标关系

【例 1-3】 已知空间点 B 的坐标为 $X = 12$，$Y = 10$，$Z = 15$，也可以写成 B (12, 10, 15)，单位为 mm（下同）。求作 B 点的三投影。

分析：已知空间点的三个坐标，便可作出该点的两个投影，从而作出另一投影。

作图：

1）画投影轴，在 OX 轴上由 O 点向左量取 12，定出 b_X，过 b_X 作 OX 轴的垂线，如图 1-18a 所示。

2）在 OZ 轴上由 O 点向上量取 15，定出 b_Z，过 b_Z 作 OZ 轴垂线，两条垂线交点即为 b'，如图 1-18b 所示。

3）在 $b'b_X$ 的延长线上，从 b_X 向下量取 10 得 b；在 $b'b_Z$ 的延长线上，从 b_Z 向右量取 10 取得 b''，或者由 b' 和 b 用图 1-18c 所示的方法作出 b''。

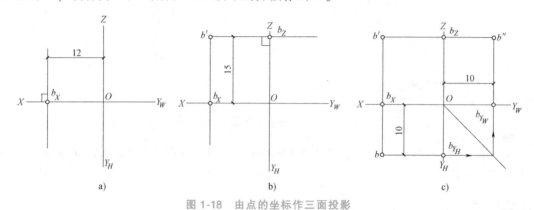

图 1-18　由点的坐标作三面投影

1.3.4　两点的相对位置和重影点

1. 两点的相对位置

两点的相对位置是指空间两个点的上下、左右、前后关系，其在投影图中是以它们的坐标差来确定的。两点的 V 面投影反映上下、左右关系；两点的 H 面投影反映左右、前后关系；两点的 W 面投影反映上下、前后关系，如图 1-19 所示。

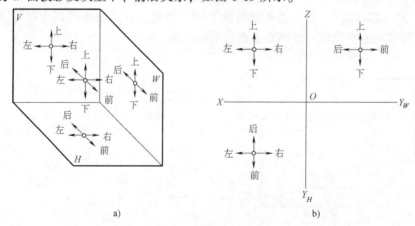

图 1-19　投影图上的方向

【例 1-4】 已知空间点 C（15，8，12），D 点在 C 点的右方 7，前方 5，下方 6，求作 D 点的三投影。

分析：D 点在 C 点的右方和下方，说明 D 点的 X、Z 坐标小于 C 点的 X、Z 坐标；D 点在 C 点的前方，说明 D 点的 Y 坐标大于 C 点的 Y 坐标。可以根据两点的坐标差作出 D 点的三面投影。

作图：

1）根据 C 点的三坐标作出其投影 c、c'、c''，如图 1-20a 所示。

2）沿 X 轴方向量取 15−7＝8 得一点 d_X，过该点作 X 轴垂线，如图 1-20b 所示。

3）沿 Y_H 方向量取 8+5＝13 得一点 D_{Y_H}，过该点作 Y_H 轴的垂线，与 X 轴的垂线相交，交点为 D 点的 H 面投影 d，如图 1-20c 所示。

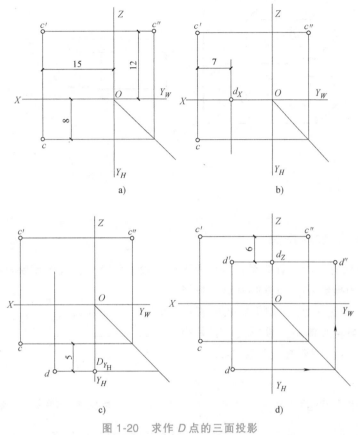

图 1-20　求作 D 点的三面投影

4）沿 Z 轴方向量取 12−6＝6 得一点 d_Z，过该点作 Z 轴的垂线，与 X 轴的垂线相交，交点为 D 点的 V 面投影 d'。由 d 和 d' 作出 d''，完成 D 点的三投影作图，如图 1-20d 所示。

2. 重影点

由点的投影特性可知，如果两个点位于同一投射线上，则此两点在该投影面上的投影必然重叠，称为重影，对该投影面来说，此两点为重影点。其中离投影面较远的点是可见的，而另一个点则是不可见的。当点为不可见时，应在该点的投影上加括号表示。如图 1-21 所示，A 点和 B 点的 X、Y 坐标相同，只是 A 点的 Z 坐标大于 B 点的 Z 坐标，则 A 点和 B 点的 H 面投影 a 和 b 重合，V 面投影 a' 在 b' 之上，且在同一条垂直线上，W 面投影 a'' 在 b'' 之上，也在同一条垂直线上。A 点和 B 点的 H 面投影重合，称为 H 面的重影点。因为 B 点的 Z 坐标小，其水平投影被上面的 A 点遮住成为不可见。重影点在标注时，将不可见的点的投影加上括号，即 a（b）。同理，点 A、C 对 V 面来说是重影点，A 可见而 C 不可见，它们在 V 面上的投影为 a'（c'）；点 B、D 对 W 面来说是重影点，B 可见而 D 不可见，它们在 W 面上的投影为 b''（d''）。

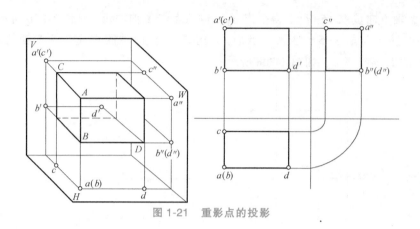

图 1-21　重影点的投影

1.4　直线的投影

1.4.1　直线的正投影特性

　　直线与投影面有三种位置关系：当直线平行于投影面时，其投影反映直线的实长，如图 1-22 中直线 *AB* 的投影 *ab*；当直线垂直于投影面时，其投影积聚为一点，如图 1-22 中直线 *CD* 的投影 *cd*；当直线倾斜于投影面时，其投影仍然是直线，但长度缩短，如图 1-22 中直线 *EF* 的投影 *ef*。

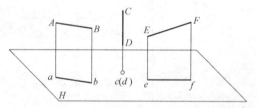

1.4.2　直线投影图的作法

图 1-22　直线的正投影特性

　　空间两点可以决定一条直线，所以只要作出线段两端点的三面投影，连接该两点的同面投影（同一投影面上的投影），即可得空间直线的三面投影，如图 1-23 所示。直线的投影一般仍为直线。

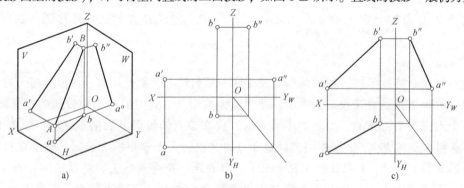

图 1-23　直线投影图的做法

1.4.3　各种位置直线的投影

　　空间直线按其与投影面的相对位置分为三种：一般位置直线、投影面平行线和投影面垂直线。其中，后两种又称为特殊位置直线。

1. 一般位置直线

既不平行也不垂直于任何一个投影面，即与三个投影面都处于倾斜位置的直线，称为一般位置直线，如图1-24所示直线 AB 为一般位置直线。

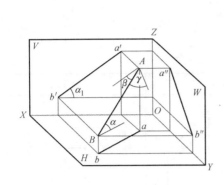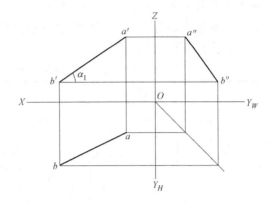

图1-24 一般位置直线

2. 投影面平行线

只平行于一个投影面，而对另外两个投影面倾斜的直线称为投影面平行线。投影面平行线分为三种：

平行于 H 面，倾斜于 V、W 面的直线称为水平线；

平行于 V 面，倾斜于 H、W 面的直线称为正平线；

平行于 W 面，倾斜于 H、V 面的直线称为侧平线。

投影面平行线的投影特性见表1-1。直线对投影面所夹的角即直线对投影面的倾角。

表1-1 投影面平行线的投影特性

名称	水平线	正平线	侧平线
轴测图	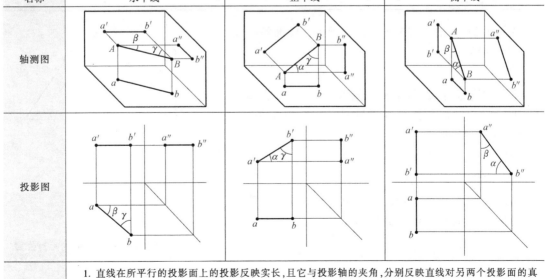		
投影图			
投影特性	1. 直线在所平行的投影面上的投影反映实长，且它与投影轴的夹角，分别反映直线对另两个投影面的真实倾角。α、β、γ 分别表示直线对 H 面、V 面和 W 面的倾角 2. 其余两投影平行于相应的投影轴，且长度缩短		

3. 投影面垂直线

垂直于一个投影面，与另外两个投影面平行的直线，称为投影面垂直线。投影面垂直线分为三种位置：

垂直于 H 面，平行于 V、W 面的直线称为铅垂线；

垂直于 V 面，平行于 H、W 面的直线称为正垂线；

垂直于 W 面，平行于 H、V 面的直线称为侧垂线。

投影面垂直线的投影特性见表 1-2。

表 1-2　投影面垂直线的投影特性

名称	铅垂线	正垂线	侧垂线
轴测图			
投影图			
投影特性	1. 直线在所垂直的投影面上的投影积聚为一点，这种特性称为积聚性 2. 其余两个投影的长度反映实长，且平行于相应的投影轴		

【例 1-5】　如图 1-25 所示，分析正三棱锥各棱线与投影面的相对位置。

分析：

1）棱线 SB：sb 与 $s'b'$ 分别平行于 OY_H 轴和 OZ 轴，侧面投影 $s''b''$ 倾斜于投影轴，反映实长，可确定 SB 为侧平线。

2）棱线 AC：侧面投影 a''（c''）重影，积聚为一点，可判断 AC 为侧垂线。

3）棱线 SA：三个投影 sa、$s'a'$、$s''a''$ 对投影轴均倾斜，必定是一般位置直线。

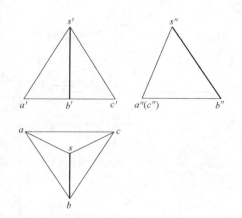

图 1-25　三棱锥各棱线与投影面的相对位置

1.4.4　直线上的点

直线上的点投影，必定在该直线的同面投影上，反之，一个点的各个投影都在直线的同面投影上，则该点必定在直线上。

如图 1-26 所示，直线 AB 上有一点 C，则 C 点的三面投影 c、c'、c'' 必定分别在该直线 AB 的同面投影 ab、$a'b'$、$a''b''$ 上。

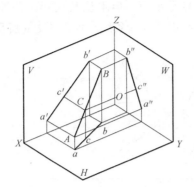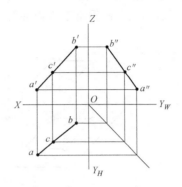

图 1-26 直线上点的投影

直线上的点分线段之比等于其投影之比，这称为直线投影的定比性。

如在图 1-26 中，点 C 在线段 AB 上，它把线段 AB 分成 AC 和 CB 两段。根据直线投影的定比性，$AC:CB = ac:cb = a'c':c'b' = a''c'':c''b''$。

1.5 平面的投影

1.5.1 平面的正投影特性

1. 平面的表示方法

在立体几何中，表示平面的方法有以下五种：

1）不在同一直线上的三个点，如图 1-27a 所示。

2）一直线及直线外一点，如图 1-27b 所示。

3）两条相交直线，如图 1-27c 所示。

4）两条平行直线，如图 1-27d 所示。

5）三角形等平面图形，如图 1-27e 所示。

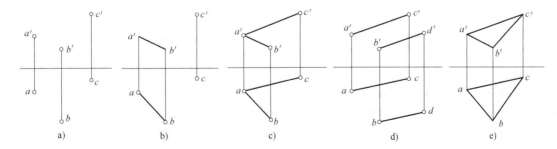

图 1-27 平面的表示方法

a）不在同一直线上的三个点 b）一直线及直线外一点

c）两条相交直线 d）两条平行直线 e）三角形等平面图形

2. 各种位置平面的投影特性

平面与投影面有三种位置关系：当平面平行于投影面时，其投影反映平面的实形，如图 1-28a 所示；当平面倾斜于投影面时，其投影仍然是平面，但不反映实形，是缩小的类型，如图 1-28b 所示；当平面垂直于投影面时，其投影积聚为一条线，如图 1-28c 所示。

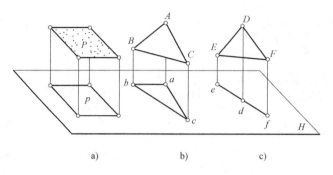

图 1-28　平面的正投影特性

1.5.2　平面正投影图的作法

平面一般是由若干轮廓线围成的，而轮廓线可以由其上的若干点来确定，所以求作平面的投影，实质上也就是求作点和线的投影。图 1-29a 为空间的一个 △ABC 的直观图，只要求出它的三个顶点 A、B、C 的投影，再分别将各同面投影连接起来，就得到 △ABC 的投影图，如图 1-29b、c 所示。

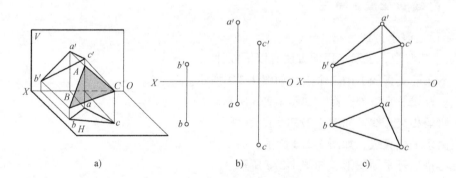

图 1-29　平面正投影图的作法

1.5.3　各种位置平面的投影

平面按其对投影面的相对位置分为三种：一般位置平面、投影面平行面和投影面垂直面。其中投影面平行面和投影面垂直面又称为特殊位置平面。

1. 一般位置平面

与三个投影面都倾斜的平面称为一般位置平面。

如图 1-30 所示，△ABC 与 H、V、W 面均倾斜，所以在三个投影面上的投影 △abc、△a'b'c'、△a"b"c"均不反映实形，而为缩小的类似形。三个投影面上的投影均不能直接反映该平面对投影面的倾角。

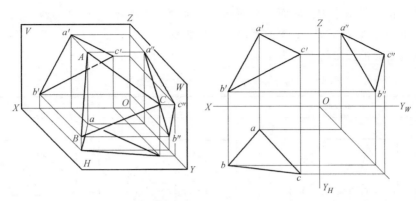

图 1-30 一般位置平面

2. 投影面平行面

平行于一个投影面，而垂直于另外两个投影面的平面称为投影面平行面。投影平行面有三种：

平行于 H 面，垂直于 V、W 面的平面称为水平面；

平行于 V 面，垂直于 H、W 面的平面称为正平面；

平行于 W 面，垂直于 H、V 面的平面称为侧平面。

投影面平行面的投影特性见表 1-3。

表 1-3 投影面平行面的投影特性

名称	水平面	正平面	侧平面
轴测图			
投影图			
投影特性	1. 平面在所平行的投影面上的投影反映实形 2. 其余两投影积聚为直线，并分别平行于相应的投影轴		

3. 投影面垂直面

垂直于一个投影面，而倾斜于另外两个投影面的平面称为投影面垂直面。投影面垂直面有三种：

垂直于 H 面，倾斜于 V、W 面的平面称为铅垂面；

垂直于 V 面，倾斜于 H、W 面的平面称为正垂面；

垂直于 W 面，倾斜于 H、V 面的平面称为侧垂面。

投影面垂直面的投影特性见表1-4。

表1-4　投影面垂直面的投影特性

名称	铅垂面	正垂面	侧垂面
轴测图			
投影图			
投影特性	1. 投影面垂直面在所垂直的投影面上的投影积聚为一直线，并反映该平面与另两投影面的倾角。 2. 其余两投影为类似形，但比实形小。		

【例1-6】　分析正三棱锥各棱面与投影面的相对位置，如图1-31所示。

分析：

1）底面 ABC：V 面和 W 面投影积聚为水平线，分别平行于 OX 轴和 OY_W 轴，可确定底面 ABC 是水平面，水平投影反映实形。

2）棱面 SAB：三个投影 sab、$s'a'b'$、$s''a''b''$ 都没有积聚性，均为棱面 SAB 的类似形，可判断 SAB 是一般位置平面。

3）棱面 SAC：从 W 面投影中的重影点 a''（c''）可知，棱面 SAC 的一边 AC 是侧垂线。根据几何定理，一个平面上的任一直线垂直于另一平面，则两平面互相垂直。因此，可判断棱面 SAC 是侧垂面，侧面投影积聚为一直线。

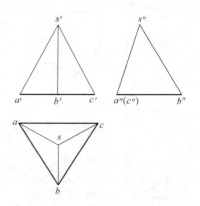

图1-31　三棱锥各棱面与投影面的相对位置

1.5.4　平面上的直线和点

如果一直线通过平面上的两个点，或通过平面上的一个点又与该平面上的另一条直线平行，则此直线必定在该平面上。如图 1-32a 所示，直线 *AB* 通过平面上 *M*、*N* 两点，所以直线 *AB* 在平面 *R* 上；直线 *CD* 通过平面上的点 *H*，且又与平面上的直线 *EF* 平行，所以直线 *CD* 也在平面 *R* 上。

如果一个点在平面内某一条直线上，则此点必定在该平面上。如图 1-32b 所示，点 *B* 在平面 *P* 内的直线上 *AC* 上，点 *D* 在平面内的直线 *GK* 的延长线上，所以点 *B* 和点 *D* 都在平面 *P* 上。

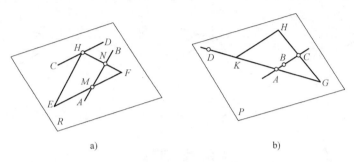

图 1-32　平面上的直线和点

【例 1-7】　已知△*ABC* 及其上一点 *M* 的投影 *m*，如图 1-33a 所示。求作点 *M* 的另一投影 *m′*。

作法：

1）过 *a*、*m* 点作辅助线交 *bc* 于 *d*，自 *d* 向上引 *OX* 轴的垂线交 *b′c′* 于 *d′*，如图 1-33b 所示。

2）连 *a′d′*，如图 1-33c 所示。

3）自 *m* 向上引 *OX* 轴垂线交 *a′d* 于 *m′*，*m′* 即为所求的 *M* 点的另一投影，如图 1-33d 所示。

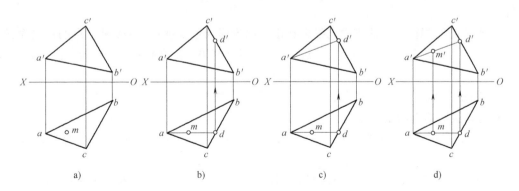

图 1-33　作平面上点的投影

【例 1-8】　已知△*ABC* 的两面投影，如图 1-34a 所示。过 *A* 点在△*ABC* 平面内作一水平线 *AD*，求作该水平线在两面上的投影。

作法：

1）过 *a′* 作 *OX* 轴平行线 *a′d′* 交 *b′c′* 于 *d′*，过 *d′* 向下引垂线与 *bc* 相交于 *d*，如图 1-34b 所示。

2）连 ad，则 ad 和 $a'd'$ 即为所求水平线的投影，如图 1-34c 所示。

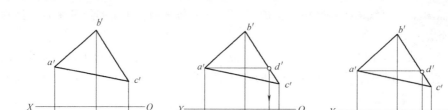
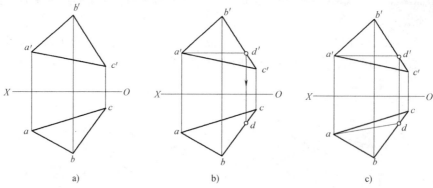

图 1-34　作平面上水平线的投影

本 章 回 顾

1. 用投影法画出的物体图形称为投影图，投影法包括中心投影法和平行投影法，平行投影法分为正投影和斜投影。

2. 工程上常用各种投影法来绘制图样。常用的工程图样有透视投影图、轴测投影图、正投影图和标高投影图。

3. 三个相互垂直的投影面分别是水平投影面（即 H 面）、正立投影面（即 V 面）和侧立投影面（即 W 面）。三条相互垂直的投影轴为 OX 轴、OY 轴及 OZ 轴，三轴相交于原点 O。

4. "长对正、高平齐、宽相等"是投影图的重要关系。即形体的水平投影图和正面投影图的长度相等；正面投影图和侧面投影图的高度相等；水平投影图和侧面投影图的宽度相等。

5. 点的投影规律：点的正立面投影和水平面投影的连线垂直于 OX 轴；点的正立面投影和侧立面投影的连线垂直于 OZ 轴；点的水平面投影至 OX 轴的距离等于其侧立面投影至 OZ 轴的距离。

6. 空间两个点有上下、左右、前后三种相对位置关系，在同一投影面上投影重叠的两个点称为该投影面上的重影点。

7. 空间直线与投影面的相对位置有三种：一般位置直线、投影面平行线和投影面垂直线。

8. 直线上的点投影必定在该直线的同面投影上，反之，一个点的各个投影都在直线的同面投影上，则该点必定在直线上。直线上的点分线段之比等于点的投影分线段的同面投影之比。

9. 平面对投影面的相对位置有三种：一般位置平面、投影面平行面和投影面垂直面。如果一直线通过平面上的两个点，或通过平面上的一个点又与该平面上的另一条直线平行，则此直线必定在该平面上。如果一个点在平面内某一条直线上，则此点必定在该平面上。

第2章

形体的投影

2.1　基本形体的投影

课题导入：建筑物的形状是复杂多样的，但它们都是由一些简单的基本几何体按照不同的方式组合成。基本几何体又称基本形体，基本形体可以分为平面体和曲面体两种。

【学习要求】　掌握基本形体的投影特征，掌握组合体的组合形式，能够绘制组合体的投影图。

2.1.1　常见平面体的投影图

天安门广场的人民英雄纪念碑如图 2-1 所示，分析其形状，不难看出，纪念碑是由棱

图 2-1　纪念碑

柱、棱锥等简单形体组成。对我们生活中的不同建筑及其构配件的形体进行分析，不难发现，它们的形状虽然复杂多样，但都可以看成各种几何体的组合，如图 2-2 和图 2-3 所示。我们把这些组成建筑形体的最简单但又规则的几何体，叫做基本体。根据表面的组成情况，基本体可分为平面体和曲面体两种。

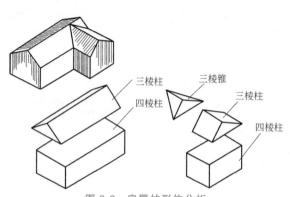

图 2-2　房屋的形体分析

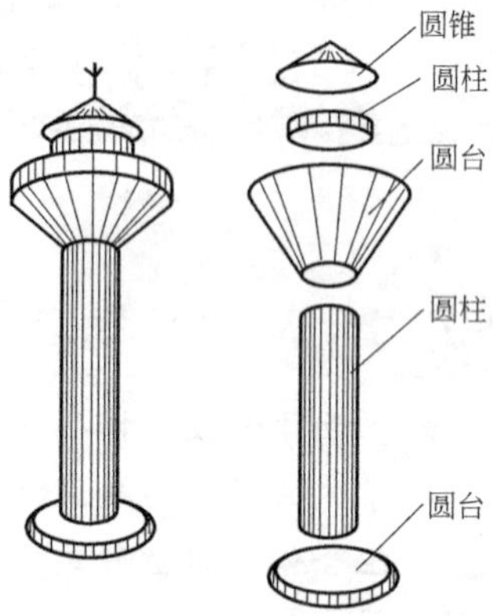

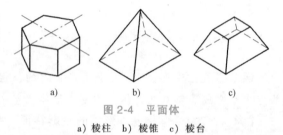

图 2-3　水塔的形体分析

平面体：表面全部由平面组成的立体。基本的平面体有棱柱（建筑形体中常见为直棱柱）、棱锥和棱台等，如图 2-4 所示。

曲面体：表面全部或部分由曲面组成的立体。基本的曲面体有圆柱体、圆锥体、圆球体等，如图 2-5 所示。

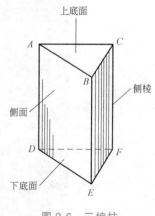

图 2-4　平面体

a）棱柱　b）棱锥　c）棱台

绘制形体的投影图时，应将形体上的棱线和轮廓线都画出来，并且按投影方向将可见的线用实线表示，不可见的线用虚线表示，当虚线和实线重合时只画出实线。

1. 直棱柱

上下两底面为全等且互相平行的多边形，各侧棱均互相平行的基本体为棱柱。其中，各侧棱均垂直于底面，各侧面均为矩形的棱柱称为直棱柱，如图 2-6 所示。

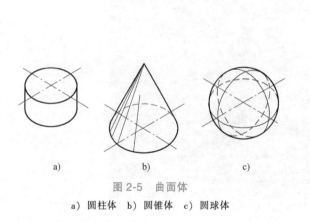

图 2-5　曲面体

a）圆柱体　b）圆锥体　c）圆球体

图 2-6　三棱柱

作直棱柱的投影时，首先应确定直棱柱的摆放位置，如图 2-7a 所示。图 2-7b 是该直棱柱的三面投影图。由投影面的平行面的投影特性可知：左右底面在 W 面上的投影反映三角形的实形，重合在一起；而该直棱柱在 V 面与 H 面上的投影均为矩形。

由图 2-8 可以看出直棱柱的投影特点：两底面的投影为反映实形的多边形，且重合，其余两个投影为矩形。总体可以归纳为"矩矩为柱"。图中正棱柱指的是底边为正多边形的直棱柱。

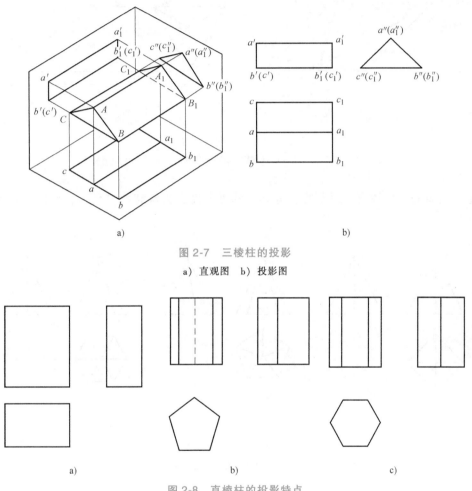

a)

b)

图 2-7　三棱柱的投影

a）直观图　b）投影图

a)

b)

c)

图 2-8　直棱柱的投影特点

a）四棱柱的投影　b）正五棱柱的投影　c）正六棱柱的投影

2. 棱锥

底面为多边形，各侧表面均为有公共顶点的（等腰）三角形，这样的形体称为棱锥体，如图 2-9 所示。其中，底面为正多边形，且顶点在底面的投影是底面中心的棱锥为正棱锥。

图 2-10a 为三棱锥的直观图，图 2-10b 为三棱锥的三面投影图。棱锥底面的水平投影反映实形，V 面投影为两个三角形的类似形。W 面投影为两个重合三角形的类似形。

由图 2-11 可以看出棱锥的投影特点：底面投影为反映实形的

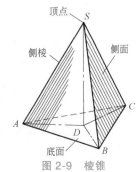

图 2-9　棱锥

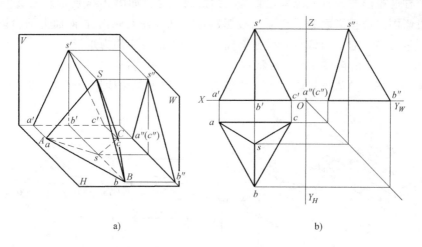

图 2-10　三棱锥的投影

a）直观图　b）投影图

多边形，内有若干侧棱交于顶点的三角形，另两个投影为等高的三角形，可以归纳为"角角为锥"。

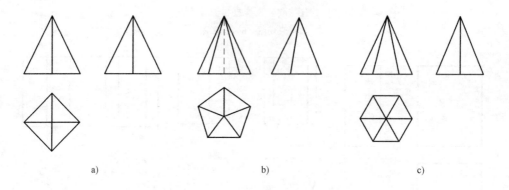

图 2-11　棱锥的投影特点

a）正四棱锥的投影　b）正五棱锥的投影　c）正六棱锥的投影

3. 棱台

将棱锥体用平行于底面的平面切割去上部，余下的部分称为棱台，如图 2-12 所示。其中，由正棱锥切割而形成的为正棱台。将棱台置于三面投影体系中，投影图如图 2-13 所示。

由图 2-14 可以看出棱台的投影特点：一个投影中有两个相似的多边形，内有与多边形边数相同个数的梯形；另两个投影都为梯形，可以归纳为"梯梯为台"。

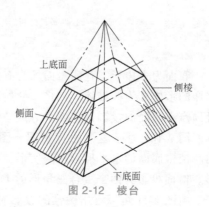

图 2-12　棱台

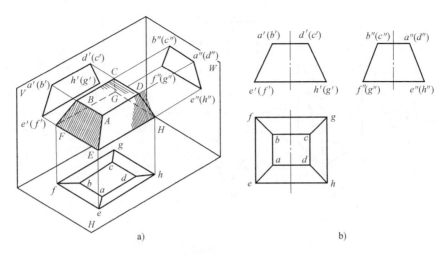

图 2-13　棱台的投影

a）直观图　b）投影图

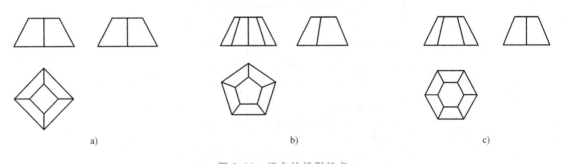

图 2-14　棱台的投影特点

a）正四棱台的投影　b）正五棱台的投影　c）正六棱台的投影

2.1.2　平面体表面上的点和直线的投影

平面体表面上的点和直线，也就是指平面上的点和直线，它们之间的不同之处在于平面体表面上的点和直线需要判别其可见性。其投影特性如下：

1）平面体表面上的点和直线的投影仍符合平面上点和直线的投影规律。

2）凡是在可见侧表面、底面上的点和直线，以及可见侧棱上的点都是可见的，反之即为不可见。

【例 2-1】　已知正三棱柱上底面 ABF 上点 G 的 H 面投影 g，侧表面 ABCD 上直线 MN 的 V 面投影 m'n'，如图 2-15a 所示。求作点 G 和直线 MN 的其余两面投影。

作法：如图 2-15b 所示。

【例 2-2】　已知正三棱锥表面 SAB 上点 M 的 V 面投影 m'，如图 2-16a 所示，求作点 M 的其他两面投影。

作法：如图 2-16b 所示，连接 s'm' 交 a'b' 于 d'，再分别求得 d、d"，连接 sd、s"d"，则 m、m" 分别在 sd、s"d" 上。

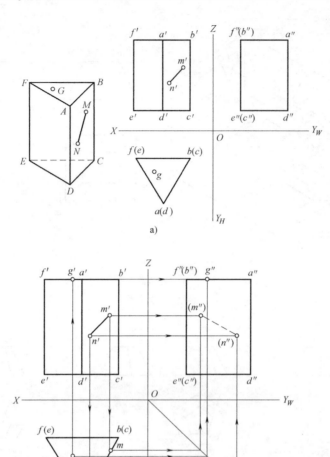

图 2-15　三棱柱表面的点和直线的投影

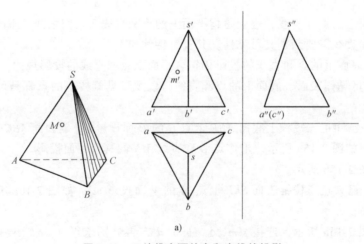

图 2-16　三棱锥表面的点和直线的投影

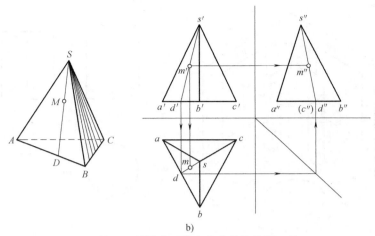

图 2-16　三棱锥表面的点和直线的投影（续）

2.1.3　常见曲面体的投影图

工程上常见的曲面体有圆柱体、圆锥体、圆球体。常见的曲面体是回转体，回转体是由一母线（直线或曲线）绕一固定轴线作回转运动形成的。圆柱体、圆锥体、圆球体都是回转体，如图2-17 所示，其中运动的线称为母线，母线的任一位置称为素线。根据这一性质，可在回转面上作素线取点、线，称为素线法；也可在回转面上作纬线取点、线，称为纬线（纬圆）法。

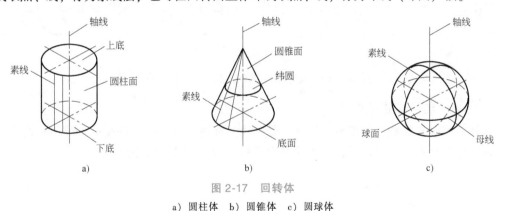

图 2-17　回转体

a）圆柱体　b）圆锥体　c）圆球体

1. 圆柱体的三面投影图

圆柱体由圆柱面和上、下两个底面围成。圆柱面是一条直线围绕一条轴线始终保持平行和等距旋转而成的。圆柱体在绘制三面投影时，一般使上、下底面平行于 H 面，圆柱的轴线垂直于 H 面，圆柱面垂直于 H 面，如图 2-18 所示。

圆柱的上、下底面平行于 H 面，其 H 面投影反映实形，为上、下两个圆面的重合投影；V 面投影是前后两个半圆柱面的重合投影；W 面投影是左、右两个半圆柱面的重合投影。

圆柱体的三面投影图的作图步骤如图 2-19 所示，具体如下：

步骤 1：作出对称中心线和边界线的投影，如图 2-19a 所示。

步骤 2：作出特征面水平投影，如图 2-19b 所示。

步骤 3：由投影规律作出其他面投影，如图 2-19c 所示。

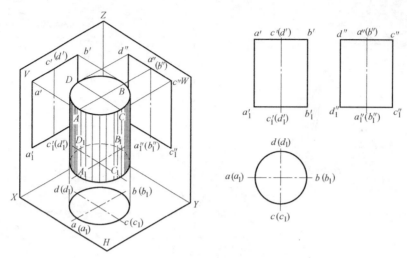

图 2-18 圆柱的投影

步骤 4：整理加深线条，结果如图 2-19d 所示。

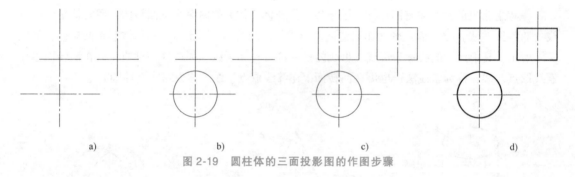

a)　　　　　　　b)　　　　　　　c)　　　　　　　d)

图 2-19 圆柱体的三面投影图的作图步骤

2. 圆锥体的三面投影图

圆锥体由圆锥面和底面围成。圆锥面是一条直线围绕一条与它斜交的轴线回转而成的曲面。圆锥体在绘制三面投影时，一般使底面平行于 H 面，如图 2-20 所示。

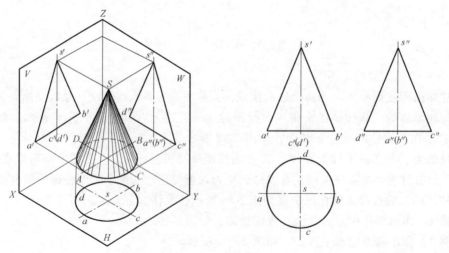

图 2-20 圆锥的投影

圆锥体的底面平行于 *H* 面，其 *H* 面投影是圆锥面与底面的重合投影；*V* 面投影是前后两个半圆锥面的重合投影；*W* 面投影是左、右两个半圆锥面的重合投影。

圆锥体的三面投影图的作图步骤如图 2-21 所示，具体如下：

步骤 1：作出轴线和基准线，如图 2-21a 所示。

步骤 2：作出底面和水平圆，如图 2-21b 所示。

步骤 3：由圆锥的高作出其他投影，如图 2-21c 所示。

步骤 4：整理加深线条，结果如图 2-21d 所示。

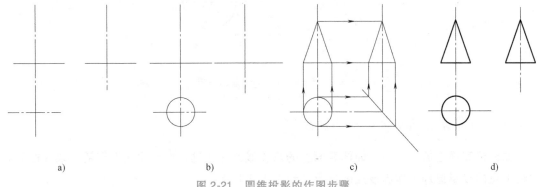

a)   b)   c)   d)

图 2-21 圆锥投影的作图步骤

3. 圆球体的三面投影图

圆球体是由球面围成的。圆球的表面可以看作是一条圆母线围绕其轴线回转而成的曲面，如图 2-22 所示。

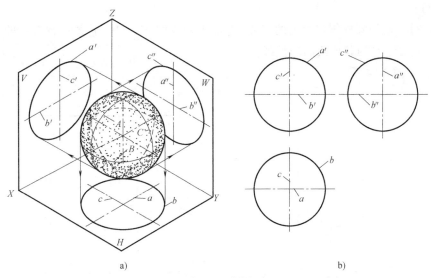

a)   b)

图 2-22 圆球的投影

圆球体的 *H* 面投影是上、下两个半球面的重合投影；*V* 面投影是前后两个半球面的重合投影；*W* 面投影是左、右两个半球面的重合投影。

圆球体的三面投影图的作图步骤如图 2-23 所示，具体如下：

步骤 1：根据投影规律作出对称中心线，如图 2-23a 所示。

步骤 2：以球的半径为半径画出三个等大的圆，如图 2-23b 所示。

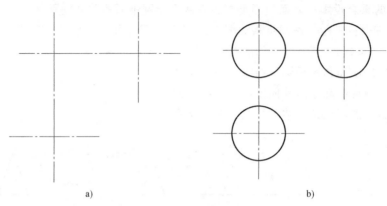

a)   b)

图 2-23   球的投影的作图步骤

2.1.4   曲面体表面上的点和线的投影

曲面体表面上的点，与平面体表面上的点类似，即通过该点在曲面上作辅助线，然后利用线上点的投影原理，作出该点的投影。作图方法如下：

1）处于特殊位置上的点，如圆柱和圆锥的最前、最后、最左、最右轮廓素线，底边圆周及球体平行于三个投影面的圆周等位置的点，可直接利用轮廓线上求点的方法求出。

2）处于其他位置的点，可利用曲面体投影的积聚性，用素线法或纬圆法求出。

曲面体表面上的线，可先作出线段首尾点及中间若干点的三面投影，再用光滑的曲线连接起来即可。

【例 2-3】   已知圆柱体表面上的点 A、B 的 V 面投影 a′、b′，下底面上点 C 的 H 面投影 c，求作点 A、B、C 的其他两面的投影。

作法：如图 2-24 所示。

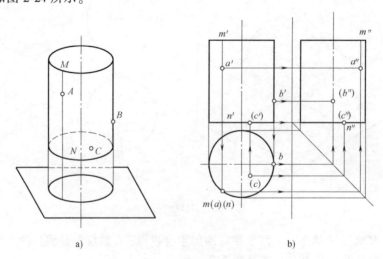

a)   b)

图 2-24   圆柱体表面上的点的投影

a）直观图   b）投影图

【例2-4】 已知圆锥体表面上点 A 的 V 面投影 a'，求点 A 的其他两面投影。

作法： 如图 2-25（素线法）和图 2-26（纬圆法）所示。

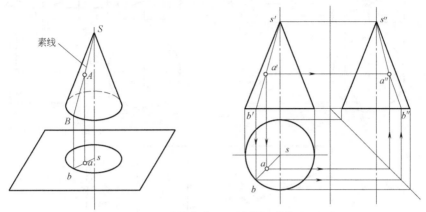

图 2-25　圆锥体表面上的点（素线法）

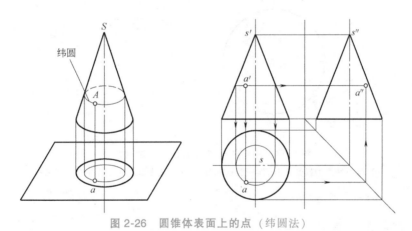

图 2-26　圆锥体表面上的点（纬圆法）

【例2-5】 已知圆柱体表面上的线 AN 的 V 面投影 $a'n'$，如图 2-27a、b 所示。求作 AN 的其他两面投影。

作法： 如图 2-27c～e 所示。

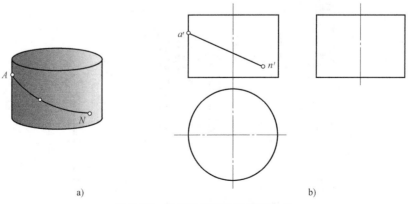

a)　　　　　　　　　　　　　　　　　　b)

图 2-27　圆柱体表面上的线的投影

a）直观图　b）已知投影图

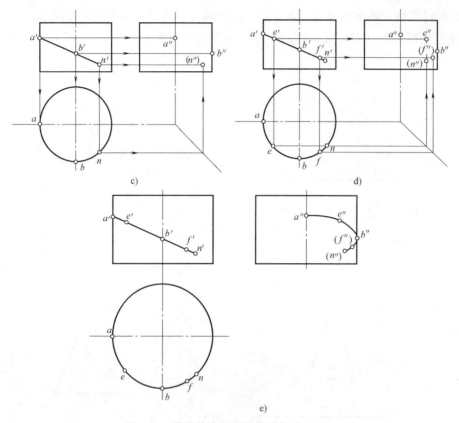

图 2-27　圆柱体表面上的线的投影（续）

c）作特殊点的投影　d）作一般点的投影　e）用光滑曲线连接并判断可见性

2.2　组合体的投影

我们日常生活中见到的建筑物构配件，都是由基本形体按一定的组合形式组合而成的，我们把由两个或两个以上的基本形体按一定的形式组合而成的形体称为组合体，如图 2-28 所示。

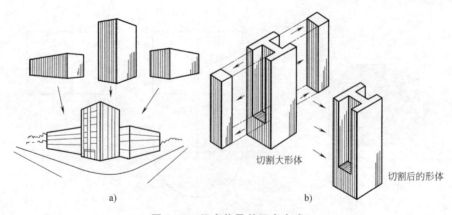

图 2-28　组合体及其组合方式

a）叠加式组合体　b）切割式组合体

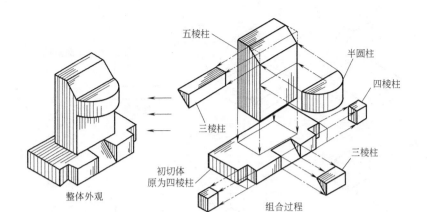

五棱柱
半圆柱
四棱柱
三棱柱
三棱柱
初切体
原为四棱柱
整体外观
组合过程

c)

图 2-28 组合体及其组合方式（续）

c) 混合式组合体

2.2.1 组合体的组合方式

1. 常见的组合体有三种组合方式

（1）叠加式 把组合体看成由若干个基本形体叠加而成，如图 2-28a 所示。

（2）切割式 组合体是由一个大的基本形体经过若干次切割而成，如图 2-28b 所示。

（3）混合式 把组合体看成由若干基体形体既经过叠加又经过切割而成，如图 2-28c 所示。

2. 组合体的表面连接关系

两个基本形体组合在一起，相邻位置关系不同，其表面的连接关系也不同。所谓连接关系，就是指基本形体组合成组合体时，各基本形体表面间真实的相互关系。两表面相互平齐、相切、相交和不平齐等连接关系，如图 2-29 所示。

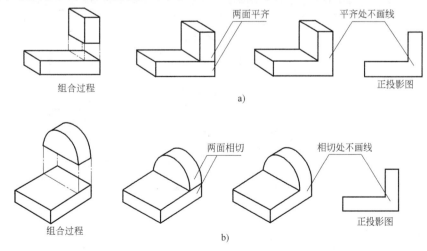

两面平齐
平齐处不画线
组合过程
正投影图

a)

两面相切
相切处不画线
组合过程
正投影图

b)

图 2-29 形体表面的几种连接关系

a) 表面平齐 b) 表面相切

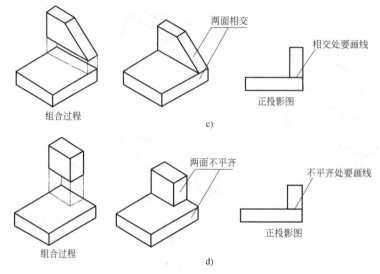

图 2-29　形体表面的几种连接关系（续）

c) 表面相交　d) 表面不平齐

　　组合体是由基本形体组合而成的，所以基本形体之间除表面连接关系以外，还有相互之间的位置关系。图 2-30 为叠加式组合体组合过程中的几种位置关系。

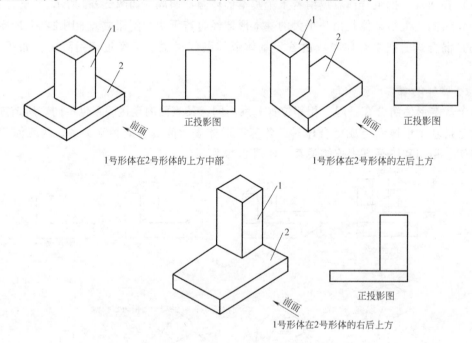

图 2-30　基本形体间的几种位置关系

2.2.2　组合体投影图的绘制

　　组合形体变化多样，但其三面投影图仍然符合"长对正、高平齐、宽相等"的投影原理。要准确地绘制组合体的投影图，首先应对组合体进行形体分析；再选择组合体合适的摆放位置（选择形体的复杂而且能反映形体特征的面平行于 V 面）；确定图幅和比例，画底稿，清理图线，加深图线。

【例2-6】 已知图2-31为一钢筋混凝土独立基础，作其三面正投影图。

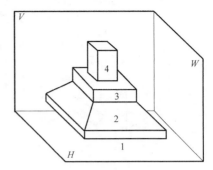

图 2-31 叠加式组合体

分析：该组合体由四个基本形体叠加而成，从下往上依次为四棱柱1、四棱台2、四棱柱3、四棱柱4。

作图过程如图2-32所示，具体如下：

步骤1：作四棱柱1的投影，如图2-32a所示。

步骤2：作四棱柱2的投影，如图2-32b所示。

步骤3：作四棱柱3的投影，如图2-32c所示。

步骤4：作四棱柱4的投影，如图2-32d所示。

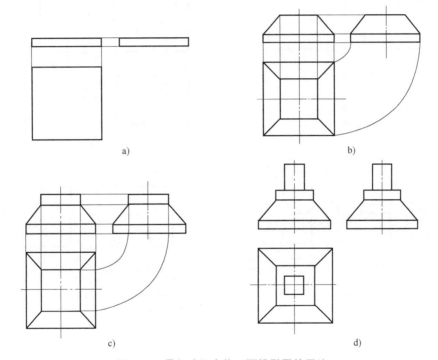

图 2-32 叠加式组合体三面投影图的画法

【例2-7】 绘制如图2-33所示的切割型组合体的三面正投影。

分析：该组合体由一个四棱柱在下部居中的位置挖掉一个小四棱柱，再在其上切掉一个三棱柱而成，如图2-34所示。

作法如图2-35所示，具体如下：

步骤1：作还原成四棱柱的正投影图，如图2-35a所示。

步骤2：作底部被切割掉四棱柱后的正投影图，如图2-35b所示。

步骤3：作被侧垂面切割后的正投影图，如图2-35c所示。

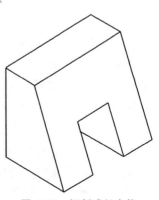

图 2-33 切割式组合体

步骤4：检查无误后加深图线，结果如图2-35d所示。

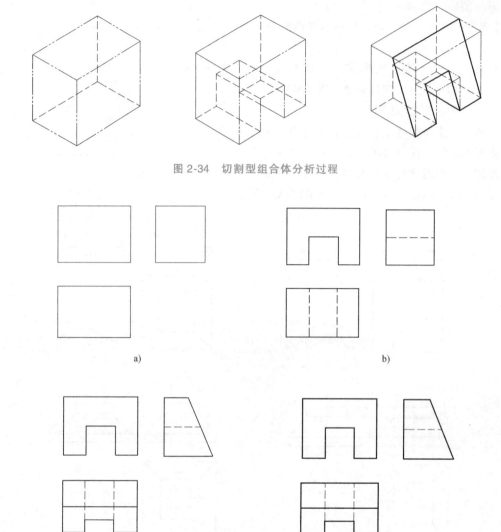

图2-34 切割型组合体分析过程

　　a)　　　　　　　　　　　　　　　b)

　　c)　　　　　　　　　　　　　　　d)

图2-35 切割型组合体三面投影图的绘制

【例2-8】 绘制图2-36所示混合式组合体的三面正投影。

分析：该组合体为混合式组合体，从下往上依次为四棱柱1、四棱柱2、三棱柱3，在四棱柱1中被挖掉的圆柱4。

作图过程如图2-37所示，具体如下：

步骤1：作四棱柱1的投影图，如图2-37a所示。

步骤2：作四棱柱2的投影图，如图2-37b所示。

步骤3：作三棱柱3的投影图，如图2-37c所示。

步骤4：作挖去圆柱体4的投影图，整理线条，结果如图2-37d所示。

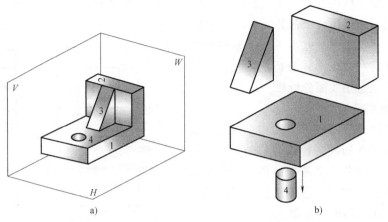

图 2-36　混合式组合体

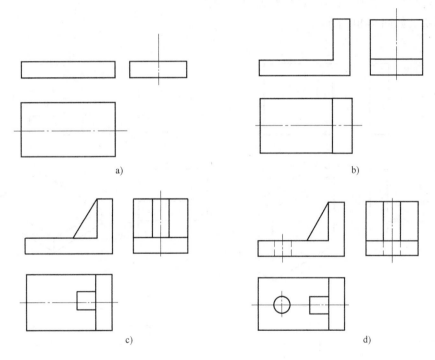

图 2-37　混合式组合体三面投影图的绘制

2.2.3　组合体投影图的识读

　　识读组合体的投影图就是根据组合体的三面投影图去想象形体的空间形状。正投影图是工程图中最常用的，它运用广泛，但缺乏立体感。因此，学会识读正投影图是工程技术人员必备的技能。

　　识读组合体的正投影图有一定难度，识读时不但要以点、直线、平面的投影知识为基础，而且还要掌握识图的基本要领和正确的读图方法，读图时要注意把各个投影联系起来，不能孤立地去看一个或两个投影；其次，读图时还要从形体的前后、上下、左右各个方位进行分析，并注意形体长、宽、高三个向度的投影关系，即"长对正、高平齐、宽相等"，这样才能正确判断出形体各个部分的形状和相互位置。

识读组合体投影图的基本方法有形体分析法和线面分析法两种，以形体分析法为主，当图形比较复杂时，也常用线面分析法。

1. 形体分析法

形体分析法是绘图和识图的基本方法。这种方法是以基本形体的投影特点为基础，先把一个复杂的形体分解成若干个基本形体，并分清它们的相对位置和组合方式，再将几个投影图联系起来，综合想象出形体的完整形状。

【例 2-9】 识读图 2-38 所示组合体的投影。

识读过程如图 2-39 所示，最后想象出组合体的空间形状，如图 2-40 所示。

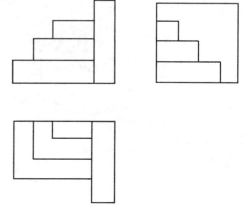

图 2-38 组合体三面投影图

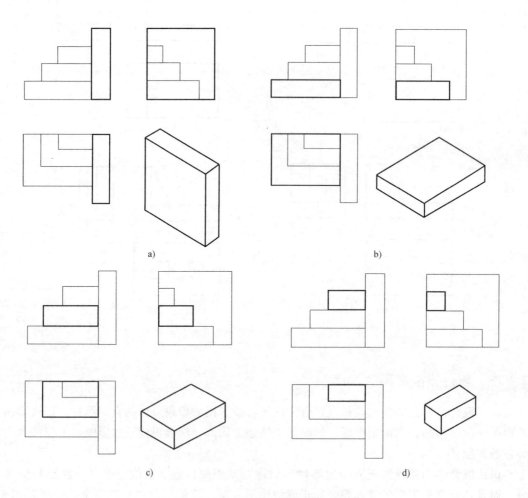

图 2-39 组合体投影图识读（形体分析法）

2. 线面分析法

这种方法是以线和面的投影特点为基础，对投影图中的每条线和由线围成的各个线框进行分析，根据它们的投影特点，明确它们的空间形状和位置，综合想象出整个形体的形状。

【例 2-10】 识读图 2-41a 所示组合体的投影。

分析：从图 2-41a 中可以看出，H 面投影有三个线框 1、2、3，根据投影关系在 V 面投影和 W 面投影中确定 $1'$、$2'$、$3'$ 和 $1''$、$2''$、$3''$。V 面投影的三个线框中除以标定的 $3'$ 外，还有两个线框 $4'$、$5'$。根据投影关系，可在 H 面投影和 W 面投影中确定 4、5 和 $4''$、$5''$。W 面投影的两个线框除已标定的 $2''$ 外，还有线框 $6''$，同理可在 H 面投影和 V 面投影中确定 6、$6'$。

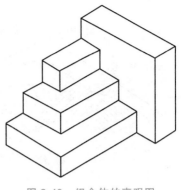

图 2-40 组合体的直观图

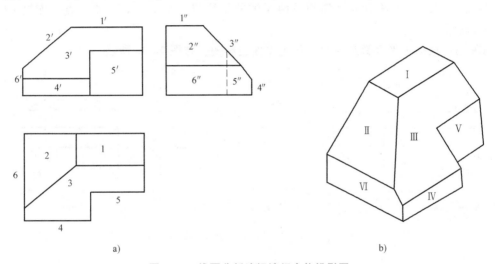

a) b)

图 2-41 线面分析法识读组合体投影图

平面 Ⅰ 是水平面，在形体的最上部；平面 Ⅱ 是正垂面，在形体的左上部；平面 Ⅲ 是侧垂面，在形体的前上部；平面 Ⅳ 是正平面，在形体的左前部；平面 Ⅴ 也是正平面，在形体的右前部；平面 Ⅵ 是侧平面，在形体的最左侧。

由以上分析可以想象出形体的空间形状，如图 2-41b 所示。

2.2.4 同坡屋面的投影

同坡屋面是房屋建筑屋顶设计中常用的一种屋面形式，它是两平面体相贯在工程中的应用。

当屋面由若干个与水平面倾角相等的平面组成时，称为同坡屋面。其中檐口高度相同的同坡屋面是最常见的一种形式。同坡屋面的交线如图 2-42 所示。

【例 2-11】 求作图 2-43a 所示同坡屋面的 H 面和 V 面投影图。

作法：

步骤 1：作各个相交檐口顶角的角平分线，相交于 a、b 两点，如图 2-43b 所示。

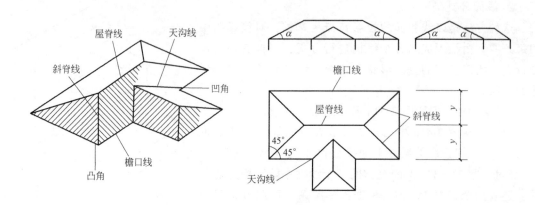

图 2-42　同坡屋面

步骤 2：过 a、b 两点分别作相对两屋檐的平行线，相交于 c 点和 d 点，连接 cd，如图 2-43c 所示。

步骤 3：根据水平投影及 α 角，作正立面投影图，如图 2-43c 所示。

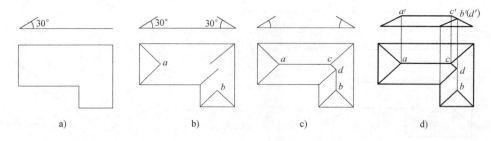

图 2-43　同坡屋面投影图的画法

本 章 回 顾

1. 基本形体根据表面的组成可以分为平面体（棱柱体、棱锥体和棱台体）和曲面体（圆柱、圆锥、圆球）。

2. 建筑工程的形体大部分是以组合体形式出现的。构成组合体的方式主要有叠加式、切割式和混合式。

3. 识读组合体投影图的基本方法有形体分析法和线面分析法两种，以形体分析法为主，当图形比较复杂时，也常用线面分析法。

第3章

轴测投影

知识要点及学习程度要求

- 轴测投影的基本概念（理解）
- 轴测投影的种类和特点（了解）
- 正等测图的画法（掌握）
- 斜轴测图的画法（了解）
- 圆的轴测图的画法（掌握）

3.1　轴测投影概述

课题导入：正投影图能够完整准确地反映形体的形状和大小，且作图简单，度量性好，是工程图的主要图样，但正投影图缺乏立体感，如图 3-1a 所示，识图时必须把三个投影图结合起来才能想象出空间形体的形状，必须具备一定的识图能力才能看懂。因此在工程图中，通常采用立体感强的轴测投影图（图 3-1b），作为工程上的辅助图样，以帮助读图，便于施工。

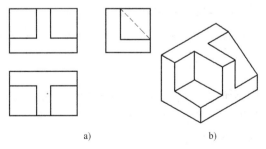

a)　　　　　　　　　　b)

图 3-1　形体的正投影图和轴测投影图

a）正投影图　b）轴测投影图

【学习要求】　理解轴测投影的基本概念，掌握正等测投影图和正面斜二测投影图的画法。

3.1.1　轴测投影的形成

用一组互相平行的投射线沿不平行于任何坐标面的方向，将形体连同确定其空间位置的三个坐标轴一起投影在单一投影面 P（即轴测投影面）上所得到的投影称为轴测投影。应用轴测投影的方法绘制的投影图称为轴测投影图，简称轴测图。轴测投影的形成如图 3-2 所示。投射线与轴测投影面垂直时，得到正轴测图；投射线与轴测投影面倾斜时，得到斜轴测图。

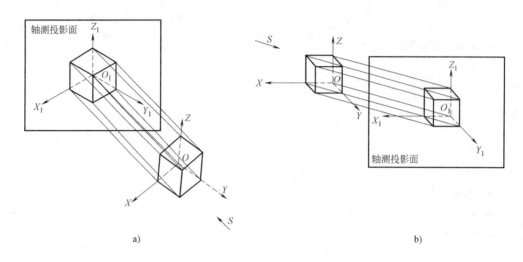

a)   b)

图 3-2　轴测投影图的形成

a）正轴测投影图　b）斜轴测投影图

在轴测投影图中，空间坐标轴 OX、OY、OZ 在轴测投影面 P 上投影为 O_1X_1、O_1Y_1、O_1Z_1。O_1X_1、O_1Y_1、O_1Z_1 称为轴测投影轴，简称轴测轴；轴测轴之间的夹角 $\angle X_1O_1Y_1$、$\angle Y_1O_1Z_1$、$\angle Z_1O_1X_1$ 称为轴间角。轴测轴长度与空间坐标轴长度的比值称为轴向伸缩系数，分别用 p、q、r 表示。OX 轴的伸缩系数 $p_1 = O_1X_1/OX$；OY 轴的伸缩系数 $q_1 = O_1Y_1/OY$；OZ 轴的轴向伸缩系数 $r_1 = O_1Z_1/OZ$。

3.1.2　轴测投影的特点

1）形体上原来互相平行的线段，其轴测投影仍然平行。

2）形体上原来互相平行的线段长度之比，等于它们相应的轴测投影之比。

3.1.3　轴测投影的分类

按照投影方向与轴测投影面的相对位置，轴测投影图可分为两大类，如图 3-2 所示。

1）正轴测投影图：轴测投影方向垂直于轴测投影面，得到的轴测图称为正轴测投影图。正轴测投影图常用的有正等测图。

2）斜轴测投影图：轴测投影方向倾斜于轴测投影面，得到的轴测图称为斜轴测投影图。斜轴测图常用的有正面斜二测图和水平斜轴测图。

3.2　轴测投影图的画法

轴测投影图的常用画法有坐标法、叠加法、切割法等，其中坐标法是绘制轴测投影图的基本方法。在实际绘制时往往是几种方法混合使用，需要根据形体的形状特点而灵活采用作图方法。

1. 坐标法

坐标法是根据形体表面上各点的空间位置（或形体三面正投影图中的点的坐标），沿轴测轴或平行于轴测轴的直线上进行度量，画出各点的轴测投影，然后按位置连接各点画出整个形体轴测投影图。

2. 叠加法

组合形体往往是由若干个简单几何体叠加组合而成的，因此在画这类形体的轴测图时，可采用自下而上逐个叠加绘制的方法，即先画好底部形体，然后以此为基础，在其顶面上画出上部形体的形状，依次逐个叠加，绘制出整个形体的轴测图。

3. 切割法

切割法是将切割式的组合体先看作一个完整的简单几何体，先作出它的轴测图，然后将多余的部分切割掉，最后得到组合体的轴测图。

在轴测图中为了使图形清晰，一般不画不可见轮廓线（虚线）。只有平行于坐标轴方向的线段才能直接量取尺寸作图，不平行于坐标轴方向的线段可由该线段的两个端点的位置来确定。

3.2.1 正轴测投影图

如图 3-3 所示，当投影方向与轴测投影面垂直，而且物体三个方向的三个坐标轴与轴测投影面 P 的夹角均相等时，所画出的轴测图称为正等测图。

1. 轴间角和轴向伸缩系数

轴间角相等 $\angle X_1 O_1 Y_1 = \angle Y_1 O_1 Z_1 = \angle Z_1 O_1 X_1 = 120°$。通常 $O_1 Z_1$ 轴总是竖直放置，而 $O_1 X_1$、$O_1 Y_1$ 轴的方向可以互换。由几何原理可知正等测图的轴向伸缩系数相等，即 $p_1 = q_1 = r_1 = 0.82$。为了简化作图，制图标准规定 $p_1 = q_1 = r_1 = 1$。

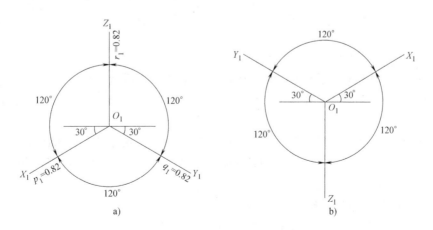

图 3-3 正等测图的轴间角和轴向伸缩系数

2. 平面立体的正等测图画法

（1）长方体正等测图的画法（坐标法）

1）在正投影图上定出原点和坐标轴的位置，如图 3-4a 所示。

2）画轴测轴，在 O_1X_1 和 O_1Y_1 上分别量取 a 和 b，过 I_1、II_2 作 O_1X_1 和 O_1Y_1 的平行线，得长方体面的轴测图，如图 3-4b 所示。

3）过底面各角点作 O_1Z_1 轴的平行线，量取高度 h，得长方体顶面各角点，如图 3-4c 所示。

4）连接各角点，擦去多余的线并描深全图，即得长方体的正等测图，图中虚线可不必画出，如图 3-4d 所示。

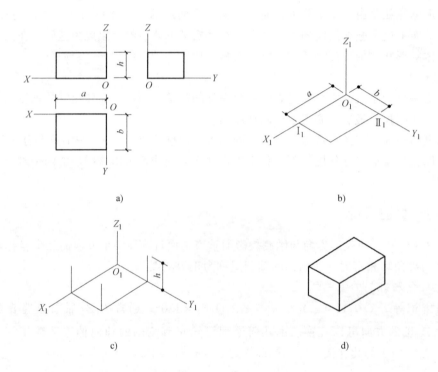

图 3-4　长方体的正等测图的画法

（2）四棱台的正等测图画法（坐标法）

1）在正投影图上定出原点和坐标轴的位置，如图 3-5a 所示。

2）画轴测图，在 O_1X_1 和 O_1Y_1 上分别量取 a 和 b，画出四棱台底面的轴测图，如图 3-5b所示。

3）在底面上用坐标法根据尺寸 c、d 和 h 作棱台各角点的轴测图，如图 3-5c 所示。

4）依次连接各点，擦去多余的线并描深全图，即得四棱台的正等测图，如图 3-5d 所示。

（3）六棱柱的正等测图画法（坐标法）

1）选坐标，画轴测轴，如图 3-6a 所示。

2）确定顶面各点位置，如图 3-6b 所示。

3）画顶面，画棱线，确定底面各点位置，如图 3-6c 所示。

4）画底面，擦去作图线，描深全图，即得六棱柱的正等测图，如图 3-6d 所示。

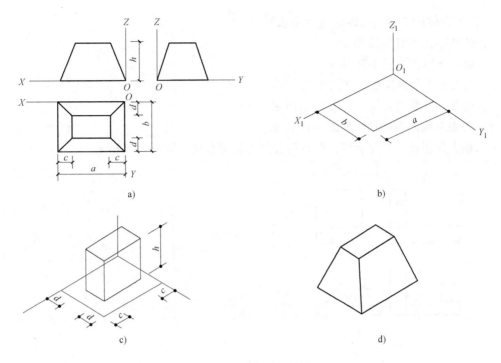

图 3-5 四棱台的正等测图

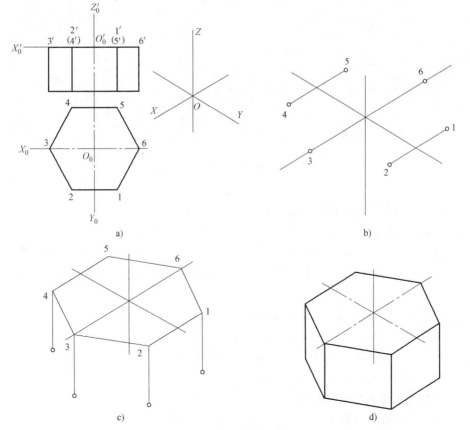

图 3-6 正六棱柱的正等测图

（4）组合体的正等测图画法（切割法）

1）选坐标，如图 3-7a 所示。

2）画长方体，如图 3-7b 所示。

3）切去左上部四棱柱，如图 3-7c 所示。

4）切去右前部三棱柱，如图 3-7d 所示。

5）切去左端部四棱柱，如图 3-7e 所示。

6）擦去作图线，描深全图，即得组合体的正等测图，如图 3-7f 所示。

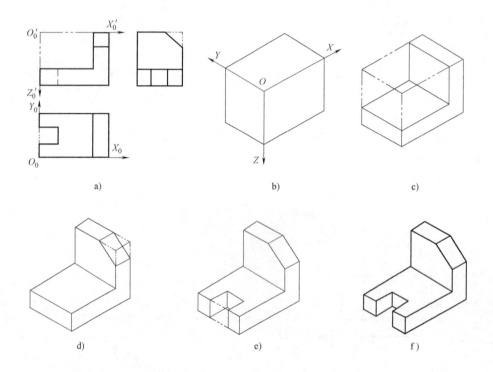

图 3-7　组合体的正等测图（切割法）

（5）组合体的正等测图画法（叠加法）

1）定坐标，将组合体分解为三个基本形体，如图 3-8a 所示。

2）画轴测轴，沿轴向分别量取坐标 x_1、y_1 和 z_1，画出形体 I，如图 3-8b 所示。

3）根据坐标 z_2 和 y_2 画形体 II 未切割前的完整形体，再根据坐标 x_3 和 z_3 切割形体 II，如图 3-8c 所示。

4）根据坐标 x_2 画形体 III，如图 3-8d 所示。

5）擦去作图线，描深全图，如图 3-8e 所示。

（6）四坡顶的房屋模型（图 3-9a）的正等测图画法

1）作屋檐和四棱柱，如图 3-9b、c 所示。

2）作屋脊线 H 面投影及屋脊线，如图 3-9d 所示。

3）连斜脊，校核，清理图面，加深图线，如图 3-9e 所示。

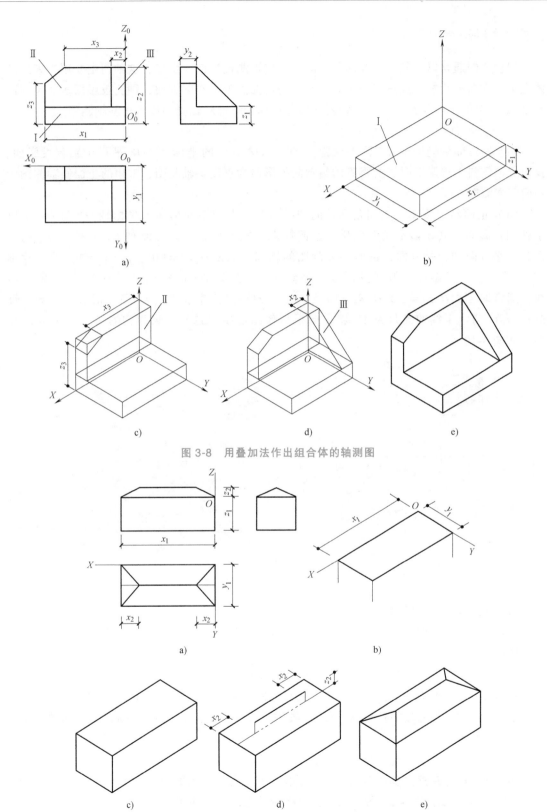

图 3-8 用叠加法作出组合体的轴测图

图 3-9 四坡顶房屋模型的正等测图

3.2.2 斜轴测投影图

斜轴测图通常以与某一坐标面平行的平面作轴测投影面，所以，这种图主要用于表达形体上某一方向形状复杂或只有一个方向有圆的情况。为了作图方便，轴测投影面多为坐标面 XOZ 或 XOY 的平行面，所得到的轴测投影分别称为正面斜轴测图或水平斜轴测图。

1. 正面斜轴测图

当空间形体的坐标轴 OZ 铅垂放置，OX 和 OZ 确定的坐标面 XOZ 平行于轴测投影面，投射方向倾斜于投影面时，所得到的斜轴测投影称为正面斜轴测图，常用的正面斜轴测图为正面斜二测图。

（1）正面斜二测图的轴间角和轴向伸缩系数　由于空间形体的坐标轴 OX 与 OZ 平行于轴测投影面，其投影不发生变化，正面投影反映实形，所以轴测轴 O_1X_1 和 O_1Z_1 仍分别为水平方向和铅垂方向，正面斜轴测图的轴间角 $\angle X_1O_1Z_1 = 90°$，$p_1 = r_1 = 1$。而坐标轴 OY 垂直于轴测投影面，但因投影方向是倾斜的，所以 OY 的轴测投影 O_1Y_1 是一条倾斜线，通常取 $\angle X_1O_1Y_1 = \angle Y_1O_1Z_1 = 135°$，$O_1Y_1$ 的轴向伸缩系数 $q_1 = 0.5$。正面斜二测的轴测轴 O_1Y_1 与水平线的夹角为 $45°$，方向根据作图需要来选择，可以向右画，也可以向左画，如图 3-10 所示。

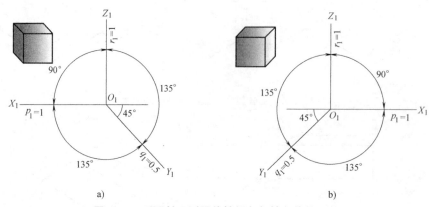

图 3-10　正面斜二测图的轴间角与轴向伸缩系数

a）O_1Y_1 向右画　b）O_1Y_1 向左画

（2）正面斜二测图的画法

【例 3-1】　试作图 3-11a 所示台阶的正面斜二测图。

绘制步骤：

步骤 1：在台阶的正投影图上选定坐标轴，如图 3-11a 所示。

步骤 2：画出轴测轴，根据正投影图画出台阶前端面的投影图，如图 3-11b 所示。

步骤 3：过台阶前端的各角点作 O_1Y_1 轴的平行线，在各平行线上量取台阶宽度的一半，如图 3-11c 所示。

步骤 4：连接台阶后端面各点，如图 3-11d 所示。

步骤 5：核对并擦去多余图线，加深图线，完成台阶的正面斜二测图，如图 3-11e 所示。

【例 3-2】　试作图 3-12a 所示混凝土花格砖的正面斜二测图。

绘制步骤：

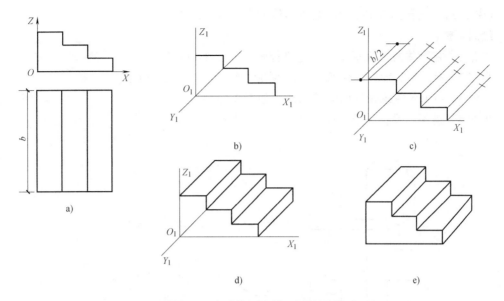

图 3-11 台阶的正面斜二测图画法

步骤 1：在花格砖的正投影图上选定坐标轴，如图 3-12a 所示。

步骤 2：画出轴测轴，根据正投影图画出花格砖前端面的 V 面投影图，如图 3-12b 所示。

步骤 3：过花格砖前端的各角点作 OY 轴的平行线，在各平行线上量取花格砖宽度的一半，如图 3-12b 所示。

步骤 4：连接花格砖后端面各点，核对并擦去多余图线，加深图线，完成花格砖的正面斜二测图，如图 3-12c 所示。

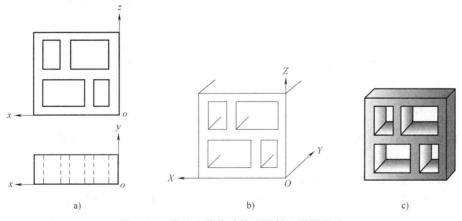

图 3-12 混凝土花格砖的正面斜二测图画法

2. 水平斜轴测图

以坐标面 XOY 组成的水平面作为轴测投影面所得到的斜轴测图称为水平斜轴测图。常用的水平斜轴测图为水平斜二测图。水平斜二测图的水平面反映实形，轴间角 $\angle X_1O_1Y_1 = 90°$，一般取 O_1Z_1 轴为铅垂方向，轴间角 $\angle X_1O_1Z_1 = 120°$，$\angle Y_1O_1Z_1 = 150°$，$p_1 = q_1 = 1$，$r_1 = 0.5$。这种图适用于绘制房屋平面图、区域总平面布置等。

【**例 3-3**】 绘制图 3-13a 所示建筑形体的水平斜二测图。

绘制步骤：

步骤 1：在形体的正投影图上选定坐标轴，如图 3-13a 所示。

步骤 2：画出轴测轴、各建筑物底面的轴测图，如图 3-13b 所示。

步骤 3：画出各建筑物顶面的轮廓线，如图 3-13c 所示。

步骤 4：描深图线，完成全图，如图 3-13d 所示。

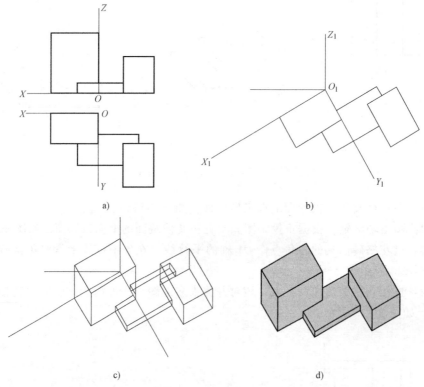

图 3-13　建筑形体的水平斜二测图的画法

3.2.3　曲面体的轴测投影图

要画曲面立体的轴测图必须先掌握平面上圆的轴测投影图的画法。根据正投影图的原理可知，当圆所在的平面平行于投影面时，其投影仍为圆，而当圆所在的平面倾斜于投影面时，它的投影为椭圆。在轴测投影中，除了斜二测投影中有一个面不发生变形外，一般情况下的圆的轴测投影是椭圆。图 3-14 为一个正方体表面三个内切圆的轴测图。

作圆的轴测投影时，通常先作出圆的外切正四边形的轴测投影，再在其中作出圆的轴测投影（椭圆）。平行于坐标面的圆的正等测，其外切正四边形为菱形，在菱形中画椭圆可用近似画法——四心圆法作图。

圆的正等测椭圆的近似画法如下：

1）在正投影图中定出原点和坐标轴的位置，并作圆的外切正方形，如图 3-15a 所示。

2）画轴测轴及圆的外切正方形的轴测图（菱形），同时作出其两个方向的直径 a_1c_1 和 b_1d_1，如图 3-15b 所示。

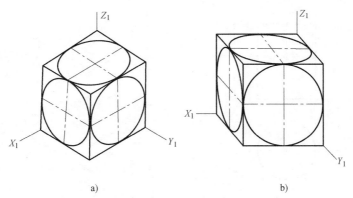

a) b)

图 3-14 正方体表面三个内切圆的轴测图

a）正等测图 b）斜二测图

3）以菱形的两个钝角顶点为 o_1、o_2。连 o_1b_1 和 o_1c_1，分别交菱形的长对角线于 o_3、o_4，得四心 o_1、o_2、o_3、o_4，如图 3-15c 所示。

4）分别以 o_1、o_2 为圆心，以 o_1b_1 为半径作上下两段弧线，再分别以 o_3、o_4 为圆心，以 o_3b_1 为半径作左、右两段弧线，即得椭圆，如图 3-15d 所示。

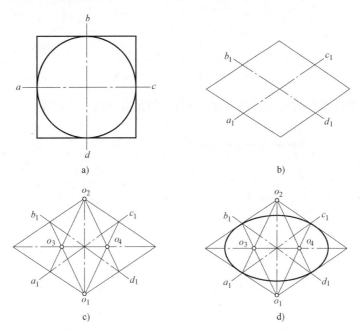

a) b)

c) d)

图 3-15 平行于坐标面的圆的正等测图——椭圆的近似画法

【例 3-4】 根据圆柱的正投影图（图 3-16a），作出圆柱的正等测图。

作法：

1）在正投影图上定出原点和坐标轴位置，如图 3-16a 所示。

2）根据圆柱的直径 D 和高 H，作上下底圆外切正方形的轴测图，如图 3-16b 所示。

3）用四心法画上下底圆的轴测图，如图 3-16c 所示。

4）作两椭圆公切线，擦去多余线条并描深主要图线，即得圆柱体的正等测图，如图 3-16d 所示。

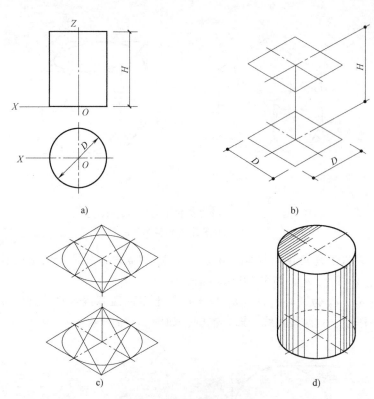

图 3-16 圆柱体的正等测图

【例 3-5】 根据圆台的正投影图（图 3-17a）作出圆台的正等测图。

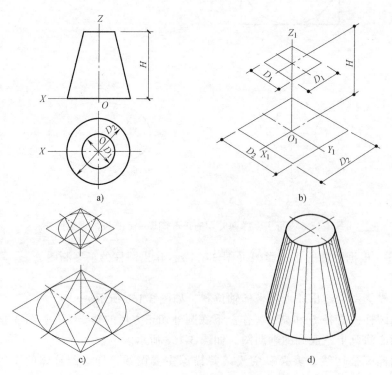

图 3-17 圆台的正等测图画法

作法：

1）在正投影图上定出原点和坐标轴位置，如图 3-17a 所示。

2）根据上下底圆直径 D_1、D_2 和高 H，作圆的外切正方形的轴测图，如图 3-17b 所示。

3）用四心法画上下底圆的轴测图，如图 3-17c 所示。

4）作两椭圆公切线，擦去多余线条并描深主要图线，即得圆台的正等测图，如图3-17d 所示。

本 章 回 顾

1. 轴测投影图立体感强，主要作为工程上的辅助图样。

2. 轴测投影图的基本要素：轴测轴、轴间角、轴向伸缩系数。

3. 轴测投影图分为正轴测投影图（正等测图）和斜轴测投影图（斜二测图）。

第4章

剖面图与断面图

4.1 剖面图的形成及规定画法

课题导入：一栋建筑物放在我们面前，只能看到它的四周和屋顶等外部情况，想要清晰准确地了解建筑的内部构造，必须把它剖切开来，由此产生了我们要学习的剖面图和断面图。剖面图和断面图在建筑工程图中应用非常广泛。无论是建筑施工图还是结构施工图都会用到剖面图和断面图，因此学好剖面图和断面图能为建筑施工图的识读打下重要的基础。

当形体的内部构造和形状较复杂时，在三面投影图中形体的轮廓线和不可见的虚线交叉在一起，不便于识图，也很难准确地标注尺寸，如图 4-1 所示。采用剖面图和断面图来表示，就可以避免这种情况发生。

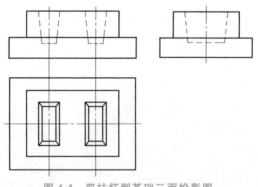

图 4-1 双柱杯型基础三面投影图

【学习要求】 掌握剖面图和断面图的形成、分类及画法。

4.1.1 剖面图的形成

假想用一个平行投影面的剖切平面 P 剖开物体，将处在观察者和剖切平面之间的部分移去，将剩余的部分向投影面进行投影，所得的正投影图称为剖面图，如图 4-2、图 4-3 所示。

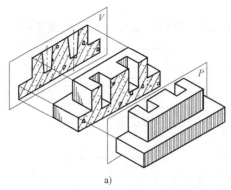
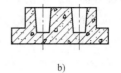

图 4-2 *V* 向剖面图的产生

a）假想用剖切平面 *P* 剖开基础并向 *V* 面进行投影　b）基础的 *V* 向剖面图

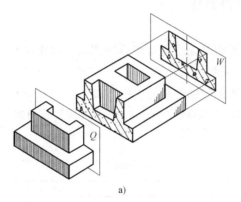

图 4-3 *W* 向剖面图的产生

a）假想用剖切平面 *Q* 将基础剖开并向 *W* 面进行投影　b）基础的 *W* 向剖面图

4.1.2 剖面图的规定画法

1. 剖切平面位置的选择

画剖面图时，首先应选择最合适的剖切位置，使剖切后画出的图形清晰、反映实形、便于理解内部的构造组成，并对剖切形体来说具有足够的代表性。剖切平面一般选择投影面平行面，并且一般应通过孔洞的轴线或形体的对称面，如图 4-4 所示。剖切平面的位置，决定着剖面图与断面图的形状。

2. 剖切符号的画法

剖面图本身不能反映剖切平面的位置，因此必须在其他投影图上标出剖切平面的位置及剖切形式。在建筑工程图中用剖切符号表示剖切平面的位置及其剖切开以后的投影方向，并对剖切符号进行编

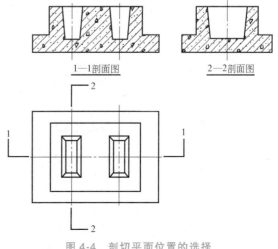

图 4-4 剖切平面位置的选择

号，以免混淆。剖面图的剖切符号的标注方法如下：

1）用剖切位置线表示剖切平面的剖切位置。剖切位置线（实质上就是剖切平面的积聚投影），用两小段粗实线（长度为 6~10mm）表示，并且不宜与图面上的图线相接触，如图 4-5 所示。

2）剖视方向线表示剖切后的投影方向。剖视方向线位于剖切位置线的外侧且垂直于剖切位置线，剖视方向线的长度应短于剖切位置线（长度为 4~6mm），如图 4-5 所示。

3）剖切符号的编号。为了区分同一形体上的几个剖面图，在剖切符号上应用阿拉伯数字加以编号，数字写在剖视方向的端部，如图 4-5 所示。

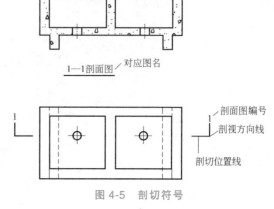

图 4-5　剖切符号

4）在剖面图的下方应写上与该图相对应的带有编号的图名，如图 4-5 中的"1—1 剖面图"，并在图名下方画上图名线（粗实线）。

5）绘制材料图例。剖切平面与形体接触的部分，一般要绘出反映形体所采用的材料的图例。《房屋建筑制图统一标准》（GB/T 50001—2010）中将常用建筑材料做了规定的画法，如表 4-1 所示。

表 4-1　常用建筑材料图例

序号	名称	图　例	备　注
1	自然土壤		包括各种自然土壤
2	夯实土壤		—
3	砂、灰土		—
4	砂砾石、碎砖三合土		—
5	石材		—
6	毛石		—
7	普通砖		包括实心砖、多孔砖、砌块等砌体。断面较窄不易绘出图例线时，可涂红，并在图纸备注中加注说明，画出该材料图例
8	耐火砖		包括耐酸砖等砌体
9	空心砖		指非承重砖砌体
10	饰面砖		包括铺地砖、马赛克、陶瓷锦砖、人造大理石等

（续）

序号	名称	图例	备注
11	焦渣、矿渣		包括与水泥、石灰等混合而成的材料
12	混凝土		1. 本图例指能承重的混凝土及钢筋混凝土。 2. 包括各种强度等级、骨料、添加剂的混凝土。 3. 在剖面图上画出钢筋时,不画图例线。 4. 断面图形小,不易画出图例线时,可涂黑
13	钢筋混凝土		
14	多孔材料		包括水泥珍珠岩、沥青珍珠岩、泡沫混凝土、非承重加气混凝土、软木、蛭石制品等
15	纤维材料		包括矿棉、岩棉、玻璃棉、麻丝、木丝板、纤维板等
16	泡沫塑料材料		包括聚苯乙烯、聚乙烯、聚氨酯等多孔聚合物类材料
17	木材		1. 上图为横断面,左上图为垫木、木砖或木龙骨。 2. 下图为纵断面
18	胶合板		应注明为×层胶合板
19	石膏板		包括圆孔、方孔石膏板、防水石膏板、硅钙板、防火板等
20	金属		1. 包括各种金属。 2. 图形小时,可涂黑
21	网状材料		1. 包括金属、塑料网状材料。 2. 应注明具体材料名称
22	液体		应注明具体液体名称
23	玻璃		包括平板玻璃、磨砂玻璃、夹丝玻璃、钢化玻璃、中空玻璃、夹层玻璃、镀膜玻璃等
24	橡胶		—
25	塑料		包括各种软、硬塑料及有机玻璃等
26	防水材料		构造层次多或比例大时,采用上图例
27	粉刷		本图例采用较稀的点

注：序号 1、2、5、7、8、13、14、17、18、20、24、25 图例中的斜线、短斜线、交叉斜线等均为 45°。

3. 绘制剖面图的步骤

1）确定剖切位置。

2）根据剖视方向，画出剩余形体的投影图。

3）在切到材料部分的轮廓线内画出材料图例，可参考表 4-1，当形体的材料不明时，可用同方向、等间距的 45°细实线（也称剖面线）来表示图例线。画剖面线时，同一形体在各个剖面图中剖面线的倾斜方向和间距要一致。

4.2 剖面图的种类

由于形体的形状变化多样，所以剖面图的剖切平面的位置、数量、方向、范围应根据形体内部结构和外形来选择，根据具体情况，常用的剖面图有全剖面图、半剖面图、阶梯剖面图、局部剖面图。

4.2.1 全剖面图

用一个剖切平面把形体完整地剖切开，得到的剖面图，称为全剖面图。全剖面图一般常应用于不对称的形体，或外形结构简单，而内部结构复杂的形体。如图 4-6 中的 1—1 剖面图为全剖面图。

4.2.2 半剖面图

如果形体是对称的，画图时常把形体投影图的一半画成剖面图，另一半画成外形图，这样组合而成的投影图叫做半剖面图。这种作图方法可以节省投影图的数量，而且在一个投影图中可以同时观察到立体的外形和内部的构造。

如图 4-7 所示，为一个杯形基础的半剖面图，正面投影和侧面投影都采用了半剖面图的画法，以表示基础的外部形状和内部构造。

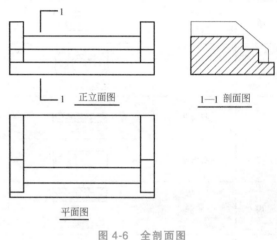

图 4-6 全剖面图

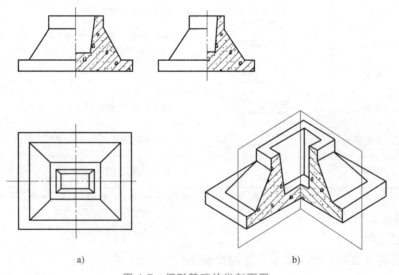

图 4-7 杯形基础的半剖面图

a）半剖面图　b）剖切体直观图

半剖面图中剖面图与投影图之间应以形体的对称中心线（细单点长画线）为分界线，半剖面图一般应画在水平对称轴线的下侧或竖直对称轴线的右侧，半剖面图一般不画剖切符号和编号，图名沿用原投影图的图名。

4.2.3 阶梯剖面图

用两个或两个以上的互相平行的剖切平面将形体剖开，得到的剖面图称为阶梯剖面图。如图 4-8a 所示，形体上有两个孔洞，但这两个孔洞不在同一轴线上，如果作一个全剖面图，则不能同时剖切两个孔洞，因此，考虑用两个互相平行的平面通过两个孔洞来剖切，如图 4-8b 所示，这样可在同一个剖面图上将两个不在同一方向上的孔洞同时反映出来。

画阶梯剖面图时，由于剖切是假想的，因此在剖面图中不应画出两个剖切平面的分界交线。在画剖切符号时，剖切平面的阶梯转折用粗折线表示，线段长度一般为 4~6mm，在折线的转角外侧可以注写剖切编号，以免与图线混淆。

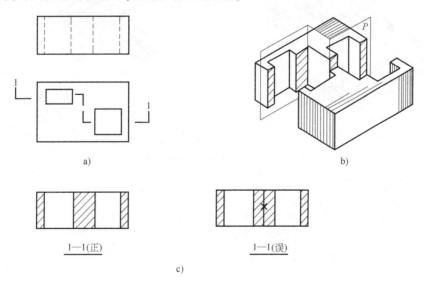

a)   b)

1—1(正)   1—1(误)

c)

图 4-8 阶梯剖面图

a）两面投影及阶梯剖切符号 b）剖切直观图 c）阶梯剖面图

房屋阶梯剖面图如图 4-9 所示。

4.2.4 局部剖面图

当形体仅需要一部分采用剖面图就可以表示内部构造时，可采用将该部分剖开形成局部剖面的形式，所得图称为局部剖面图。局部剖面图的剖切平面也是投影面平行面，如图 4-10 所示，局部剖切在投影图上的边界用波浪线表示，波浪线可以看作是物体断裂面的投影，因此绘制波浪线时，不能超出图形的轮廓线，在孔洞处要断开，也不允许波浪线与图样上其他图线重合。

当形体为多层不同材料组成的构造，且尺寸又比较小，不宜用剖面图表示时，可以采用分层局部剖切的方式，得到分层剖面图。分层剖切是局部剖切的一种形式，用以表达形体内

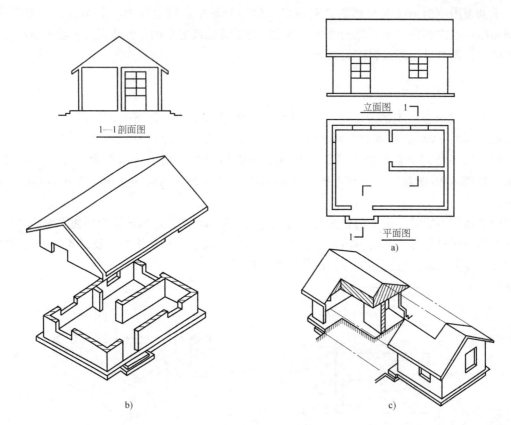

1—1剖面图

立面图

平面图

a)

b)

c)

图 4-9 房屋阶梯剖面图

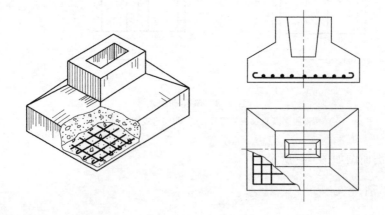

图 4-10 局部剖面图

部的构造，如图 4-11 和图 4-12 所示。图 4-11 所示的是一面墙的构造情况，绘图时，以两条波浪线为界，分别画出三层构造。画分层剖面图时，应按层次以波浪线为界，波浪线不与任何图线重合。图 4-12 所示的是木地面的分层构造情况，绘图时，把剖切到的地面，一层一层地剥离开来，在剖切的范围中画出材料图例，有时还加注文字说明。

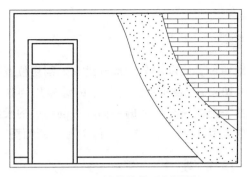

图 4-11　墙体的分层剖面图

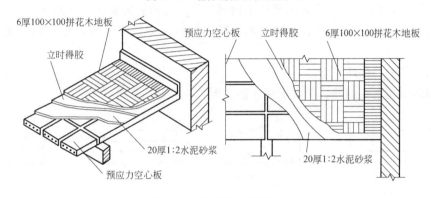

图 4-12　地面分层剖面图

4.3　断面图

用一个假想的剖切平面将形体剖开，只绘出形体与剖切平面相交部分的图形，并在投影内画出材料图例，这样的图形称为断面图。如图 4-13 中的 1—1 和 2—2 是剖面图，3—3 和

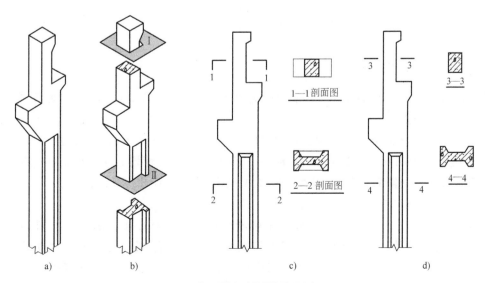

图 4-13　剖面图与断面图的区别（一）

4—4 是断面图。

4.3.1 断面图的规定画法

断面图的剖切符号由剖切位置线和编号两部分组成。剖切位置线与剖面图的相同，即用两小段粗实线（长度为 6~10mm）表示；剖切符号的编号用阿拉伯数字或拉丁字母表示，且必须注写在剖切位置线的一侧。编号所在的一侧即为剖切后的投射方向，同时在断面图的下方注出与剖切符号相应的编号 1—1、2—2 等，但不写"断面图"字样。

4.3.2 剖面图与断面图的区别

剖面图与断面图都是用来表示形体的内部形状，它们的区别如下（图 4-14）：

1）剖面图是剖切后余下形体的投影，断面图只是剖切平面与形体接触的那部分面的投影。

2）剖切符号的标注不同。

3）剖面图包含断面图，断面图属于剖面图的一部分。

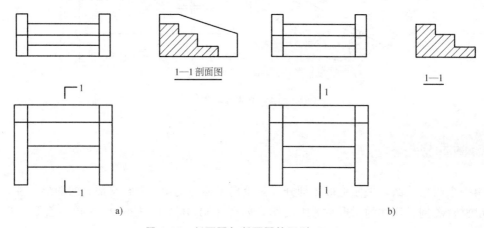

图 4-14 剖面图与断面图的区别（二）

a）剖面图的画法 b）断面图的画法

4.3.3 断面图的种类和画法

根据断面图所在的位置不同，可将其分为移出断面图、中断断面图和重合断面图。

1. 移出断面图

画在形体投影图之外的断面图，称为移出断面图。移出断面图的轮廓线用粗实线绘制，断面图上画有材料图例。如图 4-13d 中的 3—3 断面和 4—4 断面均为移出断面图。图 4-15 中的 1—1 断面、2—2 断面和 3—3 断面也是移出断面图，并都画出了材料图例。

2. 中断断面图

画在投影图的中断处的断面图称为中断断面图。中断断面图只适用于杆件较长、断面形状单一且对称的物体。中断断面图的轮廓线用粗实线绘制，投影图的中断处用波浪线或折断线绘制。中断断面图不必标注剖切符号，如图 4-16 所示的槽钢杆件和木材的中断断面图。

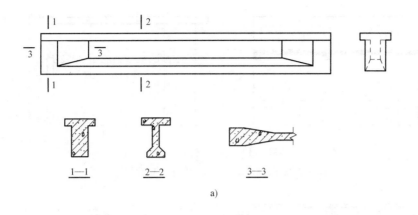

a)

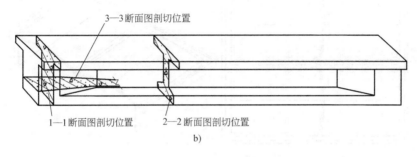

b)

图 4-15 梁的移出断面及其画法

a) 投影图 b) 直观图

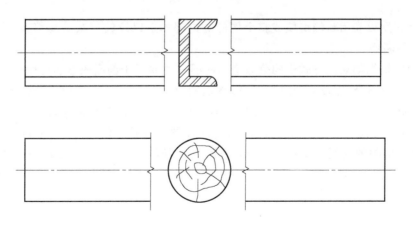

图 4-16 槽钢和木材的中断断面图

3. 重合断面图

将断面图直接画于投影图中使二者重合在一起，这种断面称为重合断面图。重合断面图不画剖切位置线也不编号，图名沿用原图名，轮廓线用粗实线绘制，其轮廓可能是闭合的（图 4-17a），也可能是不闭合的（图 4-17b），当不闭合时，应在断面轮廓的内侧加画材料图例。图 4-18 所示为屋顶结构重合断面图。

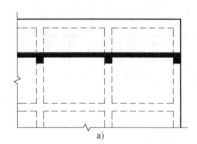 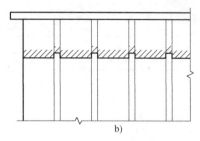

图 4-17　重合断面图

a）楼层的重合断面图　　b）墙面的重合断面图

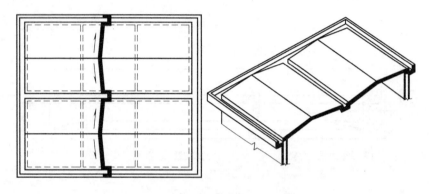

图 4-18　屋顶结构重合断面图

本 章 回 顾

1. 剖面图用以表示整幢房屋或整个构件的内部构造以及较复杂的局部构造。断面图用以表示构件的断面。

2. 剖面图根据剖切的方式不同分为全剖面图（主要用于剖面图形非对称时）、半剖面图（用于形体对称且外形比较复杂时）、阶梯剖面图（用于一个剖切平面不能将形体上需要表达的内部构造表示清楚时）、局部剖面图（用于形体中局部比较复杂或需表达分层构造时）。

3. 断面图的画法有三种：移出断面图（断面图画在投影图之外）、中断断面图（断面图画在投影图假象的断裂间隙处）重合断面图（断面图画在剖切处与投影图重合）。

第2篇

识　图

- 第5章　建筑工程图

第5章

建筑工程图

知识要点及学习程度要求

- 建筑制图国家标准（了解）
- 图纸幅面、标题栏的有关规定（了解）
- 按规范要求书写书写长仿宋字、数字和常用字母（掌握）
- 比例的概念和规定（理解）
- 尺寸标注的组成、规则和方法（掌握）
- 常用绘图工具和用品（了解）
- 制图标准在房屋建筑工程图中的应用（了解）
- 建筑工程图的产生和分类（了解）
- 阅读图纸目录、设计说明、门窗表、材料做法表，建筑总平面图（掌握）
- 建筑平面图的内容和用途（掌握）
- 建筑立面图的内容和用途（掌握）
- 建筑剖面图的内容和用途（掌握）
- 建筑详图的内容和用途（掌握）

5.1 制图工具和用品

课题导入：从古至今，人们在日常的生活和学习中，都会经常使用到各种各样的工具。现如今的建筑工程图都是用计算机绘制的，但是手工绘图仍然是每个工程技术人员的基本功。在我们学习的过程中也有很多图样需要我们去手工绘制。"工欲善其事，必先利其器"，为了保证绘图的质量，提高绘图的速度，我们必须了解各种绘图工具和用品，熟悉它们的构造和性能，熟练掌握它们的正确使用方法，并注意维护和保养。

【学习要求】 了解常用制图工具和用品，会使用常用制图工具。

5.1.1 图板

图板是固定图纸和绘图的工具，如图 5-1 所示。图板要求板面平整，工作边平直。图板不能受潮、暴晒、烘烤和重压，以防变形。图板的大小有 0 号（1200mm×900mm）、1 号（900mm×600mm）、2 号（600mm×450mm）等不同规格，可根据所画图幅的大小而选定。为保持板面平滑，贴图纸宜用透明胶纸，不宜使用图钉，也不能使用刀具在图板上刻画。

5.1.2 丁字尺

丁字尺由相互垂直的尺头和尺身构成。丁字尺主要是画水平线及配合三角板画垂线和斜线的工具。使用时应将尺头内侧紧靠图板左边（工作边），上下推动丁字尺，直至尺身工作边对准画线位置，再用左手按住尺身，用铅笔沿着尺身工作边从左向右画水平线，如水平线较多，则应自上而下逐条画出。切勿将尺头靠图板的其他边使用，也不能在尺身下边画线。不能用小刀靠工作边裁纸。不用时应将丁字尺悬挂保管，以防尺身变形。图 5-2a 为移动丁字尺的正确手势，图 5-2b 为丁字尺的错误用法。

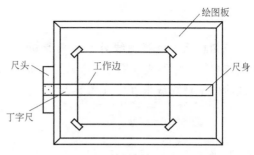

图 5-1 绘图板与丁字尺

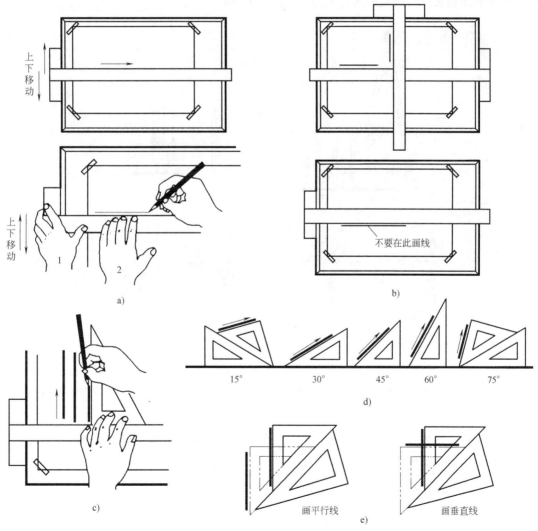

图 5-2 丁字尺与三角板的使用方法

a) 丁字尺的正确用法 b) 丁字尺的错误用法 c) 用三角板配合丁字尺画铅垂线

d) 三角板与丁字尺配合画各种角度斜线 e) 画任意直线的平行线和垂直线

5.1.3　三角板

三角板除了直接画线外,主要是配合丁字尺画垂直线(图 5-2c)和 15°、30°、45°、60°、75°等各种斜线(图 5-2d)。三角板可以推画任意方向的平行线,还可以直接用来画已知线段的平行线或垂直线(图 5-2e)。

5.1.4　圆规和分规

1. 圆规

圆规用于画圆弧和圆,它的固定腿上装有钢针,钢针的两端形状不同,带有台阶的一端用于画圆和圆弧。使用时将针尖全部扎入图板,台阶接触纸面,具有肘关节的腿上装有用来插铅笔或直线笔的插脚,画圆时要弯曲肘关节,并调整针尖方向,使它们分别垂直于纸面。画大图时要加延长杆。圆规的部件及用法如图 5-3 所示。

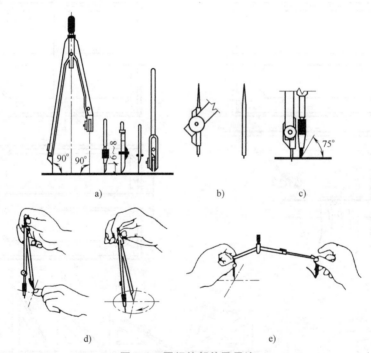

图 5-3　圆规的部件及用法

a)圆规及其插脚　b)圆规上的钢针　c)圆心钢针略长于铅芯　d)圆的画法　e)画大圆时加延伸杆

2. 分规

分规用来量取线段、等分线段和截取尺寸等。分规两腿端部有钢针,当合拢两腿时两针尖应汇交于一点,如图 5-4 所示。

5.1.5　其他绘图用品

1. 铅笔

绘图使用的铅笔的铅芯硬度用 B 和 H 标明,B 表示软而浓,H 表示硬而淡,HB 表示软硬适中。画底稿时常用 2H~H 铅笔,描粗时常用 HB~2B 铅笔。削好的铅笔还要用"0"号

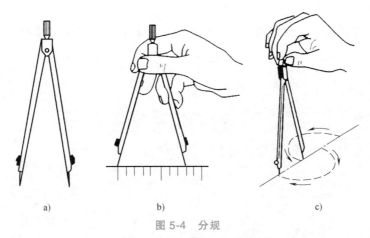

图 5-4 分 规

a) 分规 b) 量取长度 c) 等分线段

砂纸将铅芯磨成圆锥形，以保证所画图线粗细均匀（图 5-5d）。画图时，从侧面看笔身要铅直（图 5-5b）；从正面看，笔身倾斜约 60°（图 5-5c）。

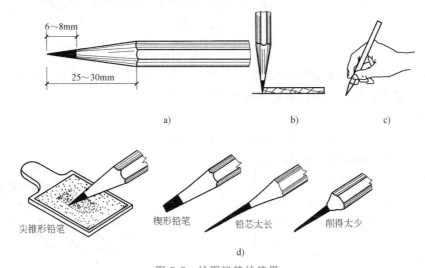

尖锥形铅笔   楔形铅笔   铅芯太长   削得太少

d)

图 5-5 绘图铅笔的使用

a) 绘图铅笔 b) 铅笔与尺身的相对位置 c) 握铅笔的方法 d) 磨铅芯

2. 橡皮

橡皮有软硬之分。修整铅笔线多用软质的，修整墨线则多用硬质的，如图 5-6 所示。

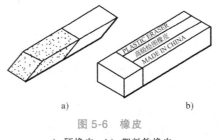

图 5-6 橡 皮

a) 硬橡皮 b) 塑料软橡皮

3. 制图模板

有很多专业型的模板，如建筑模板（图5-7）、结构模板、轴测图模板、数字模板等。

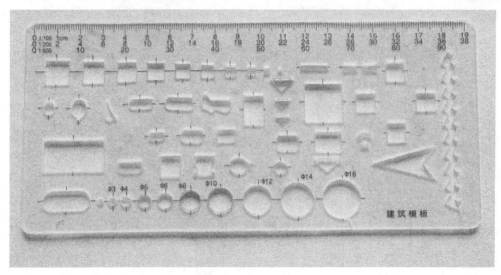

图 5-7　建筑绘图模板

4. 擦图片

擦图片（图5-8）是修改图线用的辅助工具。使用时将需擦去的图线对准擦图片上相应的孔洞，再用橡皮擦拭，可避免影响邻近的线条。

5. 排笔

排笔（图5-9）用来清扫橡皮擦拭图纸产生的橡皮屑。

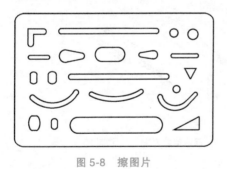

图 5-8　擦图片

图 5-9　排笔

5.2　建筑制图标准

课题导入：建筑工程技术人员建房的依据是施工图纸，图纸上绘制的建筑图样，是表达建筑工程设计意图的重要手段，也是建筑施工的重要依据。为了使不同岗位的技术人员对工程图有完全一致的理解，制图和识图都必须遵照一个统一的规定，即建筑制图标准。

【学习要求】　了解国家制图标准的主要内容。

建造房屋的依据是"图纸"，"图纸"在制图标准中称为"图样"。图样是表达和交流技术思想的工具，是工程界的技术语言，是指导现代化生产的重要技术文件。为此，国家标准对图样上的有关内容做出了统一的规定，每个从事技术工作的人员都必须掌握并遵守这些国家标准。我国现行的建筑制图国家标准有 6 个，分别是《房屋建筑制图统一标准》（GB/T 50001—2010）、《总图制图标准》（GB/T 50103—2010）、《建筑制图标准》（GB/T 50104—2010）、《建筑结构制图标准》（GB/T 50105—2010）、《建筑给水排水制图标准》（GB/T 50106—2010）、《暖通空调制图标准》（GB/T 50114—2010）。

5.2.1 图纸幅面

图纸幅面简称图幅，它是指图纸宽度与长度组成的图面，即图纸大小。《房屋建筑制图统一标准》（GB/T 50001—2010）规定，绘制图样时图纸幅面有 A0、A1、A2、A3、A4 共 5 种规格。图纸的基本幅面规格如图 5-10 所示，图纸幅面及图框尺寸见表 5-1。

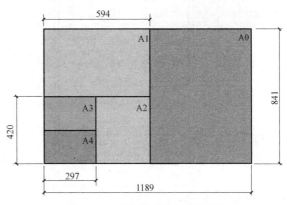

图 5-10 图纸的基本幅面规格

表 5-1 图纸幅面及图框尺寸　　　　　　　　　　　　（单位：mm）

尺寸代号 \ 幅面代号	A0	A1	A2	A3	A4
$b×l$	841×1189	594×841	420×594	297×420	210×297
c	10			5	
a	25				

图纸以短边作为垂直边的为横式，以短边作为水平边的为立式。一般 A0～A3 图纸宜横式使用，必要时也可立式使用，如图 5-11 所示。

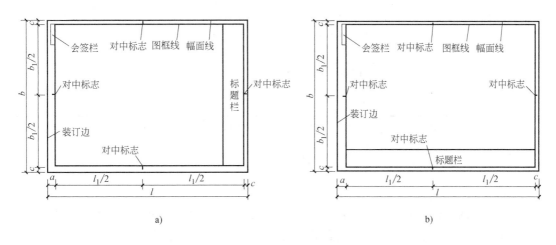

a)　　　　　　　　　　　　　　　　b)

图 5-11 图幅示意图

a)、b) A0～A3 横式幅面

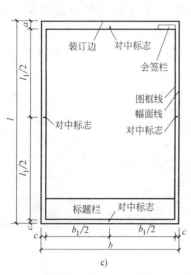
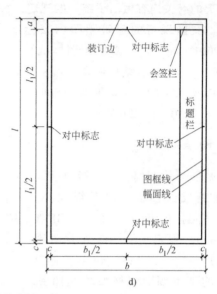

图 5-11　图幅示意图（续）

c）、d）A0～A4 立式幅面

必要时，图纸允许加长幅面。图纸的短边一般不应加长，长边可以加长，但应符合表 5-2 的规定。

表 5-2　图纸长边加长尺寸　　　　　　　　　　（单位：mm）

幅面代号	长边尺寸	长边加长后的尺寸
A0	1189	1486（A0+1/4l）　1635（A0+3/8l）　1783（A0+1/2l） 1932（A0+5/8l）　2080（A0+3/4l）　2230（A0+7/8l） 2378（A0+l）
A1	841	1051（A1+1/4l）　1261（A1+1/2l）　1471（A1+3/4l） 1682（A1+l）　1892（A1+5/4l）　2102（A1+3/2l）
A2	594	743（A2+1/4l）　891（A2+1/2l）　1041（A2+3/4l） 1189（A2+l）　1338（A2+5/4l）　1486（A2+3/2l） 1635（A2+7/4l）　1783（A2+2l）　1932（A2+9/4l） 2080（A2+5/2l）
A3	420	630（A3+1/2l）　841（A3+l）　1051（A3+3/2l） 1261（A3+2l）　1471（A3+5/2l）　1682（A3+3l） 1892（A3+7/2l）

注：有特殊需要的图纸，可采用 $b×l$ 为 841mm×891mm 与 1189mm×1261mm 的幅面。

5.2.2　标题栏和会签栏

1. 标题栏

每张正式的工程图上都有工程名称、图名、图纸编号、设计单位、设计人、绘图人、审核人的签字等栏目，把它们集中列成表格形式，就称为标题栏，简称图标。

工程图的标题栏如图 5-12 所示，应根据工程的需要确定其尺寸、格式及分区。签字区应包括实名列和签名列，并应符合相关制图标准的规定。

1）横式使用的图纸，标题栏应按图 5-11a、b 的位置布置。

2）立式使用的图纸，标题栏应按图 5-11c、d 的位置布置。

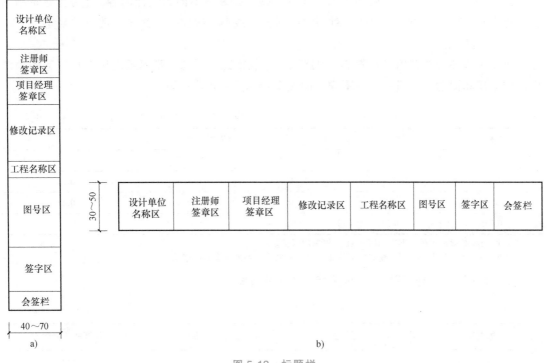

图 5-12 标题栏

2. 会签栏

会签栏是各工种（如土木、水、电等）负责人签字用的表格，以便明确其技术职责，如图 5-13 所示。会签栏的位置如图 5-11 所示。不需会签的图样可不设会签栏。

在学校的制图作业中，建议采用图 5-14 所示标题栏。图纸的标题栏、会签栏及装订边的位置应符合图 5-11 中的尺寸规定。

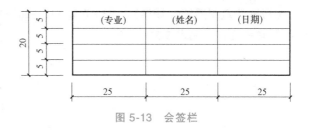

图 5-13 会签栏

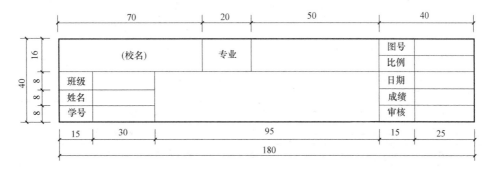

图 5-14 制图作业中推荐使用的标题栏格式

5.2.3 图线

在工程图样中，线型不同和粗细不同的图线分别表达不同的设计内容，《房屋建筑制图统一标准》（GB/T 50001—2010）对图线的名称、线型、线宽、用途做了明确的规定。

1. 图线的宽度

每个工程图的线宽组应从表5-3中选取。一般情况下，同一张图纸内比例相同的各个图样，应采用相同的线宽组；同一图样中同类图线的宽度也应一致。

表 5-3 线宽组   （单位：mm）

线宽比	线宽组			
b	1.4	1.0	0.7	0.5
0.7b	1.0	0.7	0.5	0.35
0.5b	0.7	0.5	0.35	0.25
0.25b	0.35	0.25	0.18	0.13

注：1. 需要缩微的图纸，不宜采用0.18及更细的线宽。
2. 同一张图纸内，各不同线宽中的细线，可统一采用较细的线宽组的细线。

图纸的图框线和标题栏线，可采用表5-4的线宽。

表 5-4 图框线、标题栏线的宽度   （单位：mm）

幅面代号	图框线	标题栏外框线	标题栏分格线
A0、A1	b	0.5b	0.25b
A2、A3、A4	b	0.7b	0.35b

2. 图线的类型

《房屋建筑制图统一标准》（GB/T 50001—2010）中对图线的名称、线型、线宽、用途做了明确的规定，见表5-5。

表 5-5 图线的类型和用途

名称		线型	线宽	一般用途
实线	粗	——————	b	主要可见轮廓线
	中粗	——————	0.7b	可见轮廓线
	中	——————	0.5b	可见轮廓线、尺寸线、变更云线
	细	——————	0.25b	图例填充线、家具线
虚线	粗	— — — —	b	见各有关专业制图标准
	中粗	— — — —	0.7b	不可见轮廓线
	中	— — — —	0.5b	不可见轮廓线、图例线
	细	— — — —	0.25b	图例填充线、家具线
单点长画线	粗	—— · —— ·	b	见各有关专业制图标准
	中	—— · —— ·	0.5b	见各有关专业制图标准
	细	—— · —— ·	0.25b	中心线、对称线、轴线等

（续）

名称		线型	线宽	一般用途
双点长画线	粗		b	见各有关专业制图标准
	中		$0.5b$	见各有关专业制图标准
	细		$0.25b$	假想轮廓线、成型前原始轮廓线
折断线	细		$0.25b$	断开界线
波浪线	细		$0.25b$	断开界线

3. 图线的画法（图 5-15）

1）相互平行的图线，其间隙不宜小于其中的粗线宽度，且不小于 0.7mm（图 5-15a）。

2）虚线、单点长画线或双点长画线的线段长度和间隔，宜各自相等（图 5-15a）。

3）单点长画线或双点长画线，当在较小图形中绘制有困难时，可用实线代替。

4）单点长画线或双点长画线的两端，不应是点。点画线与点画线交接，或点画线与其他图线交接时，应是线段交接。

5）虚线与虚线交接，或虚线与其他图线交接时，应是线段交接。虚线为实线的延长线时，不得与实线连接（图 5-15b）。

6）图线不得与文字、数字或符号重叠、混淆，不可避免时，应首先保证文字等的清晰。

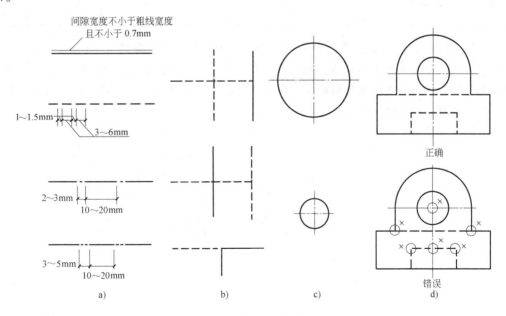

图 5-15 图线的画法

a）线的画法　b）交接　c）圆的中心线画法　d）举例

5.2.4 字体

在建筑工程图上，除了用图线画出图形外，还使用不同的字体进行描述。图上常用的字体有汉字、阿拉伯数字、拉丁字母，有时也会出现罗马数字、希腊字母等。

1. 汉字

建筑工程图及说明中的文字宜采用长仿宋体，宽度与高度的关系应符合表 5-6 的规定。

表 5-6　长仿宋体字高与宽关系表　　　　　　　　　　　　　（单位：mm）

字高	20	14	10	7	5	3.5
字宽	14	10	7	5	3.5	2.5

字体的号数即字高的毫米数。文字的高度应从 3.5mm、5mm、7mm、10mm、14mm 和 20mm 中选取，且字高为字宽的 $\sqrt{2}$ 倍。如需书写更大的字，其高度应按 $\sqrt{2}$ 的比值递增。

在图上书写的字体应横平竖直，起落有锋，填满方格，结构匀称。

汉字的简化书写，必须遵守国务院公布的《汉字简化方案》和有关规定。

长仿宋体字的基本笔画有横、竖、撇、捺、挑、点、钩七种，见表 5-7。长仿宋体字例，如图 5-16 所示。

表 5-7　长仿宋体字基本笔画的写法

名称	横	竖	撇	捺	挑	点	钩
形状	一	丨	丿	乀	✓✓	八	儿
笔法	一	丨	丿	乀	✓✓	八	儿

书写长仿宋字时，要注意字形结构，如图 5-16 所示。书写时特别要注意起笔、落笔、转折和收笔，务必做到干净利落，笔画不可有歪曲、重叠和脱节等现象。同时要根据整体结构的类型特点，灵活地调整笔画间隔，以增强整字的匀称和美观。要写好长仿宋字，平时应该多看、多写，并且持之以恒。

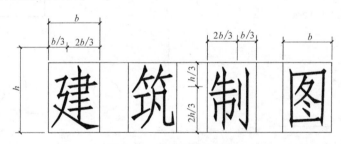

图 5-16　长仿宋体字示例

2. 字母与数字

拉丁字母、阿拉伯数字与罗马数字等应写成等线体，有一般字体和窄体字两种，其书写规则应符合表 5-8 的规定。

表 5-8　拉丁字母、阿拉伯数字与罗马数字书写规则

书写格式		一般字体	窄体字
字母高	大写字母	h	h
	小写字母（上下均无延伸）	$(7/10)h$	$(10/14)h$

（续）

书写格式		一般字体	窄体字
小写字母向上或向下延伸部分		$(3/10)h$	$(4/14)h$
笔画宽度		$(1/10)h$	$(1/14)h$
间隔	字母间隔	$(2/10)h$	$(2/14)h$
	上下行底线间最小间隔	$(14/10)h$	$(20/14)h$
	文字间最小间隔	$(6/10)h$	$(6/14)h$

拉丁字母、阿拉伯数字与罗马数字等可以写成直体，也可以写成斜体。如需写成斜体，应从字的底线逆时针向上斜 75°，斜体字的高度与宽度应与相应的直体字相等，字高应不小于 2.5mm，数字和字母的示例如图 5-17 所示。

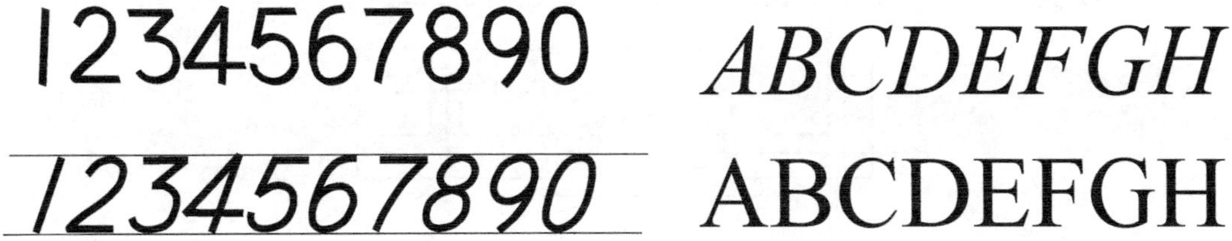

1234567890　*ABCDEFGH*

1234567890　ABCDEFGH

a)　　　　　　　　　　　　　　b)

图 5-17　数字和字母的书写

a）阿拉伯数字的书写　b）大写拉丁字母的书写

5.2.5　比例

当工程形体与图幅尺寸相差太大时，需要按比例缩小或放大绘制在图纸上。图样的比例是指图形与其实物相对应的要素的线性尺寸之比（图距：实距）。比例的大小是指比值的大小，如 1:50 大于 1:100。比例应注写在图名的右侧，与字的基准线取平，字高比图名的字高小一号或两号，比例的注写如图 5-18 所示。

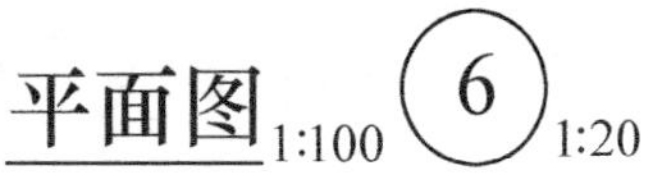

平面图$_{1:100}$ ⑥ $_{1:20}$

图 5-18　比例的注写

绘图所用的比例，应根据图样的用途以及绘制对象的复杂程度选用，常用的比例见表 5-9。

表 5-9　绘图所用的比例

常用比例	1:1、1:2、1:5、1:10、1:20、1:50、1:100、1:150、1:200、1:500、1:1000、1:2000、1:5000、1:10000、1:20000、1:50000、1:100000、1:200000
可用比例	1:3、1:4、1:6、1:15、1:25、1:30、1:40、1:60、1:80、1:250、1:300、1:400、1:600

5.2.6　尺寸标注

图纸上的图形只能表达物体的形状，不能表示形体的大小和位置关系，形体的大小和位置是通过尺寸标注来表示的。图中的尺寸数值表明物体的真实大小，与绘图时所用的比例无关。建筑施工是根据施工图上标注的尺寸进行的。因此，尺寸是施工的重要依据，在绘制建筑施工图时，除了画出物体的形状外，还必须标注尺寸。

1. 尺寸的组成

图样上一个完整的尺寸标注一般由尺寸线、尺寸界线、尺寸起止符号和尺寸数字四部分组成，如图 5-19 所示。

（1）尺寸线　尺寸线用来表示尺寸的方向。尺寸线用细实线绘制，应与被注长度平行，与尺寸界线垂直相交，且不得超出尺寸界线，尺寸线与图样轮廓线之间的距离一般以不小于 10mm 为宜。

（2）尺寸界线　尺寸界线用来限定所注尺寸的范围。尺寸界线用细实线绘制，一般应与被注长度垂直，其一端距图形轮廓线不小于 2mm，另一端超过尺寸线 2~3mm。

尺寸界线要用细实线从线段的两端垂直地引出，尺寸宜标注在图样轮廓线以外，不宜与图线、文字及符号等相交。尺寸界线有时可用图形线代替，但要注意在尺寸数字处的图例线应断开，以避免尺寸数字与图例线相混淆（图 5-20、图 5-21）。

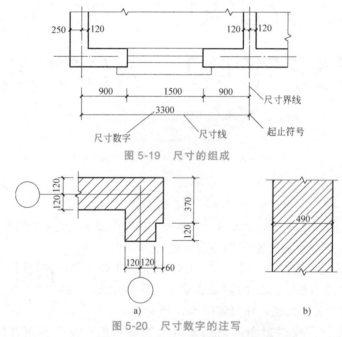

图 5-19　尺寸的组成

图 5-20　尺寸数字的注写

a）尺寸不宜与图线相交　b）尺寸数字处图线应断开

（3）尺寸起止符号　尺寸起止符号用来表示尺寸的起止。尺寸线与尺寸界线的相交点是尺寸的起止点，在起止点处用中实线画出尺寸起止符号，长约 2~3mm，方向应与尺寸界线顺时针方向成 45°角。

（4）尺寸数字　尺寸数字在建筑图上表示工程形体的实际大小。一律用阿拉伯数字书写，应尽量注写在尺寸线上方的中部。水平方向的尺寸，尺寸数字要写在尺寸线的上面，字头朝上（图 5-19）；竖直方向的尺寸，尺寸数字要写在尺寸线的左侧，字头朝左（图 5-20）；倾斜方向的尺寸，尺寸数字的方向应按图 5-21 的规定书写，尺寸数字在图 5-21a 中所示 30°阴影线范围内时可按图 5-21b 的形式书写。

尺寸数字如果没有足够的注写位置时，两边的尺寸可以注写在尺寸界线的外侧，中间相邻的尺寸可以错开注写，如图 5-22 所示。

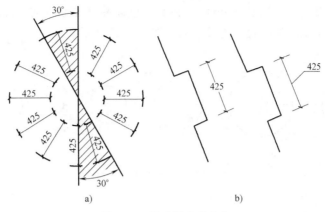

图 5-21 尺寸数字的方向

图 5-22 小尺寸数字的注写位置

2. 尺寸的排列与布置

当尺寸线分几层排列时，应从被标注的图样轮廓线由近向远整齐排列，较小尺寸离轮廓线较近，较大尺寸离轮廓线较远。图样轮廓线以外的尺寸，与图样最外轮廓之间的距离，不宜小于 10mm。平行排列的尺寸线的间距要一致，约 7~10mm，如图 5-23 所示。

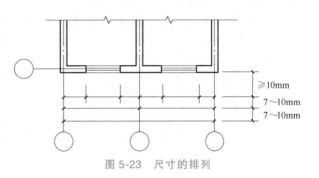

图 5-23 尺寸的排列

3. 半径、直径和球体的尺寸标注

半圆或小于半圆的圆弧，一般应标注半径尺寸，尺寸线的一端从圆心开始，另一端用箭头指向圆弧，在半径数字前加注半径符号 "R"。较小圆弧的半径数字可引出标注；较大圆弧的尺寸线，可画成折断线。半径的尺寸标注如图 5-24 所示。

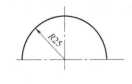

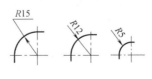
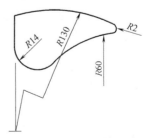

图 5-24 半径的尺寸标注

标注圆（或者大于半圆的圆弧）时要标注直径。直径的尺寸线是通过圆心的倾斜的细实线（圆的中心线不可作为尺寸线），尺寸界线即为圆周，两端的起止符号规定用箭头（箭

头的尖端要指向圆周），尺寸数字一般注写在圆的里面并且在数字前面加注直径代号"φ"。较小圆的尺寸可标注在圆外。直径的尺寸标注如图 5-25 所示。

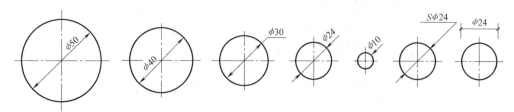

图 5-25　直径的尺寸标注

球体的尺寸标注应在其直径和半径前加注字母"S"，如图 5-26 所示。

4. 弧长、弦长的尺寸标注

标注圆弧的弧长时，尺寸界线垂直于该圆弧的弦，尺寸线在该圆弧的同心圆上，起止符号为箭头，弧长数字的上方要加注圆弧符号，如图 5-27 所示。

标注圆弧的弦长时，尺寸界线垂直于该弦直线，尺寸线平行于该弦直线，

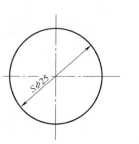
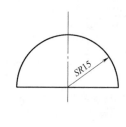

图 5-26　球体的尺寸标注

起止符号为 45°短斜线（标注方法同线段尺寸完全一样），如图 5-28 所示。

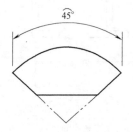

图 5-27　弧长的标注

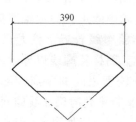

图 5-28　弦长的标注

5. 角度、坡度的尺寸标注

角度的尺寸线应以圆弧表示，该圆弧的圆心应是该角的顶点，角的两条边为尺寸界线。起止符号应以箭头表示，角度数字应按水平书写，如图 5-29 所示。

标注坡度时，在坡度数字下加上坡度符号。坡度符号为指向下坡的单面箭头。坡度也可以用直角三角形的形式标注，如图 5-30 所示。

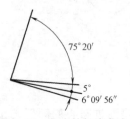

图 5-29　角度的标注方法

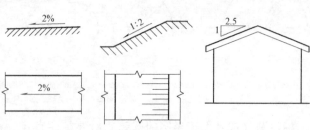

图 5-30　坡度的标注方法

6. 尺寸的简化标注

（1）单线图尺寸 杆件或管线的长度，在单线图（桁架简图、钢筋简图、管线图等）上，可直接将尺寸数字沿杆件或管线的一侧注写，如图 5-31 所示。

（2）连排等长尺寸 连续排列的等长尺寸，可用"等长尺寸×个数＝总长"的形式标注（图 5-32）。

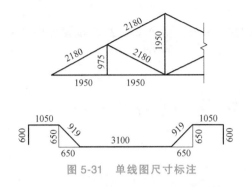

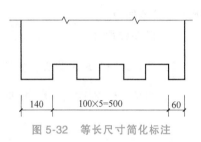

图 5-31　单线图尺寸标注

图 5-32　等长尺寸简化标注

（3）相同要素尺寸 构配件内的构造要素（如孔、槽等）若相同，也可用"个数×相同要素尺寸"的形式标注，见图 5-33。

（4）对称构件尺寸 对称构（配）件采用对称省略画法时，该对称构（配）件的尺寸线应略超过对称符号，仅在尺寸线的一端画尺寸起止符号，尺寸数字应按整体全尺寸注写，注写位置应与对称符号对齐（图 5-34）。

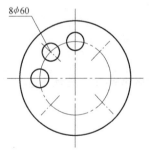

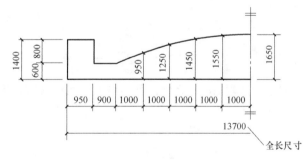

图 5-33　相同要素尺寸标注

图 5-34　对称构件的尺寸标注

7. 相似构件尺寸

两个构（配）件，如仅个别尺寸数字不同，可在同一图样中，将其中一个构（配）件的不同尺寸数字注写在括号内，该构（配）件的名称也注写在名称的括号内（图 5-35）。

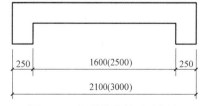

图 5-35　相似构件的尺寸标注

5.3　几何作图

课题导入：建筑工程图样都是由基本的直线、圆弧、曲线等组成的几何图形。为了学会正确绘制和识读建筑工程图，必须掌握最基本的几何作图方法。几何作图是学习本门课程必须掌握的一种基本技能。

几何作图就是根据已知条件，使用各种绘图工具，运用几何学的原理和作图方法作出所需的图形。

【学习要求】 能够等分线段，绘制圆内接正多边形。

5.3.1 二等分线段

线段的二等分可用平面几何中作垂直平分线的方法来画，其作图方法和步骤如图 5-36 所示，具体如下：

1）已知线段 AB。

2）分别以 A、B 为圆心，大于 $\frac{AB}{2}$ 的长度 R 为半径作弧，两弧交于 C、D 点。

3）连接 CD 交 AB 于 M，M 即为 AB 的中点。

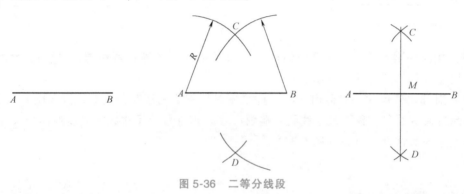

图 5-36 二等分线段

5.3.2 任意等分线段（以五等分为例）

把已知线段 AB 五等分，可用作平行线法求得各等分点，其作图方法和步骤如图 5-37 所示，具体如下：

1）自 A 点任意引一直线 AC。

2）在 AC 上截取任意等分长度的 5 个等分点。

3）连接 5B，分别过 1、2、3、4 各点作 5B 的平行线，即得等分点 1′、2′、3′、4′。

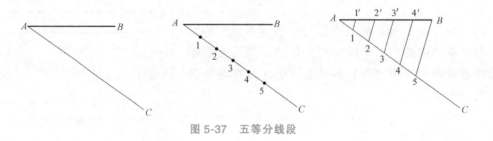

图 5-37 五等分线段

5.3.3 等分两平行线间的距离

三等分两平行线 AB、CD 之间的距离的作图方法如图 5-38 所示，具体如下：

1）使直线尺刻度线上的 *O* 点落在 *CD* 线上，转动直尺，使直尺上的 3 点落在 *AB* 上，取等分点 *M*、*N*。

2）过 *M*、*N* 点分别作已知直线段 *AB*、*CD* 的平行线。

3）清理图面，加深图线，即得所求的三等分 *AB* 与 *CD* 之间的距离的平行线。

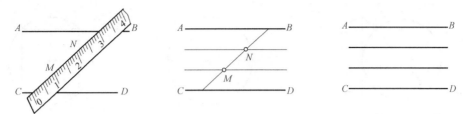

图 5-38 三等分线平行线之间的距离

5.3.4 分圆周并作圆内接正多边形

1. 圆内接正三角形

（1）用丁字尺和三角板三等分圆周并作圆内接正三角形 作图方法和步骤如图 5-39 所示，具体如下：

1）以 60°三角板的短直角边紧靠丁字尺工作边，沿斜边分别过 *A* 点，作直线 *AB*。

2）翻转三角板，沿斜边过点 *A* 作直线 *AC*。

3）用丁字尺连接 *BC*，即得圆内接三角形 *ABC*。

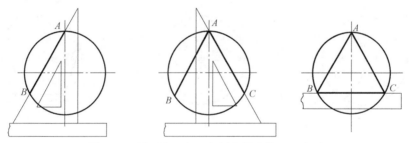

图 5-39 用丁字尺和三角板作圆内接正三角形

（2）用圆规三等分圆周并作圆内接正三角形 作图方法和步骤如图 5-40 所示，具体如下：

1）已知半径为 *R* 的圆及圆上两点 *A*、*D*。

2）以 *D* 为圆心，*R* 为半径作弧得 *B*、*C* 两点。

3）连接 *AB*、*AC*、*BC*，即得圆内接正三角形。

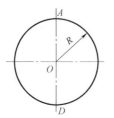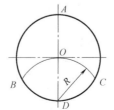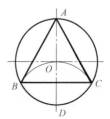

图 5-40 用圆规三等分圆周并作圆内接正三角形

2. 作圆内接正四边形（图 5-41）

1）以 45°三角板紧靠丁字尺，过圆心 O 作 45°线，交圆周于点 A、B。

2）过点 A、B 分别作水平线、竖直线与圆周相交。

3）清理图面，加深图线，即为所求。

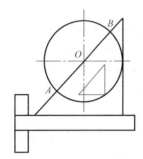 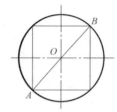 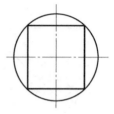

图 5-41　用丁字尺和三角板四等分圆周并作圆内接正四边形

3. 五等分圆周并作圆内接正五边形

已知圆的半径 R，作圆内接正五边形的方法和步骤如图 5-42 所示，具体如下：

1）已知半径为 R 的圆及圆上的点 P、N，作 ON 的中点 M。

2）以 M 为圆心，MA 为半径作弧交 OP 于 K，AK 即为圆内接正五边形的边长。

3）以 AK 为边长，自 A 点起，五等分圆周得 B、C、D、E 点，依次连接各点，即得圆内接正五边形 $ABCDE$。

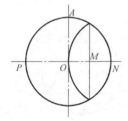 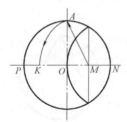 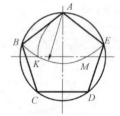

图 5-42　五等分圆周并作圆内接正五边形

4. 作圆内接正六边形

（1）用圆规六等分圆周并作圆内接正六边形　作图方法和步骤如图 5-43 所示，具体如下：

1）已知半径为 R 的圆及圆上两点 A、D。

2）分别以 A、D 为圆心，R 为半径作弧得 B、C、E、F 各点。

3）依次连接各点即得圆内接正六边形 $ABCDEF$。

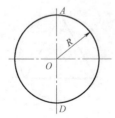 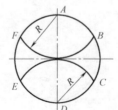 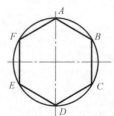

图 5-43　用圆规六等分圆周并作圆内接正六边形

（2）用丁字尺和三角板六等分圆周并作圆内接正六边形　作图方法和步骤如图 5-44 所示，具体如下。

1）以 60°三角板的长直角边紧靠丁字尺，沿斜边分别过 *A*、*D* 点，作直线 *AF*、*DC*。

2）翻转三角板，沿斜边分别过 *A*、*D* 点，作直线 *AB*、*DE*。

3）用三角板的直角边连接 *FE*、*BC*，即得圆内接正六边形 *ABCDEF*。

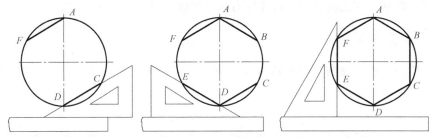

图 5-44　用丁字尺和三角板六等分圆周并作圆内接正六边形

5.4　建筑工程图概述

课题导入：要建造一栋房屋建筑，需要经过建筑设计和施工两个大的阶段。而建筑工程图就是将一栋计划要建的建筑按照设计要求，以及国家标准的规定，采用正投影的方法，详细准确地将房屋的造型和构造用图形表示出来的一套完整图纸。建筑工程图是建造一栋房屋的基本依据。

【学习要求】　了解建筑工程图的产生和分类。

5.4.1　建筑工程图的产生

建筑工程图是建筑设计人员把将要建造的房屋的造型和构造情况，经过合理地布置、计算，以及与各个工种之间的协调配合而画出的施工图纸。

通常建筑设计分为初步设计和施工图设计两个阶段。对于大型的、较复杂的工程，还可以分成三个阶段，即在上述两个设计阶段之间，增加一个技术设计阶段，用来深入解决各专业之间的协调等技术问题。

1. 初步设计阶段

初步设计是建筑设计的第一阶段，它的任务主要是提出设计方案。

初步设计是根据建设单位突出的设计任务和要求，进行调查研究，收集资料，合理构思，提出设计方案。

初步设计的内容包括确定建筑物的组合方式，选择建筑材料和结构方案，确定建筑物在基地上的位置，说明设计意图，分析论证设计方案在技术上、经济上的合理性和可行性，并提出概算书。初步设计阶段的图纸和有关文件只能供研究和审批使用，不能作为施工依据。

2. 技术设计阶段

技术设计阶段的主要任务是在获得批准的初步设计的基础上，进一步确定各专业工种 [建筑、结构、材料、设备（水、电、暖）等] 相互之间的技术问题。

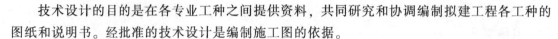

技术设计的目的是在各专业工种之间提供资料，共同研究和协调编制拟建工程各工种的图纸和说明书。经批准的技术设计是编制施工图的依据。

3. 施工图设计阶段

施工图设计是建筑设计的最后阶段，它的主要任务是绘制满足施工要求的全套图纸。

施工图设计的内容包括：确定全部工程尺寸和用料，绘制建筑、结构、设备、装饰等全部施工图纸，编制工程说明书、结构计算书和工程预算书。

5.4.2　建筑工程图的分类

一套完整的建筑工程图除了图纸目录、设计总说明外，应包括建筑施工图、结构施工图、设备施工图等。

1. 建筑施工图（简称建施图）

建筑施工图主要表明建筑物的外部形状、内部布置、装饰、施工要求等。它包括首页图、建筑总平面图、建筑平面图、建筑立面图、建筑剖面图和建筑详图（如墙身、楼梯、门窗详图等）。

2. 结构施工图（简称结施图）

结构施工图主要表明建筑物的承重结构构件的布置和构造情况。它包括基础结构图、楼（屋）盖结构图、构件详图等。

3. 设备施工图

设备施工图包括给水排水施工图、采暖通风施工图、电气（照明）施工图等，一般都由平面图、系统图和详图等组成。

一套完整的建筑工程图按照图纸目录、设计总说明、建筑施工图、结构施工图、设备施工图的顺序进行编排。一般遵循如下的编排规律：全局性图纸在前，表明局部的图纸在后；先施工的在前，后施工的在后；重要的图纸在前，次要的图纸在后。

5.5　建筑总平面图

课题导入：一栋新建的房屋建筑，具体建造在什么位置，周围还有些什么建筑，交通是否方便，周围绿化，整体的环境如何都是我们想要了解的内容，这些情况我们都可以在建筑总平面图中了解。

【学习要求】　了解建筑总平面图的内容和用途。

5.5.1　首页图

首页图是一套建筑施工图中的首张图纸，其内容包括图纸目录、建筑设计总说明、门窗统计表、工程材料做法表等，当工程体量较小时也把建筑总平面图放在首页图中。

1. 图纸目录

图纸目录正如我们一本书的目录，它一般以表格的形式列出图纸的编（序）号、图别、图纸名称、图幅、张数、备注等项目，以便我们了解整套图纸的分布情况及查阅图纸内容。表 5-10 为某学生宿舍楼的施工图图纸目录。

表 5-10 某学生宿舍楼的施工图图纸目录

序号	图名	图纸内容	图幅	备注
1	建施1/11	图纸目录、门窗表、 建筑设计总说明、工程做法表	A3	
2	建施2/11	总平面图	A3	
3	建施3/11	底层平面图	A3	
4	建施4/11	二层平面图	A3	
5	建施5/11	顶层平面图	A3	
6	建施6/11	屋顶平面图	A3	
7	建施7/11	南立面图、西立面图	A3	
8	建施8/11	北立面图、东立面图	A3	
9	建施9/11	1—1剖面图	A3	
10	建施10/11	墙身节点详图	A3	
11	建施11/11	楼梯详图	A3	

2. 建筑设计总说明

建筑设计总说明是将该工程的概貌和要求用文字描述出来，包括设计依据、采用的规范、标准、建筑规模、标高、施工要求、建筑用料说明等工程地质情况、工程设计的规模与范围、设计指导思想、技术经济指标等。图纸未能详细注写的材料、构造做法等也可写入说明中，以下为某学生宿舍楼的建筑设计总说明。

建筑设计总说明

一、设计依据

1. 根据建设单位的要求和建设单位提供的相关设计资料。

2. 地质勘察资料及规划部门确定的规划红线。

二、采用现行设计规范、规程和标准

1.《民用建筑设计通则》（GB 50352—2005）

2.《建筑设计防火规范》（GB 50016—2014）

3.《宿舍建筑设计规范》（JGJ 36—2016）

4.《公共建筑节能设计标准》（GB 50189—2015）

三、工程概况

1. 本工程是××市××学校学生宿舍楼，位于该校校区内。

2. 本工程除总图和标高单位为米（m）外，其余单位均为毫米（mm）。本工程室内外高差为450mm，室内地坪标高为±0.000，相对于绝对标高61.000m。

3. 本工程为三层砖混结构，结构安全等级为二级，耐火等级为二级，正常使用年限为50年。

4. 本工程总长为29.04m，总宽为12.24m，总高为9.850m，建筑面积为1011.32m^2。

3. 门窗表

门窗表是对建筑物中所有不同类型的门窗统计后编制成表格，在门窗表中反映门窗的类型、编号，对应的洞口尺寸、数量以及相应标准图集的编号等，如果有特殊要求，应在备注中加以说明。门窗表是门窗采购订货或现场加工、施工监理、工程预决算的重要依据。表5-11 为某学生宿舍楼的门窗表。

表 5-11 某学生宿舍楼的门窗表

编号	名称	数量	洞口尺寸/mm（宽×高）
M-1	单层木制玻璃外门	1	2400×2400
M-2	单层木制玻璃外门	1	1200×2400
M-3	单层木制玻璃内门	40	900×2400
M-4	单层木制半玻璃内门	1	900×2400
M-5	单层木制内门	1	900×2100
MC-1		1	1800×2400
MC-2		2	2400×2400
C-1	塑钢推拉窗	45	1800×1500
C-2	塑钢推拉窗	5	1200×1500

4. 工程做法表

工程做法除了用文字说明来表达外，更多的是用表格的形式，它主要是对建筑各部位的构造做法加以详细说明。墙面、地面、楼面、屋面以及踢脚、散水等部位构造做法的详细表达，如果采用标准图集中的做法，应注明所采用标准图集的代号、做法编号。工程做法也是现场施工、备料、施工监理、工程预决算的重要依据。表 5-12 为某学生宿舍楼的工程做法表。

表 5-12 某学生宿舍楼的工程做法表

项目	采用标准图集编号			做法简述
	分册	页次	编号	
地面	西南 11J312	12	3121Db（1）	地砖地面 b:为 100 厚混凝土
楼面	西南 11J312	12	3121L（1）	地砖楼面
内墙面	西南 11J515	7	N09	混合砂浆刷乳胶漆墙面
顶棚	西南 11J515	32	P08	混合砂浆刷乳胶漆顶棚
踢脚	西南 11J312	69	4108Ta	地砖踢脚 a:踢脚突出墙面
外墙面	西南 11J516	95	5407	外墙面砖饰面
雨篷	西南 11J516	3	7b	钢筋混凝土现浇 b:雨篷挑出长度为 1200
散水	西南 11J812	4	2	混凝土 800 宽
女儿墙压顶	西南 11J201	48	3	钢筋混凝土现浇
泛水	西南 11J201	26	4	卷材防水屋面泛水

5.5.2 建筑总平面图

建筑总平面图（简称总平面图），是表示新建建筑物附近一定范围内的正上方向下投射所得的水平投影图，用来表明建筑工程总体布局，具体表达新建和原有建筑的位置、朝向、道路、室外附属设施、绿化布置及地形地貌等情况的图纸。

总平面图可以作为新建建筑定位、施工放线、土方施工和施工平面图设计布置的依据，也可以作为绘制水、暖、电等管线总平面图及绿化总平面图的依据。

1. 总平面图图例

总平面图所表示的区域范围一般都比较大，因此，在实际工程中常采用较小的比例绘制，一般采用1：500、1：1000、1：2000等。总平面图上所标注的尺寸，一律以米（m）为单位。图上某些地物因尺寸较小，若按其投影绘制则有一定难度，所以在总平面图中需用《总图制图标准》（GB/T 50103—2010）规定的图例表示。总平面图中常用的图例见表5-13。

表 5-13　总平面图图例

序号	名称	图例	备注
1	新建建筑物	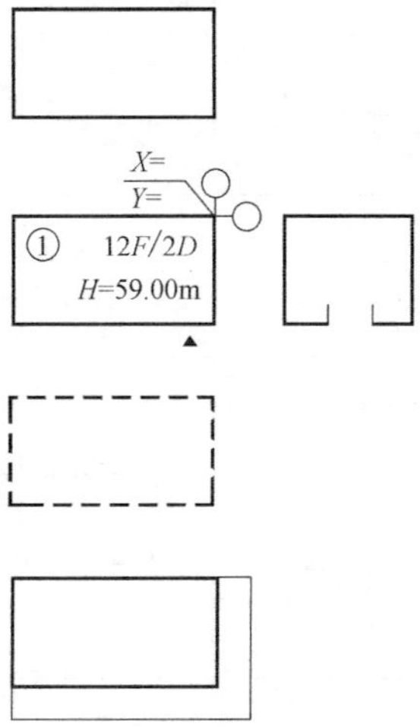 $X=$　$Y=$　① 12F/2D　$H=59.00m$	新建建筑物以粗实线表示与室外地坪相接处±0.00外墙定位轮廓线 建筑物一般以±0.00高度处的外墙定位轴线交叉点坐标定位。轴线用细实线表示，并标明轴线号 根据不同设计阶段标注建筑编号，地上、地下层数，建筑高度，建筑出入口位置（两种表示方法均可，但同一图纸采用一种表示方法） 地下建筑物以粗虚线表示其轮廓 建筑上部（±0.00以上）外挑建筑用细实线表示 建筑物上部连廊用细虚线表示并标注位置
2	原有建筑物	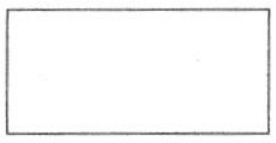	用细实线表示
3	计划扩建的预留地或建筑物		用中粗虚线表示
4	拆除的建筑物		用细实线表示
5	建筑物下面的通道	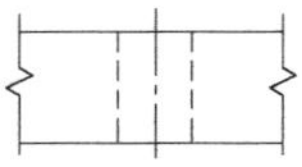	—
6	散状材料露天堆场	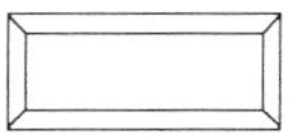	需要时可注明材料名称

（续）

序号	名称	图例	备　注
7	其他材料露天堆场或露天作业场	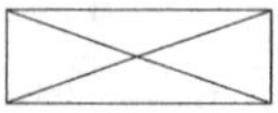	需要时可注明材料名称
8	铺砌场地	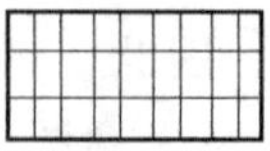	—
9	围墙及大门	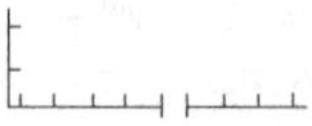	—
10	挡土墙	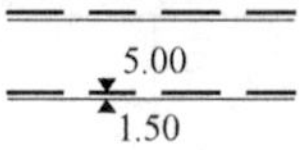 5.00 1.50	挡土墙根据不同设计阶段的需要标注 墙顶标高 墙底标高
11	挡土墙上设围墙		—
12	台阶及无障碍坡道	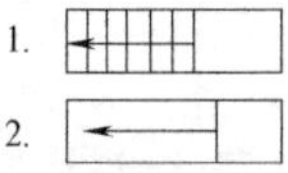 1. 2.	1. 表示台阶(级数仅为示意) 2. 表示无障碍坡道
13	坐标	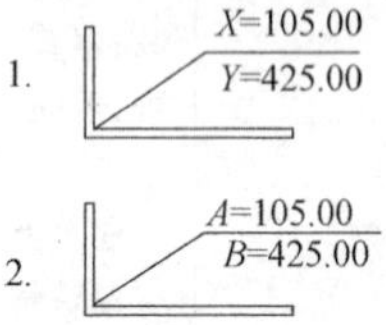 1. $X=105.00$ $Y=425.00$ 2. $A=105.00$ $B=425.00$	1. 表示地形测量坐标系 2. 表示自设坐标系 坐标数字平行于建筑标注
14	填挖边坡	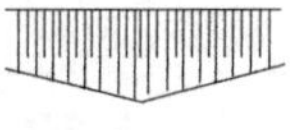	—
15	分水脊线与谷线	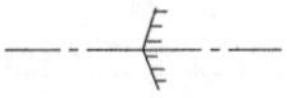 	上图表示脊线 下图表示谷线
16	室内地坪标高	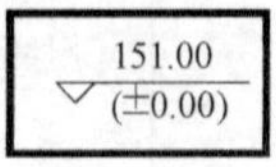 151.00 (±0.00)	数字平行于建筑物书写
17	室外地坪标高	 143.00	室外标高也可采用等高线
18	盲道	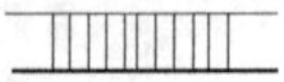	—

（续）

序号	名称	图例	备注
19	地下车库入口		机动车停车场
20	原有道路		—
21	计划扩建的道路		—
22	拆除的道路		
23	人行道		—
24	新建的道路		"$R=6.00$"表示道路转弯半径；"107.50"为道路中心线交叉点设计标高，两种表示方式均可，同一图纸采用一种方式表示；"100.00"为变坡点之间距离，"0.30%"表示道路坡度，→表示坡向
25	常绿针叶乔木		—
26	落叶针叶乔木		—
27	常绿阔叶乔木		—
28	落叶阔叶乔木		—
29	常绿阔叶灌木		—

（续）

序号	名称	图例	备　注
30	落叶阔叶灌木		—
31	落叶灌木林	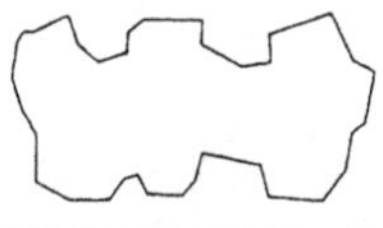	—
32	整形绿篱		—
33	草坪	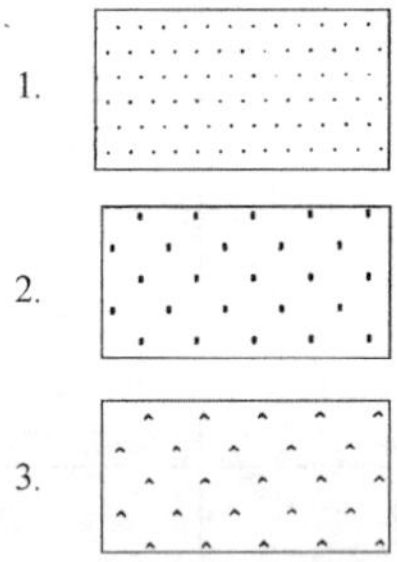 1. 2. 3.	1. 草坪 2. 表示自然草坪 3. 表示人工草坪
34	花卉		—

2. 建筑定位

　　新建建筑所在地域的平面位置一般由规划红线确定。新建建筑的平面位置对于小型工程，一般依据原有建筑、道路、围墙等永久固定设施来确定其位置，并标注出定位尺寸，以米（m）为单位；对于建造成片建筑或大中型工程，为确保定位放线准确，通常用坐标网来确定其平面位置。新建建筑的定位是建筑总平面图最重要的内容之一。

　　坐标网格应以细实线表示，一般画成 100m×100m 或 50m×50m 的方格网。常用的坐标有两种形式，一种是大地测量坐标网，即在地形图上画成交叉十字线，坐标代号用"X，Y"表示，即竖轴（南北方向）为 X 坐标，横轴（东西方向）为 Y 轴。另一种是建筑坐标网，画成网格通线，坐标代号用"A，B"表示，竖轴为 A，横轴为 B。建筑坐标网的"0"点定在本建筑区域内某一点。新建建筑按测量坐标网或建筑坐标网来确定其平面位置。对单体建筑或平面形状简单的建筑通常取两个对角点作为定位点，对体型庞大或平面形状复杂的建筑则至少要取四个点作为定位点，如图 5-45 所示。

3. 等高线和标高

　　总平面图中通常画有多条等高线，以表示该区域的地势高低。它是计算挖方或填方以及确定雨水排放的依据。同时为了表示每个建筑物与地形之间的高度关系，常在房屋平面图内标注首层地面标高。此外，构筑物、道路中心的交叉口等处也需要标注标高，表明该处的高度。

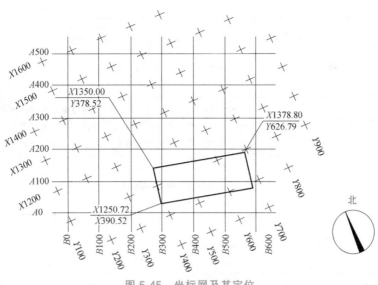

图 5-45 坐标网及其定位

我国把青岛附近黄海的平均海平面定位绝对标高的零点，其他各地的标高都以它作为基准。建筑工程图中，在总平面图中标注的标高一般均为绝对标高。除总平面图以外的建筑施工图中，以建筑首层室内主要地面为基准面的标高称为相对标高。标高的表示方法见表5-14。

建筑标高是标注在建筑物装饰面层处的标高。

结构标高是标注在梁底、板底等处的标高。

表 5-14 标高符号

编号	符 号	说 明
1	$\underline{}\diagdown\!\!\diagup\underline{}45°$	标高符号应以等腰直角三角形表示,用细实线绘制
2	$\diagdown\!\!\diagup 45°$	标注位置不够时标高符号的表示形式
3	$3\text{mm}\;\diagdown\!\!\diagup\underline{}45°$	标高符号的具体画法
4	l h 3mm $\diagdown\!\!\diagup 45°$	标高符号的具体画法 l:取适当长度注写标高数字 h:根据需要取适当高度
5	▼	总平面图室外地坪标高符号,宜用涂黑的三角形表示

（续）

编号	符　号	说　明
6	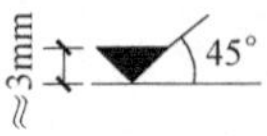 3mm↕ ▼45°	室外地坪标高符号的具体画法
7	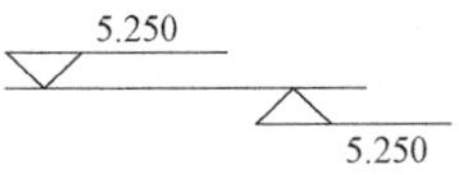 5.250 　　　5.250	标高符号的尖端应指至被注高度的位置。尖端一般应向下，也可向上。标高数字应注写在标高符号的左侧或右侧。标高数字应以 m 为单位，注写到小数点以后第三位。在总平面图中，可注写到小数点以后第二位
8	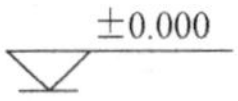 ±0.000	零点标高应注写成±0.000
9	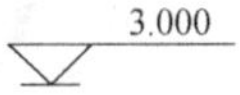 3.000	正数标高不注"+"
10	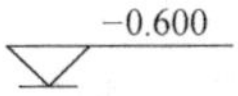 −0.600	负数标高应注"−"
11	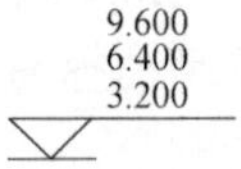 9.600 6.400 3.200	在图样的同一位置需表示几个不同标高时标高数字的注写形式

4. 指北针和风向频率玫瑰图

总平面图中一般均画出指北针或带有指北方向的风向频率玫瑰图，以表示建筑物的朝向及当地的风向频率。

指北针采用细实线绘制，圆的直径宜为 24mm，指针尾部的宽度宜为直径的 1/8，约为 3mm，指北针的尖端部应注写"北"或"N"，如图 5-46 所示。

风向频率玫瑰图（简称风玫瑰图），是根据当地多年的风向资料将全年 365 天中的不同风向的天数用同一比例绘制在 16 个（或 8 个）方位线上，并用实线连接起来形成的图形。在风玫瑰图中，实线围成的折线图表示该地区全年的风向频率，离中心点最远的风向表示常年中该风向的刮风天数最多，该风向称为当地的常年主导风向。用虚线围成的折线图表示当地夏季（6、7、8 三个月）的风向频率，如图 5-47 所示。风的方向是从外吹向所在地区中心。

图 5-46　指北针

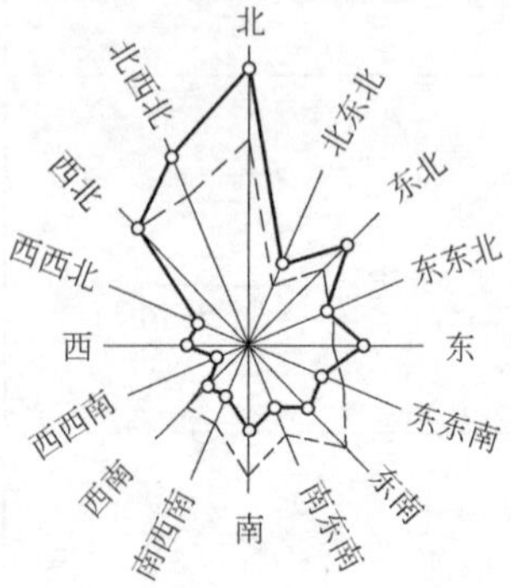

图 5-47　风向频率玫瑰图

5. 总平面图的识读

从图 5-48 中 可以看出，新建学生宿舍楼的平面图形用粗实线表示，原有建筑用细实线表示，拟建建筑用中粗虚线表示，其中打叉的是要拆除的建筑。新建学生宿舍三层，室内地面绝对标高为 61.00m，室外地坪标高为 60.55m。学生宿舍平面图的凹进部位是入口，南面距原有房屋 20m，西边距绿化带 8m。坐标网为建筑坐标，西北角坐标为（$A = 53.50$，$B = 118.00$），东南角的坐标为（$A = 41.26$，$B = 147.04$）。从风玫瑰图可以知道常年主导风向为东北风向，夏季主导风向为西南风向。图中四条等高线表示：学生宿舍所处位置地势较平坦，西南地势较高，坡向东北，在东北侧有一边坡。房屋周围、道路两侧都有绿化带。

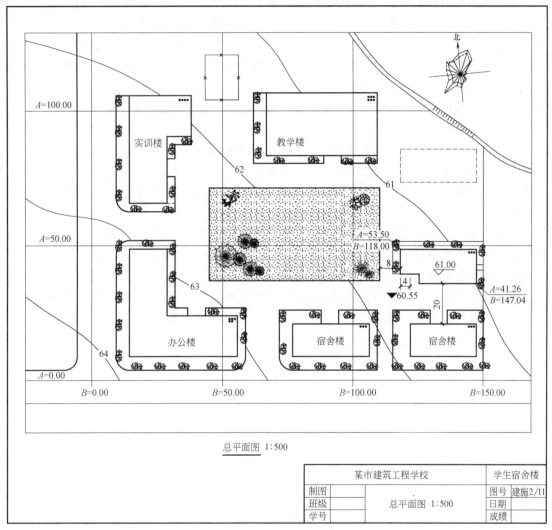

总平面图 1:500

某市建筑工程学校		学生宿舍楼
制图	总平面图 1:500	图号 建施2/11
班级		日期
学号		成绩

图 5-48　某学生宿舍楼的总平面图 1：500

5.6　建筑平面图

课题导入：一栋新建的房屋建筑，只看外观我们不能了解室内房间的分布情况如何，但

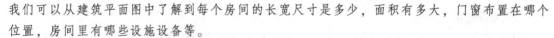

我们可以从建筑平面图中了解到每个房间的长宽尺寸是多少，面积有多大，门窗布置在哪个位置，房间里有哪些设施设备等。

【学习要求】 熟悉建筑平面图的形成和图示内容，能够识读建筑平面图。

5.6.1 建筑平面图的形成及命名

建筑平面图是用一个假想的水平的剖切平面沿房屋各层略高于窗台的位置（距地面 1m 左右）将房屋剖切开，移去剖切平面以上的部分，向下投射所作出的水平剖面图，简称平面图。

沿房屋底层门窗洞口剖切所得到的平面图称为底层平面图或一层平面图，沿二层门窗洞口剖切所得到的平面图称为二层平面图，用同样的方法依次可以得到三层平面图、四层平面图……顶层平面图。当中间各层的房间平面布置完全一样时，相同的楼层可以用一个平面图表示，该平面图称为标准层平面图；当中间各层的房间平面布置不同时，每一层都要画出平面图。当建筑平面图为对称图形时，可将两层平面图画在同一张平面图上，即不同楼层的平面各画一半，其中间用对称符号作为分界线，并在图的下方分别标注相应的图名。但底层平面图必须单独完整地画出。

建筑平面图中还包括屋顶平面图，也称为屋面排水示意图。它是房屋顶面的水平投影，用来表示屋面的排水方向、分水线坡度、雨水管位置等。屋顶平面图中还应画出突出屋面的水箱、烟道、通风口、天窗、女儿墙，以及水平投影中可见的房屋构造物，如阳台、雨篷、消防梯等。

在建筑平面图中，凡被剖切到的墙、柱断面轮廓用粗实线（线宽 b）表示，没有被剖切到，但投影仍能见到的轮廓线，如墙身、窗台、楼梯段等，用中实线（$0.5b$）表示，门的开启线也用中实线（$0.5b$）表示。其余的如尺寸线、引出线等用细实线（$0.25b$）表示。凡在地面以下或剖切平面以上的，如底层地面下的暖气沟，楼地面以下的电缆槽，顶棚下的吊柜、搁板、检修上人孔，还有悬窗（即高窗）等，用细虚线表示。

5.6.2 建筑平面图的图示内容

1. 比例

由于建筑物的形体比较大，因此建筑平面图常用的比例是 1∶100、1∶200，也可以根据表 5-15 采用。

表 5-15 建筑施工图的比例

图　　名	比　　例
总平面图	1∶500、1∶1000、1∶2000
建筑物或构筑物的平面图、立面图、剖面图	1∶50、1∶100、1∶150、1∶200、1∶300
建筑物或构筑物的局部放大图	1∶10、1∶20、1∶25、1∶30、1∶50
配件及构件详图	1∶1、1∶2、1∶5、1∶10、1∶15、1∶20、1∶25、1∶30、1∶50

2. 图例

建筑平面图的绘图比例比较小，所以在平面图中某些建筑构造、配件和卫生器具等都不能按其真实投影图画出，而是要采用"国标"中规定的图例表示。绘制房屋施工图常用图例见表 5-16、表 5-17。

表 5-16　构造及配件图例

名　称	图　例	名　称	图　例
墙体		平面高差	
隔断		检查孔	
栏杆		孔洞	
楼梯		坑槽	
		墙预留洞、槽	
坡道	长坡道 门口坡道	烟道	
		风道	

（续）

名称	图　例	名称	图　例
新建的墙和窗		在原有墙或楼板上局部填塞的洞	
改建时保留的墙和窗		空门洞	
拆除的墙		单面开启单扇门（包括平开或单面弹簧）	
改建时在原有墙或楼板新开的洞		双面开启单扇门（包括双面平开或双面弹簧）	
在原有墙或楼板洞旁扩大的洞		双层单扇平开门	
在原有墙或楼板上全部填塞的洞		单面开启双扇门（包括平开或单面弹簧）	

（续）

名称	图　例	名称	图　例
双面开启双扇门（包括双面平开或双面弹簧）		墙中单扇推拉门	
双层双扇平开门		墙中双扇推拉门	
折叠门		自动门	
推拉折叠门		折叠上翻门	
墙洞外单扇推拉门		提升门	
墙洞外双扇推拉门		横向卷帘门	

（续）

名称	图　例	名称	图　例
竖向卷帘门		下悬窗	
旋转门		立转窗	
固定窗		单层外开平开窗	
上悬窗		单层内开平开窗	
中悬窗		双层内外开平开窗	

（续）

名称	图 例	名称	图 例
单层推拉窗	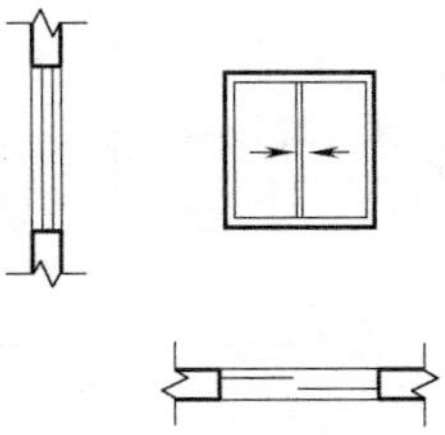	百叶窗	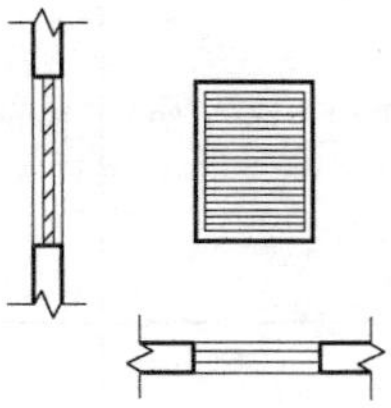
双层推拉窗	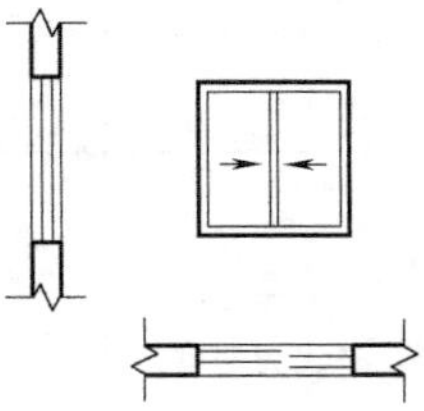	高窗	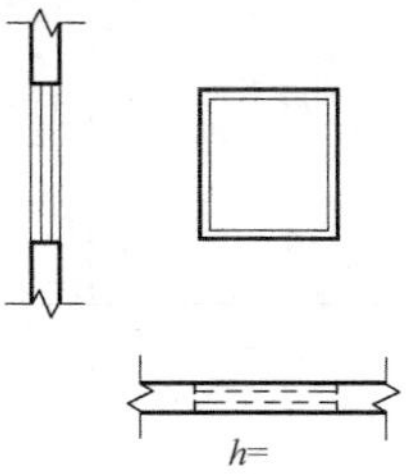
上推窗	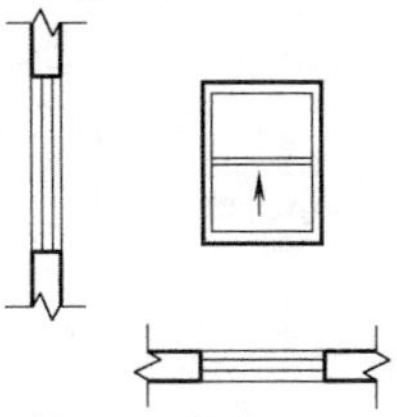		$h=$

表 5-17 卫生设备及水池图例

序号	名 称	图 例	序号	名 称	图 例
1	立式洗脸盆	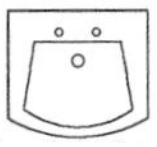	4	浴盆	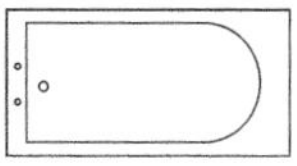
2	台式洗脸盆	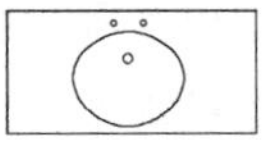	5	化验盆、洗涤盆	
3	挂式洗脸盆	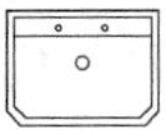	6	厨房洗涤盆	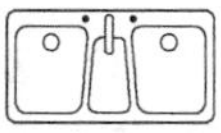

（续）

序号	名　称	图　例	序号	名　称	图　例
7	带沥水板洗涤盆	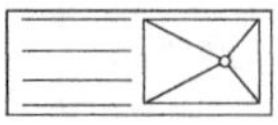	12	壁挂式小便器	
8	盥洗槽	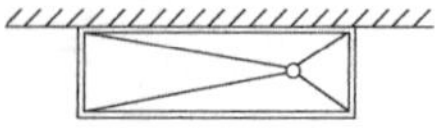	13	蹲式大便器	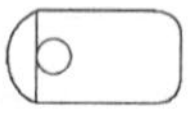
9	污水池	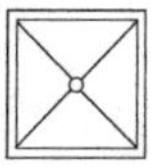	14	坐式大便器	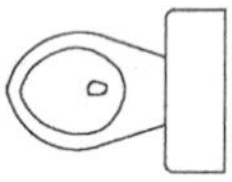
10	妇女净身盆	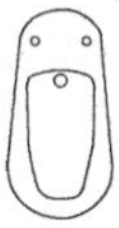	15	小便槽	
11	立式小便器	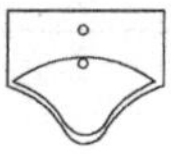	16	淋浴喷头	

注：卫生设备图例也可以建筑专业资料图为准。

3. 定位轴线

在房屋建筑施工图中，用来确定房屋基础、墙、柱和梁等承重构件的相对位置，并带有编号的轴线称为定位轴线。它是施工中定位、放线的重要依据。

定位轴线用细的单点长画线表示，轴线端部用细实线画直径为 8~10mm 的圆圈并加以编号，圆心应在定位轴线的延长线上或延长线的折线上。横向编号（水平方向）应用阿拉伯数字，从左往右顺序编写；竖向编号（垂直方向）应用大写拉丁字母，从下至上顺序编写，其中 I、O、Z 三个字母不得用于轴线编号，以免与数字 1、0、2 混淆，如图 5-49 所示。

对于非承重墙和次要的承重构件，可用附加定位轴线表示其位置，附加定位轴线的编号，应以分数形式表示，见表 5-18。

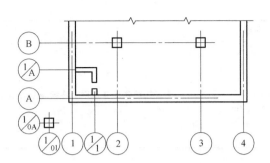

图 5-49 定位轴线的编号顺序

表 5-18 附加定位轴线的编号

名称	轴线编号	说　明
附加定位轴线编号	1/2	表示②号轴线之后附加的第一根轴线
	3/C	表示Ⓒ号轴线之后附加的第三根轴线
	1/01	表示①号轴线之前附加的第一根轴线
	2/0A	表示Ⓐ号轴线之前附加的第 2 根轴线

　　在详图中，当一个详图适用于几根轴线时，应同时注明各有关轴线的编号；通用详图中的定位轴线，应只画圆圈，不注写详图编号，见表 5-19。

表 5-19　详图的轴线编号

名称	轴线编号	说　明
详图的轴线编号	1 3 / 1 3	一个详图适用于 2 根轴线时
	1 3,6,…	一个详图适用于 3 根或 3 根以上轴线时

（续）

名称	轴线编号	说　明
详图的轴线编号	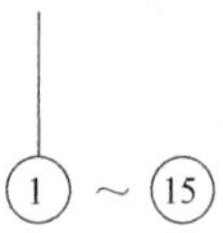 ①～⑮	一个详图适用于 3 根以上连续编号的轴线时
		用于通用详图的定位轴线

4. 朝向和平面布置

根据建筑底层平面图上的指北针可以知道建筑物的朝向。学生宿舍楼的朝向是坐北朝南，如图 5-50 所示。

建筑平面图可以反映出建筑物的平面形状和室内各个房间的布置、用途，还有出入口、走道、门窗、楼梯、屋顶检修孔等的平面位置、数量、尺寸，以及墙、柱等构件的组成和材料情况。除此以外，在底层平面图中还能看到建筑物的出入口、室外台阶、散水、雨水管、花坛等的布置及尺寸。在二层平面图中可以看到底层出入口上的雨篷等。

5. 尺寸标注

在建筑平面图中的尺寸标注分为外部尺寸标注和内部尺寸标注两种。通过尺寸的标注，可以反映出房间的开间、进深、门窗以及各种设备的大小和位置。

外部尺寸一般在外墙外侧标注三道尺寸。

第一道尺寸：紧靠墙体的细部尺寸，表示门窗洞口的宽度和位置以及其他建筑构配件的详细尺寸。标注这道尺寸时应以轴线为基准。

第二道尺寸：定位轴线间的尺寸，即轴线尺寸，反映房屋的开间（两条相邻横墙定位轴线间的尺寸）和进深（两条相邻纵墙定位轴线间的尺寸）。

第三道尺寸：房屋的外包总尺寸，即建筑物的总长和总宽尺寸。

第一道尺寸距平面图样最外轮廓线的距离不宜小于 10mm。三道尺寸线之间的距离宜为 7~10mm。

此外，对室外的台阶、散水、明沟、花台等处可单独标注外部尺寸。

内部尺寸是指外墙以内的门窗洞口、墙厚、柱、墙垛和固定设备（如大便器、盥洗池、吊柜等）的大小、位置，以及墙柱与轴线间的尺寸等。

6. 标高

在建筑平面图中，对建筑物的各组成部分，如地面、楼面、楼梯平台、室外台阶、走道、阳台等，由于它们的竖向高度不同，一般应分别标注标高。建筑平面图中的标高一般都是相对标高，标高基准面±0.000，这是本建筑的底层室内主要地面。在不同的标高地面分界处，应画出分界线。

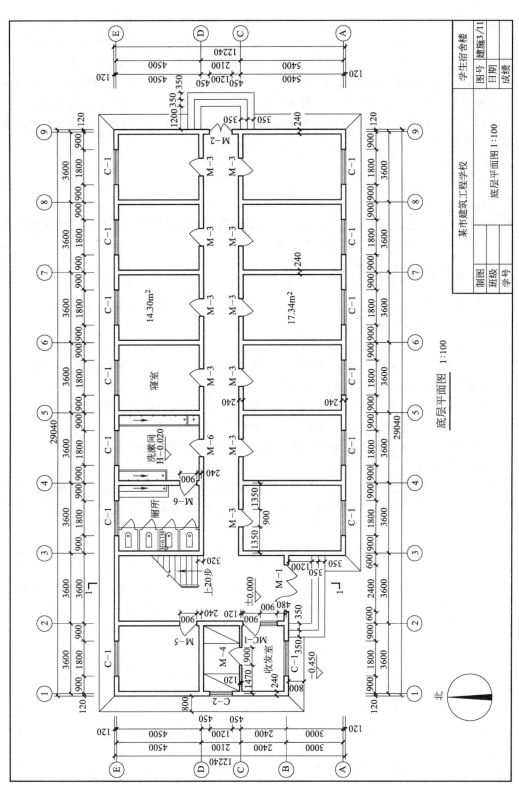

底层平面图 1:100

图 5-50 某学生宿舍楼的底层平面图

7. 门窗的位置和编号

建筑平面图要反映门窗的位置、洞口宽度和数量及其与轴线的关系。为了便于识读，制图国家标准中规定，门的名称代号用"M"表示，窗的名称代号用"C"表示，并要加以编号。门窗编号在门窗洞口处的一侧标注，可用阿拉伯数字顺序编写，如 M1、M2……，C1、C2……也可以采用标准图集上的编号。窗洞有凸出的窗台时，应在窗的图例上画出窗台的投影。用两条平行的细实线表示窗框及窗扇的位置，用一条向内或向外的 45°中实线表示门的开启方向。一套图纸中的首页图里都有门窗表，统计出了所有门窗的规格、型号、数量和所选用的标准图集。

8. 剖切符号和索引符号

在底层平面图上标注有剖切符号，它标明剖切平面的剖切位置、剖视方向和编号，以便与建筑剖面图对照识读。

在建筑平面图中还会标注详图索引符号，可以根据所给的详图索引符号在其他图纸上查阅表示构配件和节点的详图或选用的标准图集。

5.6.3 建筑平面图的识读

一个建筑物有多个平面图，应逐层识读，注意各层的联系和区别。基本识读步骤如下：
1）看图名、比例以及有关文字说明。
2）了解建筑物的朝向、定位轴线及编号。
3）分析总体情况，包括：建筑物的平面形状、总长、总宽、各房间的位置和用途。
4）了解门窗的布置、宽度、数量及型号。
5）分析定位轴线，了解各房间的开间、进深、细部尺寸和墙柱的位置及尺寸。
6）了解各层楼或地面以及室外地坪、其他平台、板面的标高。
7）阅读细部，详细了解建筑构配件及各种设施的位置及尺寸，并查看索引符号。
8）了解剖切位置。

对图 5-50 所示的底层平面图，通过图名可知这是某学生宿舍楼的底层平面图，其比例为 1∶100，图中横向定位轴线编号为①~⑨，竖向定位轴线编号为Ⓐ~Ⓔ。房屋总长为29.04m，总宽为 12.24m。从平面图左下角的指北针可以看出该宿舍朝向为坐北朝南。宿舍入口位于建筑西南角②~③轴线之间，室外设有三步台阶，楼梯间正对大门入口，门厅左侧是收发室。门厅右侧的东西向走道端头设有次要入口，走道两侧分布有 12 个房间，其中北侧③~⑤轴线之间的两个房间为厕所和洗漱间，其余房间均为学生宿舍。外门编号为 M-1、M-2，内门编号为 M-3、M-4、M-5。门窗的洞口尺寸、型号、数量均在门窗表中注明。房屋横向定位轴线间的距离均为 3.60m，竖向定位轴线Ⓐ~Ⓑ之间为 3.00m，Ⓑ~Ⓒ之间为2.40m，Ⓒ~Ⓓ之间为 2.10m，Ⓓ~Ⓔ之间为 4.50m。因此所有房间的开间尺寸均为 3.6m，北侧房间进深为 4.5m，南侧房间进深为 5.4m。图中还表明了室外散水宽度（为 0.8m），室内楼梯的数量和布置情况，洗漱间和厕所里卫生设备的位置情况。

图 5-51 为二层平面图，与底层平面图不同的部分识读如下：一层的收发室改为了学生宿舍，为西北角①~②轴线之间的宿舍开了一扇门；二层平面图的楼梯表示有所不同，可以看见二层过厅外一层主要入口上有一个阳台，次要入口上为雨篷。

图 5-52 为屋顶平面图，屋面采用横向两坡有组织排水，屋面横向排水坡度为 3%，檐口纵向排水坡度为 1%，设有 4 个雨水口，雨水口位于③、⑦轴线。屋面有一个检修上人孔。

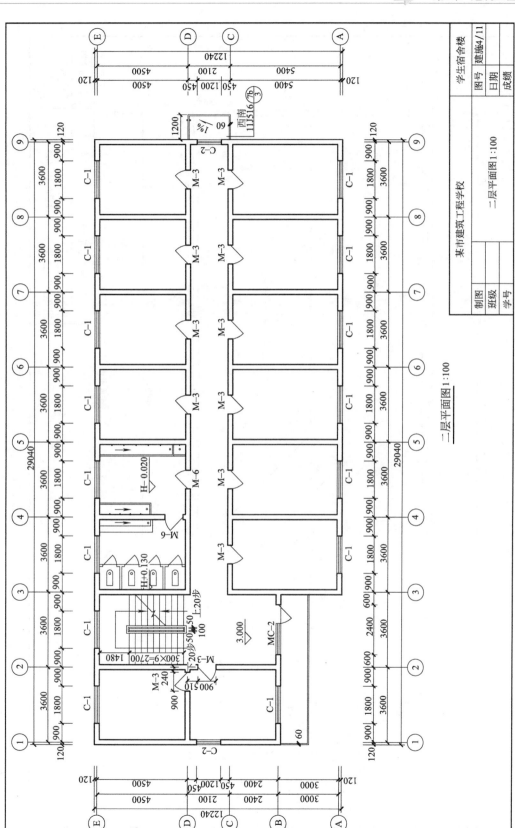

图 5-51　某学生宿舍楼的二层平面图

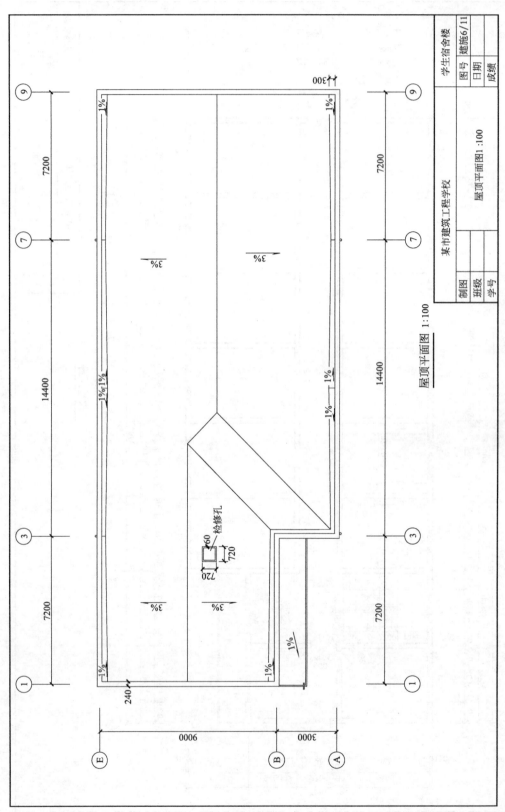

图 5-52 某学生宿舍楼的屋顶平面图

5.7 建筑立面图

课题导入：在一套完整的建筑施工图中，外观建筑物美好的外貌形状是由施工图中的哪一种图样表达出来的呢？答：建筑立面图。

【学习要求】 熟悉建筑立面图的形成和图示内容，能够识读建筑立面图。

5.7.1 建筑立面图的形成及命名

建筑立面图是将建筑物外立面向与其平行的投影面进行投射所得到的正投影图。建筑立面图的形成如图 5-53 所示。

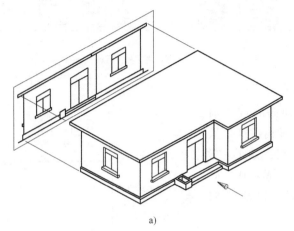

a)

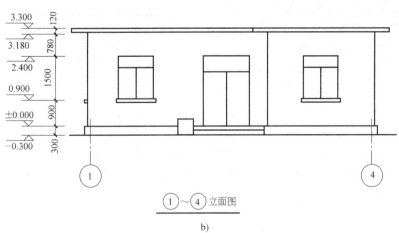

b)

图 5-53 建筑立面图的形成

建筑立面图的命名有三种方式：

（1）根据房屋的立面朝向来命名 立面朝向哪个方向就称为某向立面图，如朝北的面称为北立面图，朝南的面称为南立面图，如图 5-54 所示。

（2）根据房屋的外貌特征来命名 将建筑物反映主要出入口或比较显著地反映外貌特征的那一面称为正立面图，与之相对的一面称为背立面图，左侧为左侧立面图，右侧为右侧

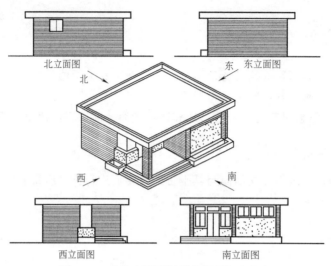

图 5-54 建筑立面图根据立面朝向来命名

立面图，如图 5-55 所示。

（3）根据建筑平面图的首尾轴线来命名 按照观察者面向建筑物从左到右的首尾轴线来命名，如①~⑦立面图、⑦~①立面图，Ⓐ~Ⓓ立面图，Ⓓ~Ⓐ立面图等，如图 5-55 所示。

建筑立面图主要反映建筑物的立面形式和外貌，以及屋顶、烟囱、水箱、檐口（挑檐）、门窗、台阶、雨篷、阳台（外走廊）、腰线（墙面分格线）、窗台、雨水斗、雨水管、空

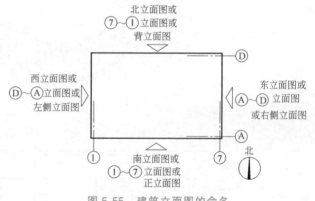

图 5-55 建筑立面图的命名

调板（架）等的位置、尺寸和外形构造等情况。在建筑立面图中除了能反映门窗的位置、高度、数量、立面形式外，还能反映门窗的开启方向：细实线表示外开，细虚线表示内开。

在建筑立面图中，建筑物的外轮廓用粗实线（线宽 b）表示，室外地坪用特粗实线（$1.4b$）表示，门窗扇及其分格线、雨水管、墙面分格线、阳台栏杆、勒脚等用细实线表示。

5.7.2 建筑立面图的图示内容

1. 比例

建筑立面图通常采用与建筑平面图相同的比例。

2. 图例

建筑立面图的常用图例见表 5-16。

3. 定位轴线

建筑立面图一般只画出建筑立面两端的定位轴线及编号，以便与建筑平面图对照来确定立面图的投影方向。

4. 尺寸标注和标高

在建筑立面图中一般不标注高度尺寸，也可标注三道尺寸：靠近建筑外轮廓的一道尺寸为门窗洞高、窗下墙高、室内外地面高差等，中间尺寸为层高尺寸，最外边尺寸为总高度尺寸。

标高标注在室内外地面、台阶、勒脚、各层的窗台和窗顶、雨篷、阳台、檐口等处。

5. 外墙面装修做法

建筑物外墙面的各部位，如屋面、墙面、檐口、墙面分格线、窗台、雨篷、勒脚等处的装修要求（材料、颜色），在建筑立面图中一般都用文字说明来表达。具体做法还需查阅建筑设计总说明或相应的标准图集。

5.7.3 建筑立面图的识读

建筑立面图的基本识读步骤如下：

1）读立面图的名称和比例，可与平面图对照以明确立面图表达的是哪个方向的立面。

2）分析立面图图形外轮廓，了解建筑物的立面形状。

3）读标高，了解建筑物的总高、室外地坪、门窗洞口、挑檐等有关部位的标高。

4）参照平面图及门窗表，综合分析外墙上门窗的种类、形式、数量和位置。

5）了解立面上的细部构造，如台阶、雨篷、阳台等。

6）识读立面图上的文字说明和符号，了解外装修材料和做法，了解索引符号的标注及其部位，以便配合相应的详图识读。

结合图 5-56 识读某学生宿舍楼南立面图。此立面图根据立面朝向来命名，如果采用其他两种命名方式，也可称为正立面图或①～⑨立面图。此立面图比例采用与平面图一致的比例 1∶100。立面规则、构造简单，立面图左侧标出室外地坪标高为 -0.450m，室内地面标高为 ±0.000，室内外地面高差 450mm，一层窗台标高 0.900m，二层（三层）阳台梁底标高 2.850m（5.850m），二层（三层）阳台栏板面标高 4.100m（7.100m），三层雨篷板底标高为 8.920m。要注意屋顶的标高 9.400m 不是本宿舍楼的总高度，总高度还应加上室内外地面的高差 0.45m，即总高度为 9.850m。立面图右侧标出一层（二、三层）窗台标高为 0.900m（3.900m、6.900m），一层（二、三层）窗顶标高为 2.400m（5.400m、8.400m）。次要入口处雨篷板底标高为 2.540m。主要外墙面装修采用砖红三色外墙面砖，勒脚采用深褐色片石面砖，阳台、雨篷采用白色外墙面砖。

结合图 5-57 识读某学生宿舍楼西立面图。此立面图根据立面朝向来命名，如果采用其他两种命名方式，也可称为左侧立面图或Ⓔ～Ⓐ立面图。此立面图比例采用与平面图一致的比例 1∶100。立面规则、构造简单。立面图左侧标出室外地坪标高为 -0.450m；一层窗台标高 0.900m，一层窗顶标高 2.400m；二层窗台标高 3.900m，二层窗顶标高 5.400m；三层窗台标高 6.900m，三层窗顶标高 8.400m。屋顶的标高 9.400m 不是本宿舍楼的总高度，总高度还应加上室内外地面的高差 0.45m，即总高度为 9.850m。立面图右侧标出室外地坪高为 -0.450m，室内地面标高为 ±0.000，由三步室外台阶联系室内外进出。一层窗台标高为 0.900m（即外墙勒脚线位置），二、三层阳台栏板底面标高分别为 2.850m 和 5.850m，二、三层阳台栏板顶面标高分别为 4.100m 和 7.100m，阳台雨篷板底标高为 8.920m，板厚 300mm。主要外墙面装修采用砖红三色外墙面砖，勒脚采用深褐色片石面砖，阳台、雨篷采用白色外墙面砖。

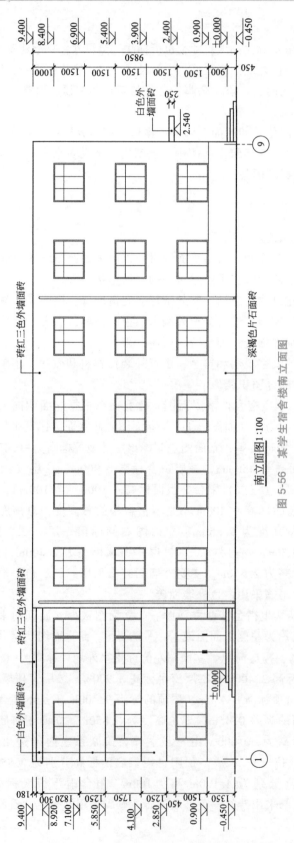

南立面图 1:100

图 5-56 某学生宿舍楼南立面图

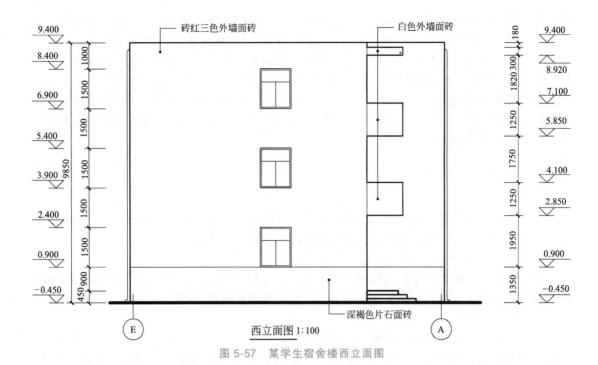

西立面图 1:100

图 5-57　某学生宿舍楼西立面图

5.8　建筑剖面图

课题导入：在建筑平面图中，我们了解到了建筑物平面布置的情况及建筑物构配件等的平面位置，在建筑立面图中了解了建筑物的外貌形状。而建筑物的内部竖向空间及构配件在竖向上的高度、形状等则要在建筑剖面图中表示。

【学习要求】　熟悉建筑剖面图的形成和图示内容，能够识读建筑剖面图。

5.8.1　建筑剖面图的形成及特点

建筑剖面图是假设用一个垂直的剖切平面剖切房屋，移去剖面前面的部分，对剩余部分投影所得到的投影图，如图5-58所示。剖面图的剖切位置应选择在房屋内部结构和构造比较复杂或有代表性的部位，并应通过门窗洞口所在的位置，楼房一般还要经过楼梯间。剖面图的数量应根据房屋的具体情况和施工的实际需要来定。剖切符号标注在底层平面图相应的位置上。

建筑剖面图表达了房屋的内部垂直方向的高度，楼

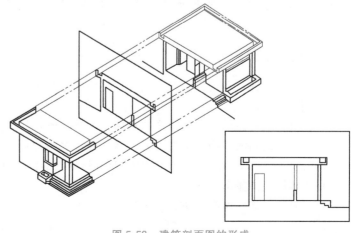

图 5-58　建筑剖面图的形成

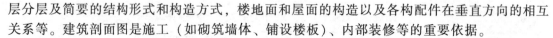

层分层及简要的结构形式和构造方式，楼地面和屋面的构造以及各构配件在垂直方向的相互关系等。建筑剖面图是施工（如砌筑墙体、铺设楼板）、内部装修等的重要依据。

在建筑剖面图中，被剖切到的墙身、楼板、屋面板、楼梯段、楼梯平台等轮廓线用粗实线（线宽 b）表示。没有被剖切到但投影时仍能见到的门窗洞、楼梯段、楼梯平台及栏杆扶手、内外墙的轮廓线用中实线（线宽 $0.5b$）表示。门窗扇及其分格线、雨水管等用细实线（线宽 $0.25b$）表示。室内外地坪线仍用特粗线（线宽 $1.4b$）表示。钢筋混凝土圈梁、过梁、楼梯段等可涂黑表示。

5.8.2　建筑剖面图的图示内容

1. 图名、比例、图例和定位轴线

建筑剖面图的图名一般与它们的剖切符号的编号相同，如 1—1 剖面、A—A 剖面图等。表示剖面图的剖切位置和投射方向的剖切符号和编号在底层平面图上。

建筑剖面图的比例应和建筑平面图、建筑立面图一致。

建筑剖面图一般只画出两端的轴线及其编号，并标注其轴线间的距离，以便与平面图对照，但有时也画出被剖切到的墙或柱的定位轴线及其轴线间的距离。

2. 内部构造和结构形式

建筑剖面图反映了新建建筑物内部的分层、分隔情况，从地面到屋顶的结构形式和构造内容，如被剖切到的和没有被剖切到但投影时仍能看见的室内外地面、台阶、散水、明沟、楼板层、屋顶、吊顶、内外墙、门窗、过梁、圈梁、楼梯段、楼梯平台等的位置、构造和相互关系。地面以下的基础一般不画出。

3. 室内设备和装修

建筑剖面图表示了室内家具、卫生设备等的配置情况。室内的墙面、楼地面、吊顶等室内装修的做法和建筑平面图一样，一般直接用文字说明，或用明细表、材料做法表来表示，也可以另用详图表示。

4. 尺寸标注和标高

在建筑剖面图中一般要标注高度尺寸。外墙上一般也标注三道尺寸线，和建筑立面图相同。此外，还应标注室内的局部尺寸，如室内内墙上的门窗洞口高度、窗台高度等。标高应标注在室内外地面、各层楼面、楼梯平台面、阳台面、门窗洞、屋顶檐口顶面等处。

5. 详图索引符号

在建筑剖面图中，对于需要另用详图说明的部位或构配件，都要加索引符号，以便到其他图纸上去查阅相应的详图或查阅套用的标准图集。

5.8.3　建筑剖面图的识读

1）首先确定图名和比例，并查阅底层平面图上的剖面图的剖切符号，明确剖面图的剖切位置和投射方向。

2）分析建筑物内部的空间组合与布局，了解建筑物的分层情况。

3）了解建筑物的结构与构造形式，墙、柱等之间的相互关系以及建筑材料和做法。

4）阅读标高和尺寸，了解建筑物的层高和楼地面的标高及其他部位的标高和有关尺寸。

5）了解屋面的排水方式。

6）了解索引详图所在的位置及编号。

对图 5-59 所示某学生宿舍楼剖面图进行识读可知：1—1 剖面图比例为 1∶100，由图名

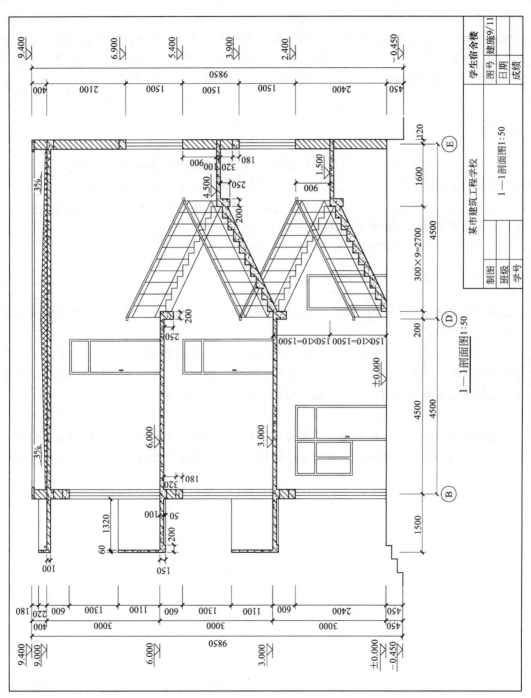

图 5-59　某学生宿舍楼的剖面图

可在底层平面图（图5-50）上找到相应的编号为1的剖切符号。从底层平面图可以看出，1—1剖面图的剖切位置选在②～③轴线之间，通过大门、门厅和楼梯间，剖切之后剖视方向向左（向西）。在1—1剖面图的两端是Ⓑ和Ⓔ轴线，中间Ⓓ轴线所在墙体没有剖到，Ⓑ轴和Ⓓ轴之间、Ⓓ轴和Ⓔ轴线之间的距离均为4500mm。该宿舍楼层数为三层，层高为3m，从剖面图中可以看出房屋内部构造、结构形式和所用建筑材料。从所注标高可以看出室内外地面高差、楼梯休息平台、窗洞、门洞、顶棚、女儿墙等处距室内地面的相对高度。从定位轴线的尺寸能反映出房屋的宽度，外部尺寸标注表示窗高、阳台高度以及房屋总高度。

5.9 建筑详图

课题导入：建筑平面图、立面图、剖面图虽然能够表达建筑物的外部形状、平面布置、内部构造和主要尺寸，但由于比例较小，许多细部构造、尺寸、材料和做法等内容无法表达清楚。为了满足施工要求，还必须画出建筑详图。建筑详图是建筑平面图、立面图、剖面图的补充，也是建筑施工图的重要组成部分。

【学习要求】 熟悉建筑详图的图示内容，能够识读建筑详图。

5.9.1 详图的规定

建筑详图是用较大的比例，如1：50，1：20，1：10，1：5等，另外放大画出的建筑物的细部构造的详细图样。

建筑详图可分为构造节点详图和构配件详图两类。凡表达建筑物某一局部构造、尺寸和材料的详图称为构造节点详图，如檐口、窗台、勒脚、明沟等；凡表明构配件本身构造的详图称为构件详图或配件详图，如门、窗、楼梯、花格、雨水管等。

1. 索引符号和详图符号

当建筑工程图中某一局部或构件需要另用较大的比例放大画出详图时，应以索引符号索引。为了便于查找及对照阅读，可通过索引符号和详图符号来反映基本图与详图之间的对应关系，见表5-20。

表5-20 索引符号和详图符号

名　称	符　号	说　明
索引符号	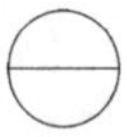 ⊖	索引符号由直径为10mm的圆和水平直径组成，圆及水平直线均应以细实线绘制
	 (5/—)	索引出的详图，如与被索引的图样在同一张图纸内，应在索引符号的上半圆中用阿拉伯数字注明该详图的编号，并在下半圆中间画一段水平细实线
	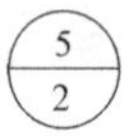 (5/2)	索引出的详图，如与被索引的图样不在同一张图纸内，应在索引符号的上半圆中用阿拉伯数字注明该详图的编号，在索引符号的下半圆中用阿拉伯数字注明该详图所在图纸的编号 数字较多时，可加文字标注

（续）

名　　　称	符　　　号	说　　　明
索引符号	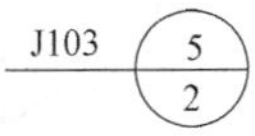 J103 ⑤/2	索引出的详图，如采用标准图，应在索引符号水平直径的延长线上加注该标准图册的编号
剖视详图索引符号	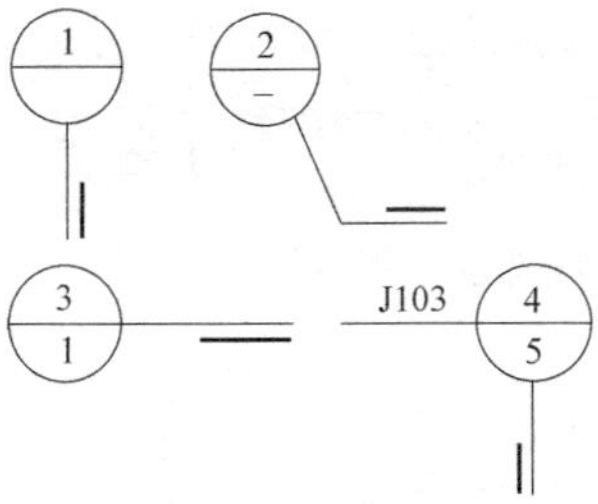 ① ② ③/1 J103 ④/5	索引符号如用于索引剖视详图，应在被剖切的部位绘制剖切位置线，并以引出线引出索引符号，引出线所在的一侧应为投射方向
详图符号	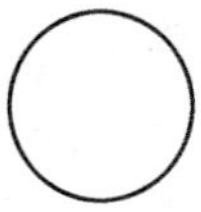 ○	详图的位置和编号应以详图符号表示。详图符号的圆应以直径为14mm粗实线绘制
	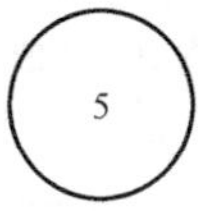 ⑤	详图与被索引的图样同在一张图纸内时，应在详图符号内用阿拉伯数字注明详图的编号
	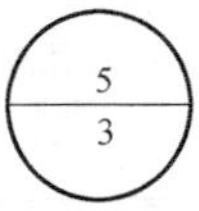 ⑤/3	详图与被索引的图样不在同一张图纸内时，应用细实线在详图符号内画一水平直径，在上半圆中注明详图编号，在下半圆中注明被索引的图纸的编号

　　对于套用标准图或通用图的构造节点和建筑构配件，只需注明所套用图集的名称、型号或页次（索引符号），可不必另画详图。

　　对于构造节点详图，除了要在建筑平、立、剖面图上的有关部位注出索引符号外，还应在详图上注出详图符号或名称，以便对照查阅。而对于构配件详图，可不注索引符号，只在详图上注明该构配件的名称或型号。

　　建筑详图可用平面详图、立面详图、剖面详图或断面详图等形式，详图中还可以索引出比例更大的详图。

　　详图的图线一般采用三种线宽的线宽组，其线宽比宜为 $b:0.5b:0.25b$。如绘制较简单的图样时，也可采用两种线宽的线宽组，其线宽比为 $b:0.25b$。建筑详图图线宽度选用示例如图5-60所示。

　　一栋建筑物的施工图通常有以下几种详图：外墙详图、楼梯详图、门窗详图以及室内外一些构配件的详图，如室外台阶、花池、散水、明沟、阳台、厕所、壁柜等。

　　2. 引出线

　　在建筑工程图中，某些部位需要用文字或详图加以说明的，可用引出线从该部位引出，

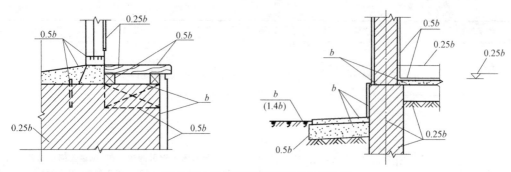

图 5-60　建筑详图图线宽度选用示例

见表 **5-21**。

表 5-21　引出线

名　称	符　号	说　明
引出线	(文字说明)　(文字说明) 5 12	引出线应以细实线绘制,宜采用水平方向的直线,与水平方向成 30°、45°、60°、90°的直线,或经上述角度再折为水平线。文字说明宜注写在水平线的上方,也可注写在水平线的端部。索引详图的引出线,应与水平直径线相连接
共用引出线	(文字说明)　(文字说明)	同时引出几个相同部分的引出线,宜互相平行,也可画成集中于一点的放射线
多层构造引出线	(文字说明)　(文字说明) (文字说明)　(文字说明)	多层构造或多层管道共用引出线,应通过被引出的各层,并用圆点示意对应各层次。文字说明宜注写在水平线的上方,或注写在水平线的端部,说明的顺序应由上至下,并应与被说明的层次对应一致;如层次为横向排序,则由上至下的说明顺序应与由左至右的层次相互一致

5.9.2　墙身节点详图

　　墙身节点详图是建筑剖面图中外墙墙身的局部放大图。它主要表达了建筑物的屋面、檐口、楼面、地面的构造及其与墙体的连接，还表明女儿墙、门窗顶、窗台、圈梁、过梁、勒脚、散水、明沟等节点的尺寸、材料、做法等构造情况。墙身节点详图是砌墙、室内外装修、门窗洞口等施工和编制预算的重要依据。

1. 墙身节点详图的图示内容

墙身节点详图一般采用较大比例（如 1 : 20）绘制，为节省图幅，通常采用折断画法，往往在窗中间处断开，成为几个节点详图的组合。当多层房屋中各层的构造一样时，可只画底层、顶层和中间层的一个节点。基础部分不画，用折断线断开。定位轴线位于墙体中部。当一个详图适用于几个轴线时，可同时标注。

外墙节点详图上标注尺寸和标高，要求与建筑剖面图基本相同；详图的线型也与剖面图一样，剖切到的轮廓线用粗实线（线宽 b）画出，因为采用了较大的比例，墙身还应用细实线画出粉刷层，表示出内、外墙的装修做法。

墙身节点详图主要用于详细表达地面、楼面、屋面和檐口等处的构造，楼板与墙体连接形式，以及门窗洞口、窗台、勒脚、防潮层、散水和雨水管等的细部做法。同时，在被剖到的部分应根据所用材料在断面轮廓线内画上相应的材料图例，并注写多层构造说明，表示各构造层次的厚度、材料及做法。

在墙身剖面详图的外侧，应标注垂直分段尺寸和室外地面、窗口上下皮、外墙顶部等处的标高，墙的内侧应标注室内地面、楼面和顶棚的标高。这些高度尺寸和标高应与剖面图中的尺寸一致。墙身剖面详图中的门窗过梁、屋面板和楼板等构件，其详细尺寸可省略不注，施工时，可在相应的结构施工图中查到。

2. 墙身节点详图的识读

1）了解墙身节点详图的图名。采用剖面图命名的，要根据详图剖切平面的编号，与平面图中的剖切位置、剖视方向、轴线编号对应；采用详图符号命名的，要与平面图或剖面图中的详图索引符号、轴线编号对应。

2）了解外墙厚度与轴线的关系，轴线是居中还是偏向一侧，墙上有哪些不同的变化，这些变化的具体位置及尺寸是什么。

3）识读采用从下往上或者从上往下的顺序，一个节点、一个节点地识读，详细了解各部位的构造、尺寸、做法，并与材料做法表相结合。

4）详细查看室内外地面、楼面、窗台、屋面等处的标高和节点的细部尺寸。

图 5-61 是比例为 1 : 20 的墙身节点详图。从轴线编号可以看出，此图是表示的Ⓐ、Ⓔ两个外纵墙的墙身详图。图中被剖切到的墙体、楼板等轮廓线用粗实线表示，轮廓线内画出了材料图例，粉刷层用细实线表示。外墙的厚度为 240mm，定位轴线位于墙身中间。从下往上看，图中采用多层构造层次表示出了室外散水的做法，散水宽度为 800mm，排水坡度为 3%。室外勒脚采用深褐色片石面砖。墙身水平防潮层位于室内地面（±0.000）以下 60mm 处，采用 60mm 厚 C10 钢筋混凝土防潮层。窗台距室内地面 900mm，外窗台排水坡度为 3%，窗顶外侧做有滴水线。窗顶有断面为矩形的 240mm×180mm 的钢筋混凝土过梁。钢筋混凝土现浇板底有断面为矩形的 240mm×180mm 的钢筋混凝土圈梁。楼面上 3.000m 和 6.000m 的标高分别表示二层和三层的楼面标高。房屋没有挑出的檐口。砖砌女儿墙的高度 400mm，顶部有一钢筋混凝土压顶。屋面排水至檐沟，并经雨水口流入雨水管。屋面是由现浇钢筋混凝土板、保温层和防水层构成。屋面横向排水坡度为 3%，采用有组织排水。

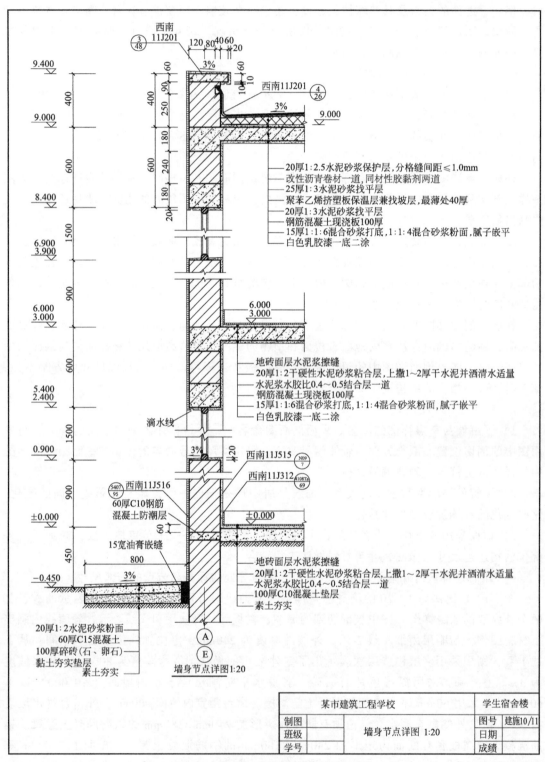

图 5-61 某学校宿舍楼的墙身节点详图

5.9.3 楼梯详图

楼梯详图主要表示楼梯的类型、结构形式、各部位尺寸以及踏步、栏杆的装修做法，它是楼梯施工、放样的重要依据。楼梯详图一般包括楼梯平面图、楼梯剖面图和楼梯节点详图。楼梯平面图和剖面图的比例一般为1:50，楼梯踏步和栏杆扶手的节点详图的比例一般为1:10、1:5、1:2等。楼梯详图一般分为楼梯建筑详图和楼梯结构详图，但当楼梯比较简单时，两图可以合并放在结构施工图中。

1. 楼梯平面图

楼梯平面图实际是建筑平面图中楼梯间部分的局部放大图，通常用底层平面图、中间层（或标准层）平面图和顶层平面图来表示。底层平面图是沿底层门窗洞口水平剖切而得到的，所以底层平面的剖切位置在第一段梯段上。因此底层平面图中只有半个梯段，梯段断开处画45°折断线，并注"上"字的长箭头。有的楼梯还有通道或小楼梯间及向下的两级踏步。中间层平面图的剖切位置在某楼层向上的楼梯段上，所以在中间层平面上既有向上的楼梯段（即注"上"字的长箭头），又有向下的楼梯段（即注"下"字的长箭头），在向上梯段断开处画45°折断线。顶层平面图的剖切位置在顶层楼层地面一定高度处，没有剖到楼梯段，因此在顶层楼梯平面图中只有向下的梯段，其平面图中没有折断线（即注"下"字的长箭头）。

楼梯平面图的识读内容如下：

1）楼梯在建筑平面图中的位置及有关轴线布置。

2）楼梯间、楼梯段、楼梯井和休息平台的平面形式和尺寸，楼梯踏步的宽度和踏步数。

3）楼梯上行或下行的方向，一般用带箭头的细实线表示，箭头表示上下方向，箭尾标注"上""下"字样及踏步数。

4）楼梯间各楼层平面、楼梯平台面的标高。

5）底层平台下的空间处理，是过道还是小房间。

6）楼梯间墙、柱、门窗的平面位置及尺寸。

7）栏杆（板）、扶手、护窗栏杆、楼梯间窗或花格等的位置。

8）底层平面图上楼梯剖面图的剖切符号。

图5-62是比例为1:50的楼梯平面图，它由底层平面图、二层平面图、顶层平面图组成。该楼梯间位于②~③轴线与Ⓓ~Ⓔ轴线之间，楼梯的开间尺寸为3600mm，进深尺寸为4500mm，楼梯段的宽度为1630mm，楼梯井的宽度为100mm，楼梯平台宽度为1480mm。楼梯类型为双跑平行楼梯，结构形式为板式楼梯。每个楼梯段有10个踏步，踏步宽度为300mm。在地面、各层楼面，楼梯休息平台处都标有标高。在顶层平面图上能看到尽端安全栏杆。

2. 楼梯剖面图

楼梯剖面图是按楼梯底层剖面图中的剖切位置及剖视方向画出的垂直剖面图。凡是被剖切到的楼梯段、楼地面、楼梯平台用粗实线画出，并画出材料图例或涂黑，没有被剖到的楼梯段用中实线或细实线画出轮廓线。在多层建筑中，楼梯剖面图可以只画出底层、中间层和顶层剖面图，中间用折断线断开，将各中间层的楼面、楼梯平台面的标高数字在所画的中间

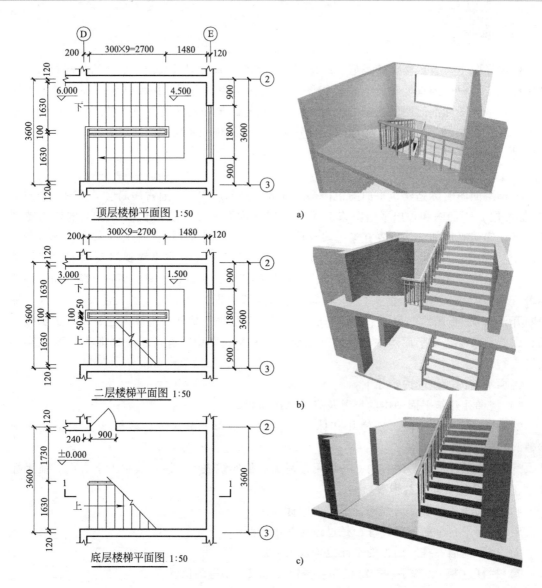

图 5-62　楼梯平面图的形成

a）顶层平面图　b）二层平面图　c）底层平面图

层相应地标注，并加括号。

楼梯剖面图的识读内容如下：

1）楼梯间墙身的定位轴线及编号、轴线间的尺寸。

2）楼梯的类型及结构形式、楼梯的梯段数及踏步数。

3）楼梯段、休息平台、栏杆（板）、扶手等的构造情况和用料情况。

4）踏步的宽度和高度及栏杆（板）的高度。

5）楼梯的竖向尺寸、进深方向的尺寸和有关标高。

6）踏步、栏杆（板）、扶手等细部的详图索引符号。

图 5-63 是比例为 1∶50 的楼梯剖面图，它的剖切位置和投影方向由底层平面图上的剖

切符号来决定。在楼梯剖面图中，可以看到被剖切到的楼梯段、休息平台、墙身都用粗实线表示，并在轮廓线内画有材料图例，没有剖切到的但投影仍能见到的楼梯段用中实线表示。在楼梯剖面图中，除了能看到楼梯段的水平投影长度外，还能看到楼梯段的竖向高度。每个楼梯段共有 10 个踏步。每个踏步的高度为 150mm。楼梯栏杆的高度为 900mm。标高分别标注在地面、各层楼面和休息平台。在图中还有一个详图索引符号。图 5-64 为楼梯剖面直观图。

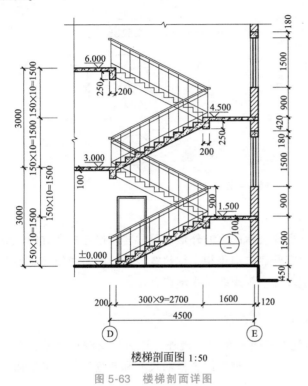

楼梯剖面图 1:50

图 5-63 楼梯剖面详图

图 5-64 楼梯剖面直观图

3. 楼梯节点详图

楼梯节点详图一般包括楼梯段的起步节点、转弯节点和止步节点的详图，楼梯踏步、栏杆或栏板、扶手等的详图。楼梯节点详细一般均以较大的比例画出，以表明它们的断面形式、细部尺寸、材料、构件连接及面层装修做法等。

图 5-65 是楼梯节点详图。详图 1 是比例为 1：20 的楼梯踏步节点的剖面详图，它详细地表示出了楼梯踏步的构造尺寸、材料做法。详图 2 是比例为 1：5 的扶手详图，它详细地表示出了栏杆、扶手的材料、尺寸及做法。

5.9.4 门窗详图

在建筑施工图中，如果门窗详图采用标准图，则只需在门窗统计表中注明该详图所在标准图集中的编号，不必另画详图。如果没有标准图，或采用非标准门窗，则一定要画出门窗详图。

门窗详图是表示门窗的外形、尺寸、开启方式和方向、构造、用料等情况的图纸。

门窗详图一般由立面图、节点详图、五金配件、文字说明等组成。

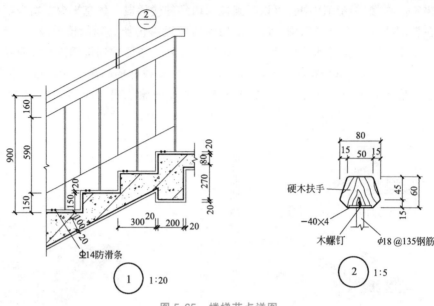

图 5-65 楼梯节点详图

1. 门窗立面图的图示内容

门窗立面图是其外立面的投影图，它主要表示门窗的外形、尺寸、开启方式和方向、节点详图的索引符号等内容。立面图上的门窗开启方向用相交细斜线表示，两斜线的交点即安装门窗扇铰链的一侧，斜线为实线时表示外开，为虚线时表示内开。

门窗立面图的识读内容如下：

1）门窗的立面形状、骨架形式和材料。

2）门窗的主要尺寸。立面图上通常注有三道外尺寸：最外一道为门窗洞口尺寸，也是建筑平、立、剖面上标注的门窗洞口尺寸；中间一道为门窗框的尺寸和灰缝尺寸；最里面一道为门窗扇尺寸。

3）门的开启形式，是内平开、外平开还是其他形式。

4）门窗节点详图的剖切位置和详图索引符号。

2. 门窗节点详图的图示内容

门窗节点详图为门窗的局部剖（断）面图，它是表示门窗中某个构件的断面形状、尺寸以及有关组合等节点的构造图形。

门窗节点详图的识读内容如下：

1）节点详图在立面图中的位置。

2）门窗框和门窗扇的断面形状、尺寸、材料以及相互的构造关系，门窗框与墙体的相对位置和连接方法，有关五金配件等。

本 章 回 顾

1. 正确使用图板、丁字尺、三角板、圆规等常用制图工具，能帮助我们正确快速地绘制工程图样。

2. 建筑制图标准是绘制建筑图样时必须遵守的统一规定。要正确学习和运用国家规定的制图标准，包括图纸幅面、图线线型、比例和尺寸标注等。

3. 在工程图样中常用的有粗实线、细实线、中虚线、细单点长画线和折断线等。在制图标准中，规定了各种图线的适用范围，如建筑主要可见轮廓线用粗实线表示，不可见轮廓线用中虚线表示，定位轴线、中心线用细单点长画线表示。

4. 绘制建筑工程图样需要采用不同的比例，无论采用多大的比例绘制，图样上所标注的尺寸都是实际尺寸。

5. 尺寸标注由尺寸线、尺寸界线、尺寸起止符号、尺寸数字组成。掌握正确的尺寸标注方法利于规范地绘制和识读建筑工程图样。

6. 掌握基本的几何作图方法，如等分线段、绘制圆内接正多边形等，有利于我们正确绘制和识读建筑工程图样。

7. 建筑工程图由于专业分工不同，根据其内容和作用分为建筑施工图、结构施工图、设备施工图等。一套完整的建筑工程图按照图纸目录、设计总说明、建筑施工图、结构施工图、设备施工图的顺序进行编排。一般遵循如下的编排规律：全局性图纸在前，表明局部的图纸在后先施工的在前，后施工的在后；重要的图纸在前，次要的图纸在后。

8. 建筑施工图（建施）一般包括总平面图、建筑平面图、建筑立面图、建筑剖面图和建筑详图。其主要表示房屋的内外形状、平面布置、楼层层高及建筑构造、装饰做法等。建筑施工图是其他各类施工图的基础和先导，是指导土建工程施工的主要依据之一。

9. 建筑总平面图主要反映原有建筑物与新建建筑物的平面形状、所在位置、朝向、标高、周围道路、室外附属设施、绿化布置及地形地貌等内容。总平面图是新建建筑定位、施工放线、土方施工和施工总平面图设计和其他工程管线布置的依据。

10. 假想用一个水平剖切平面沿房屋各层略高于窗台的位置（距地面 1m 左右）将房屋剖切开，移去剖切平面以上的部分，向下投射所作出的水平剖面图，即为建筑平面图。建筑平面图一般包括底层平面图、标准层平面图、顶层平面图和屋顶平面图。

11. 在与房屋立面平行的投影面上所作的正投影图，称为建筑立面图。主要表示建筑物的立面外形轮廓，并标明外墙装修要求，是建筑物室外装修的主要依据。

12. 建筑剖面图是假想用一竖直剖切平面，沿房屋主要入口或内部结构和构造比较复杂的位置将房屋切开，移去剖面前面的部分，对剩余部分投影所得到的投影图。建筑剖面图表示了房屋的内部垂直方向的高度，楼层分层及简要的结构形式和构造方式，楼地面利屋面的构造以及各构配件在垂直方向的相互关系等。它是施工，如砌筑墙体、铺设楼板，内部装修等的重要依据。

13. 根据施工与预算要求，把建筑物的细部构造用较大比例的图样详细地表示出来，这种图称为建筑详图。建筑详图是建筑平、立、剖面的补充说明，它包括墙身节点详图、楼梯详图、门窗详图等。

第3篇

民用建筑构造

第6章

基础与地下室

6.1 地基与基础的基本概念

课题导入：基础与地基的关系是什么？建筑物对地基和基础有什么要求？

【学习要求】 掌握基础和地基的概念以及地基和基础的关系，了解地基的分类以及地基与基础的设计要求。

在建筑工程中，位于建筑物最下部位，埋入地下并直接作用于土层上的承重构件称为基础。基础下面支承建筑物总荷载的土层称为地基。（图 6-1）。

6.1.1 地基与基础的关系

地基每平方米所能承受的最大压力，称为地基承载力。它是由地基土本身的性质决定的。建筑物的全部荷载通过基础传递给地基。当基础传递给地基的压力超过地基的承载力时，地基将出现较大的沉降变形，甚至会出现地基土层的滑移，直接威胁建筑物的安全。因此，基础底面的压力不能超过地基承载力。如以 N 代表建筑物的总荷载（kN），A 代表基础的底面积（mm²），f 代表地基承载力（kPa），则它们三者的关系为

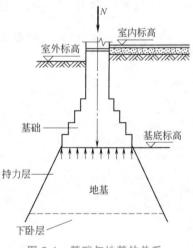

图 6-1 基础与地基的关系

$$A \geqslant \frac{N}{f}$$

从上式可以看出，当地基承载力不变时，建筑物总荷载越大，基础底面积也就越大。或者说当建筑总荷载不变时，地基承载力越小，基础底面积就越大。

6.1.2 地基的分类

地基分为天然地基和人工地基两大类。

天然地基是指具有足够承载力的天然土层，即不需要经过人工改善或加固便可以直接承受建筑物的土层。岩石、碎石、砂石、黏土等土层，一般均可以作为天然地基。人工地基是指承载力不能满足荷载要求，即不能在这样的土层上直接建造基础，必须对其进行人工加固以提高承载力的土层，如淤泥、人工回填土等土层。人工地基较天然地基费工、费料，且造价较高，只有在天然土层承载力较差、建筑总荷载较大的情况下方可采用。

6.1.3 地基与基础的设计要求

1. 地基应该具有足够的承载力和均匀度

建筑物应尽可能建造在地基承载力较高且分布均匀的土层上，如岩石、碎石、砂性土和黏土等土层。如果地基土土质不均匀或处理不好，建筑物就容易发生不均匀沉降，引起墙身开裂、房屋倾斜甚至发生破坏。

2. 基础应该具有足够的强度和耐久性

基础是建筑物的重要承重构件，它承受着建筑物上部的全部荷载，是建筑物安全使用的重要保证。基础又是埋置地下的隐蔽工程，易受潮，且很难观察、维修、加固和更换。所以，在构造形式上必须使其具备足够的强度和与上部结构相适应的耐久性。

3. 基础应该具有一定的经济技术要求

基础工程占建筑总造价的10%~40%，要使工程总投资降低，首先要降低基础工程的造价。在设计时，尽可能选择好的土质地段，优选地方材料，采用合理的结构形式和先进的施工方案，以节约工程投资。

6.2 基础的埋置深度

课题导入：基础的埋置深度有什么要求？影响基础埋置深度的因素有哪些？

【学习要求】 掌握基础埋置深度的概念，深基础与浅基础的区别，以及基础的最小埋置深度；了解影响基础埋置深度的因素。

6.2.1 基础埋置深度的概念

室外设计地坪至基础底面的垂直距离称为基础的埋置深度，简称基础的埋深（图6-2）。埋深大于或等于5m，或埋深大于或等于$4B$（B为基底宽度）的基础称为深基础；埋深小于5m或小于$4B$的基础称为浅基础；直接建造在地表面上的基础称不埋基础。在保证安全使用的前提下，应优先选用浅基础，以降低工程造价。但如果基础埋深过小，则有可能在地基受到压力后，使

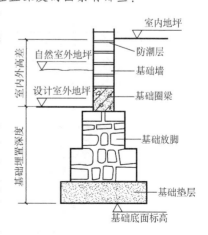

图6-2 基础的埋置深度

基础四周的土被挤出，从而使基础产生滑移而失去稳定；此外基础埋深过小时还易受到雨水的冲刷、机械破坏而导致基础暴露，影响基础安全。故基础的最小埋置深度不得小于 500mm。

6.2.2 影响基础埋置深度的因素

决定基础埋置深度的因素很多，主要应根据三个方面来综合考虑并确定，即地基土层构造、地下水位和土的冻结深度。

1. 地基土层构造的影响

建筑物必须建造在坚实可靠的地基土层之上。根据地基土层的分布情况，基础埋深一般有以下 6 种典型情况（图 6-3）。

1）地基土质分布均匀时，基础应尽量浅埋，但也不得低于 500mm（图 6-3a）。

2）地基土层的上层为软土，厚度在 2m 以内，下层为好土时，基础应埋在好土层内，此时土方开挖量不大，既经济又可靠（图 6-3b）。

3）地基土层的上层为软土，且厚度在 2~5m 时，荷载小的建筑（低层、轻型）仍可将基础埋在软土内，但应加强上部结构的整体性，并增大基础的底面积。若建筑总荷载较大（高层、重型），则应将基础埋在好土之上（图 6-3c）。

4）地基土层的上层为软土，且厚度大于 5m 时，荷载小的建筑（低层、轻型），应尽量利用表层的软弱土层为地基，将基础埋在软土内。必要时应加强上部结构，增大基础的底面积或进行人工加固。否则，是采用人工地基还是将基础埋在好土层内，应进行经济比较后再确定（图 6-3d）。

5）地基土层的上层为好土，下层为软土，此时，应力争将基础埋在好土内，适当增大基础的底面积，以保证持力层具有足够的厚度，并验算下卧层的应力和应变，确保建筑安全（图 6-3e）。

6）地基土层由好土和软土交替组成，低层轻型建筑应尽可能将基础埋在好土内；总荷载大的建筑可打端承桩穿过软土层，也可将基础深埋到下层好土中，两方案要经技术经济比较后再选定（图 6-3f）。

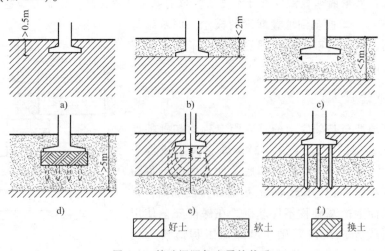

图 6-3 基础埋深与土质的关系

2. 地下水位的影响

地基土含水量的大小对承载力影响很大，所以地下水位的高低直接影响地基承载力。如黏性土遇水后，因含水量增加，体积膨胀，土的承载力就会下降。而含有侵蚀性物质的地下水，会对基础产生腐蚀作用。故建筑物的基础应争取埋置在地下水位以上（图6-4a）。

当地下水位很高，基础不能埋置在地下水位以上时，应将基础底面埋置在最低地下水位200mm以下，不应使基础底面处于地下水位变化的范围之内，从而减少和避免地下水的浮力影响（图6-4b）。

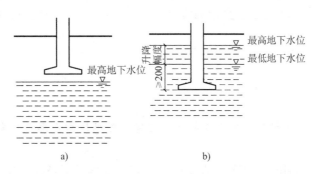

图 6-4　地下水位对基础埋深的影响
a）地下水位较低时的基础埋置位置　b）地下水位较高时的埋置位置

埋置在地下水位以下的基础，其所用材料应具有良好的耐水性能，如选用石材、混凝土等。当地下水含有腐蚀性物质时，基础应采取防腐蚀措施。

3. 土的冻结深度的影响

地面以下的冻结土与非冻结土的分界线称为冰冻线。土的冻结深度取决于当地的气候条件。气温越低，低温持续时间越长，冻结深度就越大，如哈尔滨为1.5m，沈阳为1.5m，北京为0.85m，上海为0.1m。

土壤的冻胀现象及其严重程度与地基土的颗粒、含水量和地下水位等因素有关。碎石、卵石、粗砂、中砂等土壤颗粒较粗，颗粒间孔隙较大，水的毛细作用不明显，冻而不胀或冻胀轻微，其埋深可以不考虑冻胀的影响。粉砂、粉质黏土等土壤颗粒细，孔隙小，毛细作用显著，具有冻胀性，此土壤称为冻胀土。含水量越大的冻胀土，冻胀就越严重；地下水位越高，冻胀越强烈。因此地基有冻胀现象时，基础应埋置在冰冻线以下约200mm的地方（图6-5）。

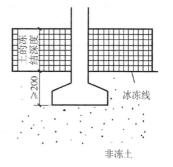

图 6-5　冻土深度对基础埋深的影响

4. 其他因素对基础埋深的影响

基础的埋深除与地基构造、地下水位和冻结深度等因素有关外，还需考虑周围环境与具体工程特点。例如，相邻新旧基础的距离应不小于相邻底面高差的2倍（即 $L \geq 2h$），不同埋深的基础高差应做成踏步形（每步高不大于500mm，踏步长不小于2倍踏步高），以防止墙体发生不均匀沉降。地下室、设备基础、地下管沟等，均会影响基础的埋置深度（图6-6、图6-7）。

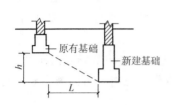

图 6-6　相邻建筑物基础埋深的影响

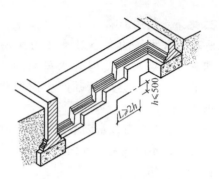

图 6-7　不同埋深的基础的影响

6.3　基础的分类和构造

课题导入：什么是刚性基础？什么是柔性基础？基础按构造形式分有哪些？分别有什么特点？

【**学习要求**】　掌握刚性基础和柔性基础的特点，了解条形基础、独立基础、井格基础、筏形基础、箱形基础和桩基础的特点和适用范围，掌握刚性基础和柔性基础的特点和适用范围。

6.3.1　按所用材料及受力特点分类

1. 刚性基础

由刚性材料制作的基础称为刚性基础。刚性材料一般是指抗压强度高，而抗拉、抗剪强度较低的材料。常用的有砖、灰土、混凝土、三合土和毛石等。为满足地基允许承载力的要求，基底宽（B_0）一般大于上部墙宽（B）；为了保证基础不因受到拉力、剪力而破坏，基础必须具有相应的高度。基础底面尺寸的放大应根据材料的刚性角来决定。刚性角是指基础挑出宽度（b）与高度（h）之比的夹角，用 α 表示。表 6-1 为不同材料刚性基础台阶宽高比的允许值，刚性基础的受力、传力特点如图 6-8 所示。

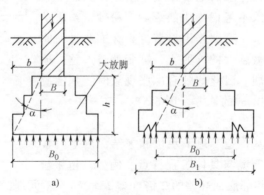

图 6-8　刚性基础受力、传力特点

a）基础受力在刚性角范围以内　b）基础受力超过刚性角范围

表 6-1 刚性基础台阶宽高比 (b/h) 允许值

基 础 类 型	材 料	b/h 允许值
混凝土基础	C15、C20 混凝土	1 : 1
毛石混凝土基础	C15、C20 混凝土	1 : 1.5
砖基础	砖不低于 MU7.5、砂浆不低于 M5	1 : 1.5
毛石基础	砂浆不低于 M5	1 : 1.5
灰土基础	体积比 3 : 7	1 : 1.5
三合土基础	体积比（石灰：砂：骨料）为 （1:2:4）～ （1:3:6），每层约虚铺 220mm，夯至 150mm	1 : 2

2. 柔性基础

当建筑物的荷载较大而地基承载能力较小时，基底宽 B_0 必须加大，如果仍采用砖、石、混凝土材料做基础，势必加大基础的深度，这样很不经济。对此，我们在混凝土基础的底部配以钢筋，利用钢筋来承受拉应力，使基础底部能够承受较大的弯矩，这时基础宽度不受刚性角的限制，故称钢筋混凝土基础为柔性基础（图 6-9）。为了保证钢筋混凝土基础施工时钢筋不会陷入泥中受潮，通常在基础与地基之间设置混凝土垫层。

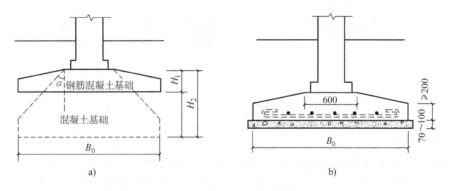

图 6-9 钢筋混凝土柔性基础

a）混凝土基础与钢筋混凝土基础的比较 b）钢筋混凝土基础

6.3.2 按构造形式分类

1. 条形基础

当建筑物上部结构采用墙承重时，基础沿墙身设置，多做成长条形，这类基础称为条形基础或带形基础，这种基础整体性较好，可缓解局部不均匀沉降，多用于砖混结构。条形基础常选用砖、石、混凝土、灰土等刚性材料（图 6-10）。

2. 独立基础

当建筑物上部采用框架结构或单层排架结构承重时，基础常采用方形或矩形的独立式基础，这类基础称为独立基础或柱式基础。独立基础是柱下基础的基本形式。常采用的形式有阶梯形、锥形、杯形等，其优点是减少土方工程量，便于管道通过，节约基础材料。但基础之间无构件连接，整体性较差，因此，独立基础适用于土质、荷载均匀的骨架结构建筑（图 6-11）。

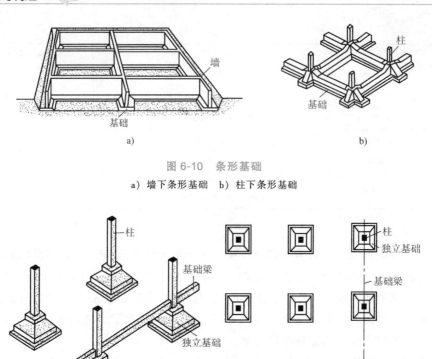

图 6-10　条形基础

a）墙下条形基础　b）柱下条形基础

图 6-11　独立基础

3. 井格基础

当地基条件较差或荷载较大时，为了提高建筑物的整体性，防止柱子之间产生不均匀沉降，常将柱下基础沿纵横两个方向扩展并连接起来，做成十字交叉的井格基础（图 6-12）。

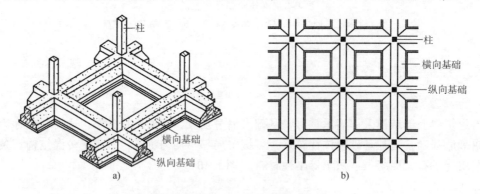

图 6-12　井格基础

a）示意图　b）平面图

4. 筏形基础

当建筑物上部荷载较大，而地基又较弱，采用简单的条形基础或井格基础已不能适应地基变形的需要时，通常将墙或柱下基础连成一片，使建筑物的荷载作用在一块整板上，形成筏形基础。筏形基础有平板式（图6-13）和梁板式两种。

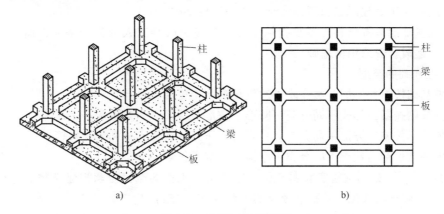

图 6-13 平板式筏形基础

a）示意图 b）平面图

5. 箱形基础

当建筑物荷载很大，对基础不均匀沉降要求严格的高层建筑、重型建筑以及软弱土层上的多层建筑，为增加基础的整体刚度，常将基础改做成箱形基础。箱形基础是由钢筋混凝土底板、顶板和若干纵、横隔墙组成的整体结构，基础中的内部空间可用作地下室（单层或多层的）或地下停车库等（图6-14）。

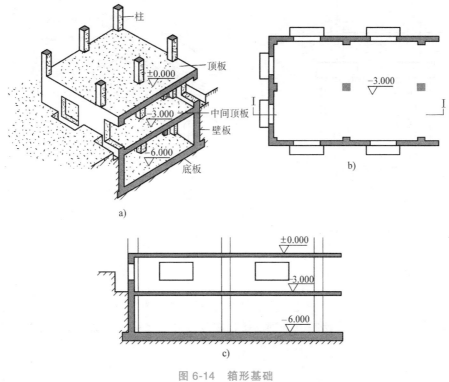

图 6-14 箱形基础

a）示意图 b）1层地下室平面图 c）Ⅰ—Ⅰ剖面图

6. 桩基础

当建筑物荷载较大，地基的软弱土层厚度在 5m 以上，基础不能埋在软弱土层内，或对软弱土层进行人工处理困难和不经济时，常采用桩基础。

采用桩基础能节省材料，减少挖填土方工程量，改善工人的劳动条件，缩短工期。因此，近年来逐渐普遍采用桩基础。

（1）桩基础的类型

1）桩基础按材料不同分类：木桩、钢筋混凝土桩和钢桩等。

2）桩基础按断面形式不同分类：圆形、方形、环形、六角形和工字形等。

3）桩基础按施工方法不同分类：打入桩、压入桩、振入桩和灌入桩等。

4）桩基础按受力性能不同分类：摩擦桩和端承桩等。

① 摩擦桩。它是用桩挤实软弱土层，靠桩壁与土壤的摩擦力承担建筑物的总荷载。这种桩适用于坚硬土层较深、总荷载较小的工程（图 6-15a）。

② 端承桩。它是将桩尖直接支承在岩石或硬土层上，用桩尖支承建筑物总荷载并通过桩尖将荷载传给地基。这种桩适用于坚硬土层较浅、荷载较大的工程（图 6-15b）。

（2）桩基础的组成　桩基础是由桩身和承台梁（或板）（图 6-16）组成的。桩基础是按设计的点位将桩身置入土中的，在桩的顶部设置钢筋混凝土承台梁，以支承上部结构，使建筑物荷载均匀地传给桩基础。承台梁的厚度不宜小于 300mm，宽度不宜小于 500mm。在寒冷地区，承台梁下一般设 100~200mm 厚的粗砂或焦渣，以防止承台梁下的土受冻膨胀使承台梁遭到破坏。

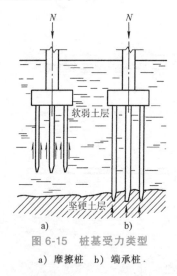

图 6-15　桩基受力类型

a）摩擦桩　b）端承桩

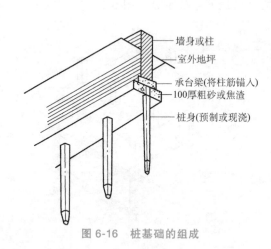

图 6-16　桩基础的组成

6.3.3　刚性基础构造

刚性基础常采用砖、石、灰土、三合土及混凝土等材料，根据这些材料的力学性质要求，在基础设计时，应该严格控制基础的挑出宽度与高度之比，以确保基础底面不产生较大的拉应力。

1. 毛石基础

毛石基础是由石材和砂浆砌筑而成的，由于石材抗压强度高，抗冻、抗水、抗腐蚀性能均较好，同时石材之间的砂浆也是耐水材料，所以毛石基础可以用于地下水位较高、冻结深度较大的低层或多层民用建筑中。

毛石基础的剖面形式一般多为阶梯形（图6-17）。基础顶部宽度不宜小于500mm，且要比墙或柱每边宽出100mm。每个台阶的高度不小于400mm，每个台阶挑出宽度不应大于200mm。当基础底面宽度小于700mm时，毛石基础应做成矩形截面。毛石顶面砌筑前应先铺一层水泥砂浆。

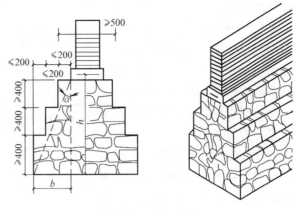

图6-17 毛石基础

2. 砖基础

砖基础中的主要材料为普通黏土砖。由于黏土砖要消耗大量的耕地，目前，我国大部分地区都已限制使用黏土砖，而采用环保材料及工业废料等制成的砌筑材料代替普通黏土砖。由于砖的强度、耐久性、抗冻性和整体性均较差，因而只适用于地基土质好，地下水位较低，5层以下的砖混结构中。砖基础一般采用台阶式，逐级向下放大，形成大放脚。为了满足刚性角的限制，其台阶的宽高比应小于1:1.5。一般采用每两皮砖挑出1/4砖或每两皮砖挑出1/4砖与每一皮砖挑出1/4砖相间的砌筑方法。砌筑前，槽底面要铺20mm厚砂垫层（图6-18）。

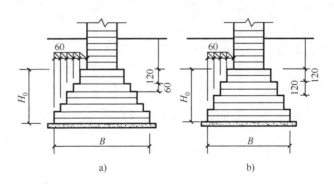

图6-18 砖基础

a）两皮砖与一皮砖间隔挑出1/4砖　b）两皮砖挑出1/4砖

3. 灰土与三合土基础

为了节约材料，在地下水位较低的地区，常在砖基础下做灰土垫层，以提高基础的整体性。灰土层的厚度不小于100mm。

灰土基础是由粉状的石灰与松散的粉土加适量的水拌合而成的，用于灰土基础的石灰与粉土的体积比为3:7或4:6，灰土每层均需铺220mm，夯实厚度为150mm。由于灰土基础的抗冻、耐水性很差，故只适用于地下水位较低的低层建筑（图6-19a）。

三合土是指石灰、砂、骨料（碎砖、碎石或矿渣），按体积比1:3:6或1:2:4加水拌合夯实而成的。每层厚度为150mm，总厚度$H \geqslant 300mm$，宽度$B \geqslant 600mm$（图6-19b）。这种基础适用于4层及4层以下的建筑。与灰土基础一样，基础应埋在地下水位以上，顶面应在冰冻线以下。

4. 混凝土基础

混凝土基础具有坚固、耐久、耐腐蚀、耐水等特点，可用于有地下水和冰冻作用的环境。混凝土基础可塑性强，能做成矩形、阶梯形和锥形。为方便施工，当基础底面宽度小于350mm时，多做成矩形；当基础底面宽度大于350mm时，多做成阶梯形；当基础底面宽度大于2000mm时，可做成锥形。锥形断面能节约混凝土，从而减轻基础自重。锥形基础的断面应保证两侧有

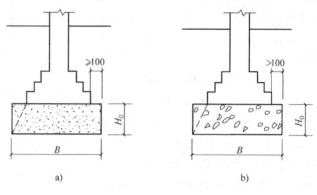

图 6-19 灰土与三合土基础

a）灰土基础 b）三合土基础

不少于 $h/4$ 且不小于 200mm 的垂直面，以免施工中出现锐角，影响混凝土浇筑的密实性和减少基础底面的有效面积（图6-20）。

为了节约混凝土，常在混凝土中加入粒径不超过300mm的毛石。这种做法称为毛石混凝土。毛石混凝土基础所用毛石的尺寸，不得大于基础宽度的1/3，毛石的体积一般为总体积的20%~30%。毛石在混凝土中应均匀分布。

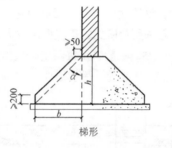
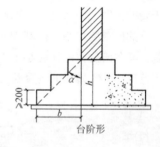

梯形　　　　　　　　台阶形

图 6-20 混凝土基础

6.3.4 柔性基础构造

钢筋混凝土柔性基础由于不受刚性角的限制，基础就可以尽量浅埋，这种基础相当于一个倒置的悬臂板，所以它的截面高度向外逐渐减少，但最薄处的截面高度不应小于200mm。基础中的受力钢筋应通过计算确定，但钢筋直径不宜小于8mm。混凝土的强度等级不宜低于C20。为了使基础底面均匀地传递对地基的压力，常在基础下部用等级较低的混凝土做垫层，垫层厚度一般为80~100mm。为保护钢筋不受锈蚀，当有垫层时，保护层厚度不宜小于35mm，不设垫层时，保护层厚度不宜小于70mm（图6-21）。

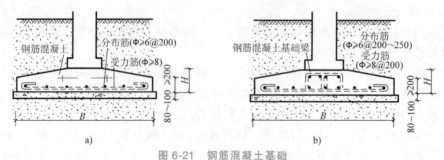

图 6-21 钢筋混凝土基础

a）板式基础 b）梁板式基础

6.4 地下室的构造

课题导入：地下室是由哪几部分组成的？地下室的防潮与防水有什么区别？

【学习要求】 了解地下室的组成和分类，掌握地下室的防潮与防水构造。

6.4.1 地下室的构造组成

建筑物下部的地下使用空间称为地下室。地下室一般由墙身、底板、顶板、门窗和楼梯等部分组成。

6.4.2 地下室的分类

1. 按埋入地下深度不同分类

（1）全地下室　全地下室是指地下室地面低于室外地坪的高度超过该房间净高的 1/2。

（2）半地下室　半地下室是指地下室地面低于室外地坪的高度为该房间净高的 1/3 ~ 1/2（图 6-22）。

2. 按使用功能不同分类

（1）普通地下室　一般用作高层建筑的地下停车库、设备用房，根据用途及结构需要可做成一层或多层地下室。

（2）人防地下室　结合人防要求设置的地下空间，用以应付战时情况下人员的隐蔽和疏散，并有具备保障人身安全的各项技术措施，为了充分发挥投资效益，尽量做到平战结合。

6.4.3 地下室的构成

地下室一般由墙体、底板、顶板、门窗和楼梯等几部分组成（图 6-23）。

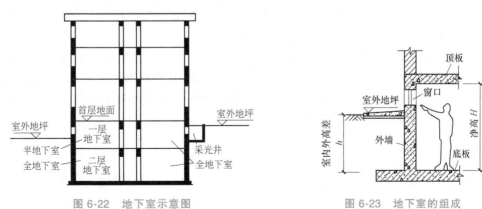

图 6-22　地下室示意图　　　　　图 6-23　地下室的组成

（1）墙体　地下室的墙体不仅要承受上部的垂直荷载，还要承受土、地下水及土壤冻结时的侧压力，所以采用砖墙时其厚度一般不小于 490mm。荷载较大或地下水位较高时，最好采用钢筋混凝土墙，其厚度不小于 200mm。

（2）底板　地下室的底板主要承受地下室地坪的垂直荷载，当地下水位高于地下室地面时，还要承受地下水的浮力，所以底板要有足够的强度、刚度和抗渗能力。常用现浇混凝土板配双层钢筋，并在底板下垫层上设置防水层。底板处于最高地下水位以上时，底板宜按一般地面工程考虑，即在夯实的土层上浇筑 60～100mm 的混凝土垫层，再做面层。

（3）顶板　地下室顶板主要承受首层地面荷载，可用预制板、现浇板或在预制板上做现浇层，要求有足够的强度和刚度。如为人防地下室，顶板必须采用钢筋混凝土现浇板并按有关规定确定其跨度、厚度和混凝土的强度等级。

（4）门窗　普通地下室的门窗与地上房间的门窗相同。窗口下沿距散水面的高度应大于 250mm，以免灌水。当地下室的窗台低于室外地面时，为达到采光和通风的目的，应设采光井（图 6-24）。采光井由底板和侧墙组成，底板一般用混凝土浇筑，侧墙多用砖砌筑，但应考虑其挡土作用，由结构计算确定其厚度。采光井上应设防护网，井下应有排水管道。人防地下室一般不允许设窗，如需开窗，应设置战时堵严措施。人防地下室的外门应按防护等级要求设置相应的防护构造。

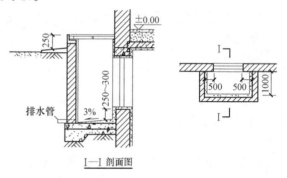

图 6-24　地下室采光井构造

（5）楼梯　地下室楼梯可与上部楼梯结合设置，层高小或用作辅助房间的地下室可设单跑楼梯。人防地下室则至少要设置两部楼梯通向地面的安全出口，并且必须有一个独立的安全出口。

6.4.4　地下室的防潮

当地下水的常年水位和最高水位都在地下室地面标高以下时，地下室仅受到土层中的地潮影响，这时只需做防潮处理。

其做法是在地下室外墙外侧设垂直防潮层。在墙体外表面先抹一层 20mm 厚的 1∶2.5 水泥砂浆找平层，再涂一道冷底子油和两道热沥青或抹 20mm 厚 1∶2 防水砂浆；然后在外侧回填低渗透性土壤，如黏土、灰土等，并逐层夯实，土层宽度为 500mm 左右，以防地面雨水或其他地表水的影响。另外，地下室的所有墙体都应设两道水平防潮层，一道设在地下室地坪附近，另一道设在室外地坪以上 150～200mm 处，使整个地下室防潮层连成整体，以防地潮沿地下墙身或勒脚处侵入室内（图 6-25）。

6.4.5　地下室的防水

当设计最高地下水位高于地下室地面时，地下室的底板和部分外墙将浸在水中。在水的作用下，地下室的外墙受到地下水的侧压力，底板则受到浮力作用，而且地下水位高出地下室地面越高，侧压力和浮力就越大，渗水也越严重。因此，必须做好防水处理。常采用卷材防水和混凝土自防水。

1. 卷材防水

（1）卷材外防水　将卷材防水材料（如改性沥青卷材和高分子卷材）分层贴在结构层

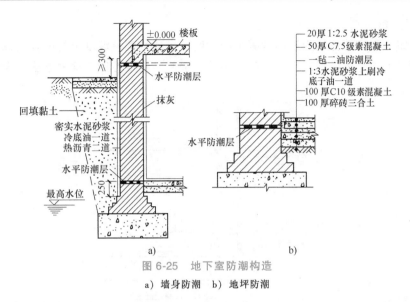

图 6-25 地下室防潮构造

a) 墙身防潮 b) 地坪防潮

外表面的做法称为卷材外防水。地坪防水构造的做法是先在基底浇筑 C10 混凝土垫层，厚 100mm，然后粘贴卷材，在卷材上抹 20mm 厚 1：3 水泥砂浆，最后浇筑钢筋混凝土底板。地下室卷材外防水构造做法如图 6-26a 所示。墙体外表做法如下：

1）先在墙外侧抹 20mm 厚的 1：3 水泥砂浆找平层，并刷冷底子油一道。

2）分层铺贴防水卷材，并与地坪防水卷材搭接合为一体。卷材防水层数视地下水位的高低而定。铺贴高度应高出最高水位 500~1000mm。

3）在防水层外砌筑 120mm 厚保护砖墙，其间用水泥砂浆填实，在保护砖墙底部干铺油毡一层，并沿其长度方向每隔 5~8m 设垂直断缝，以保证紧压防水层。

4）距地下室外墙 500mm 左右回填低渗透土壤并夯实。

（2）卷材内防水 将卷材防水材料分层贴在结构层内表面的做法称为卷材内防水。这种方法施工方便，容易维修，但对防水不利，故常用于修缮工程（图 6-26b）。

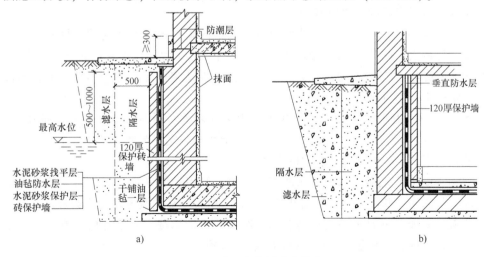

图 6-26 地下室卷材防水构造

a) 卷材外防水构造做法 b) 卷材内防水构造做法

2. 混凝土自防水

当地下室底板和墙体均为钢筋混凝土结构时，可通过调整混凝土的配合比或在混凝土中掺入外加剂等方法，改善混凝土构件的密实性，提高其抗渗性能，这种方法称为混凝土自防水（图 6-27）。

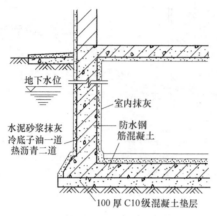

地下水位

室内抹灰

防水钢筋混凝土

水泥砂浆抹灰
冷底子油一道
热沥青二道

100 厚 C10 级混凝土垫层

图 6-27　地下室混凝土自防水构造

本 章 回 顾

1. 位于建筑物最下部位、埋入地下且直接作用于土层上的承重构件称为基础。基础下面支撑建筑物总荷载的土层称为地基。

2. 地基与基础的关系：当地基承载力不变时，建筑物总荷载越大，基础底面积也就越大。或者说当建筑总荷载不变时，地基承载力越小，基础底面积就越大。

3. 地基的分类：地基分为天然地基和人工地基两大类。天然地基是指天然土层具有足够的承载力，不需要经过人工改善或加固便可以直接承受建筑物的地基。人工地基是指天然土层的承载力不能满足荷载要求，即不能在这样的土层上直接建造基础，必须对这样的土层进行人工加固以提高承载力的地基。

4. 基础的埋置深度：室外设计地面至基础底面的垂直距离称为基础的埋置深度，简称基础埋深。埋深大于或等于 5m，或埋深大于或等于 4B（B 为基底宽度）的基础称为深基础；埋深小于 5m 或 4B 的基础称为浅基础；基础直接做在地表面上的称为不埋基础。基础的埋深在一般情况下，不得小于 500mm。

5. 刚性基础：由刚性材料制作的基础称为刚性基础。刚性材料一般是指抗压强度高，而抗拉、抗剪强度较低的材料。基础底面尺寸的放大应根据材料的刚性角来决定。刚性角是指基础放宽的引线与墙体垂直线之间的夹角。

6. 柔性基础：在混凝土基础的底部配以钢筋，利用钢筋来承受拉应力，使基础底部能够承受较大的弯矩，基础宽度不受刚性角的限制，故称钢筋混凝土基础为柔性基础。

7. 基础的构造形式是根据建筑物上部荷载及地基的承载力来选择的，有条形基础、独立基础、井格基础、筏片基础、箱形基础和桩基础等。

8. 刚性基础常采用砖、石、灰土、三合土和混凝土等材料，根据这些材料的力学性质要求，在基础设计时，应该严格控制基础的挑出宽度与高度之比，以确保基础底面不产生较大的拉应力。刚性基础有毛石基础、砖基础、灰土与三合土基础和混凝土基础。

9. 钢筋混凝土柔性基础由于不受刚性角的限制，基础就可以尽量浅埋，这种基础相当于一个倒置的悬臂板，所以它的截面高度向外逐渐减少，但最薄处的截面高度不应小于200mm。基础中的受力钢筋应通过计算确定，但钢筋直径不宜小于8mm。混凝土的强度等级不宜低于C20。

10. 地下室是由墙体、底板、顶板、门窗和楼梯5大部分组成的。地下室的外窗处可设置采光井。

11. 地下室因设计最高地下水位至地下室底板的距离不同，可分别采用防潮和防水处理。防潮的目的是为了避免地下潮气的影响，防水的目的是为了避免有压地下水的影响。

12. 地下室防潮与防水的构造做法。

第7章

墙体

知识要点及学习程度要求

- 墙体的类型与设计要求（了解）
- 砖墙的主要材料和选用及砖墙的组砌方式（了解）
- 砖墙的细部构造及其相应作用（掌握）
- 隔墙的基本构造（掌握）
- 墙体饰面的基本做法（掌握）
- 外墙保温构造的特点和构造要求（了解）

7.1 墙体的类型与设计要求

课题导入：墙体的分类有哪几种？对墙体的设计有什么要求？

【学习要求】 掌握墙体的分类，了解墙体的设计要求。

7.1.1 墙体的分类与作用

1. 墙体的种类

（1）按位置不同分类 分为外墙（围护墙）和内墙（分隔墙）。窗与窗、窗与门之间的墙称为窗间墙；窗洞口下部的墙称为窗下墙；屋顶上部的墙称为女儿墙等（图7-1）。

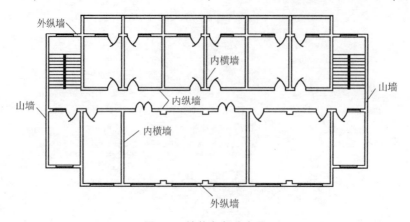

图7-1 墙体各部分名称

（2）按受力不同分类　分为承重墙和非承重墙。非承重墙又可分为两种：一种是自承重墙，它不承受外来荷载，仅承受自身重量并将其传至基础；二是隔墙，仅起分隔空间的作用，不承受外来荷载，并把自身重量传给梁或楼板。框架结构中的墙称为框架填充墙。

（3）按方向不同分类　分为纵墙和横墙。沿建筑物长轴方向布置的墙称为纵墙，沿短轴方向布置的墙称为横墙，外横墙又称为山墙。

（4）按材料不同分类　分为砖墙、石墙、土墙、混凝土墙、中小砌块墙及大型板墙等。砖是传统的建筑材料，应用很广，但由于制作普通黏土砖占用耕地，现在国家已经出台政策禁止使用普通黏土砖，而采用工业废料制成的砖来替代普通黏土砖。

（5）按构造方法不同分类　分为实体墙、空体墙和组合墙。实体墙由单一材料组成，如砖墙、砌块墙等。空体墙也是由单一材料组成的，可由单一材料砌成内部空腔，也可用具有孔洞的材料建造墙，如空斗砖墙、空心砌块墙等。复合墙由两种以上材料组合而成，如混凝土、加气混凝土复合板材墙。其中，混凝土起承重作用，加气混凝土起保温隔热作用。

（6）按施工方法不同分类　分为块材墙、板筑墙及板材墙三种。块材墙是用砂浆等胶结材料将砖石块材等组砌而成，例如砖墙、石墙及各种砌块墙等。板筑墙是在现场立模板现浇而成的墙体，例如现浇混凝土墙等。板材墙是预先制成墙板，施工时安装而成的墙，例如预制混凝土大板墙，各种轻质条板内隔墙等。

2. 墙体的作用

（1）墙体的承重作用　墙体承受从屋面、楼板等构件传来的荷载及自重荷载，同时还要承受外来的荷载，如人和家具的重量、风力和地震力等。

（2）墙体的围护作用　墙体需抵御风、雨、雪、太阳辐射和噪声等因素的侵袭，确保建筑物内具有良好的生活环境和工作条件。

（3）墙体的分隔作用　建筑物内的纵横墙和隔墙将建筑物分隔成不同大小的空间，以满足不同的使用要求。

7.1.2　墙体的设计要求

1. 结构要求

对以墙体承重为主的砖混结构，常要求各层的承重墙上下必须对齐；各层的门窗洞孔也以上下对齐为佳。墙体设计不仅应满足强度和稳定性，还应选择合理的结构布置方案。

（1）具有足够的强度和稳定性　强度是指墙体承受荷载的能力，它与墙体采用的材料、墙体尺寸、构造和施工方式有关。作为承重墙的墙体，必须具有足够的强度，以确保结构的安全性。稳定性与墙的高度、长度和厚度有关。高而薄的墙稳定性差，矮而厚的墙稳定性好；长而薄的墙稳定性差，短而厚的墙稳定性好。

（2）合理选择墙体结构布置方案

1）横墙承重。横墙承重就是将楼板及屋面板支承在横墙上，楼板、屋顶上的荷载均由横墙承担，纵墙只起到纵向稳定和拉结的作用。它的主要特点是横墙间距较密，加上纵墙的拉结，使建筑物的整体性好、横向刚度大，对抵抗地震力等水平荷载有利。但横墙承重方案的开间尺寸不够灵活，适用于房间开间尺寸不大的宿舍、住宅及病房楼等小开间建筑（图7-2a）。

2）纵墙承重。纵墙承重就是将楼板及屋面板支承在纵墙上，楼板、屋顶上的荷载均由纵墙承担，横墙只起分隔房间的作用，有的起横向稳定的作用。纵墙承重可使房间的开间划分灵活，多适用于较大房间的办公楼、商店和教学楼等公共建筑（图7-2b）。

3）纵横墙混合承重。纵横墙混合承重就是由纵墙和横墙共同承担楼板、屋顶荷载的结构布置。该方案房间布置较灵活，建筑物的刚度亦较好。混合承重方案多用于开间、进深尺寸较大且房间类型较多的建筑及平面复杂的建筑中，如教学楼、医院和托幼建筑等（图7-2c）。

4）墙与柱混合承重。墙与柱混合承重又称内框架结构，采用墙体和钢筋混凝土梁、柱组成的框架共同承担楼板和屋顶的荷载，这时梁的一端支承在柱上，而另一端则搁置在墙上。它较适用于室内需要较大使用空间的建筑，如商场等（图7-2d）。

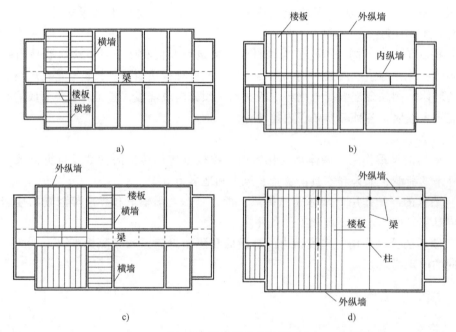

图7-2　墙体的结构布置

a）横墙承重　b）纵墙承重　c）纵横墙混合承重　d）墙与柱混合承重

2. 热工要求

外墙是建筑物的围护结构，其隔热性能的好坏会对建筑的使用及能耗带来直接的影响。在北方地区的冬季，室内温度高于室外，热量总是通过各种方式从高温一侧向低温一侧传递，为保证室内有一个稳定且舒适的温度，就必须通过采暖或空调来补充热量，使供热和散热达到平衡（图7-3）。在南方炎热地区，外墙应具有良好的隔热性能，以阻止太阳辐射传入室内，

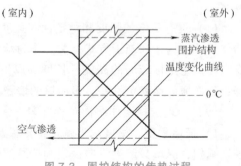

图7-3　围护结构的传热过程

防止室内温度过高。

（1）墙体保温的措施

1）增加墙体的厚度。热量通过围护构件从高温一侧向低温一侧传递的过程中遇到的阻力，称为热阻。墙体的热阻与其厚度成正比，欲提高墙身的热阻，可增加其厚度。

2）选择热导率小的墙体材料。要增加墙体的热阻，常选用热导率小的保温材料，如泡沫混凝土、加气混凝土、陶粒混凝土、膨胀珍珠岩、膨胀蛭石、浮石及浮石混凝土、泡沫塑料、矿棉及玻璃棉等。其保温构造有单一材料（如轻质混凝土）的保温结构和复合保温结构之分（图7-4）。

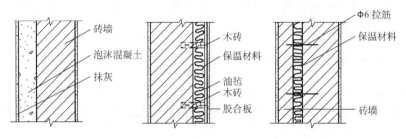

图7-4 复合保温墙构造示意图

3）采取隔蒸汽措施。为防止墙体产生内部凝结，常在墙体的保温层靠高温一侧，即蒸汽渗入的一侧，设置一道隔蒸汽层。隔蒸汽层一般采用沥青、卷材、隔汽涂料以及铝箔等防潮、防水材料制作（图7-5）。

（2）墙体隔热的措施

1）外墙采用浅色而平滑的外饰面，如白色外墙涂料、玻璃马赛克、浅色墙地砖和金属外墙板等，以反射太阳光，减少墙体对太阳辐射的吸收。

2）在外墙内部设通风间层，利用空气的流动带走热量，降低外墙内表面温度。

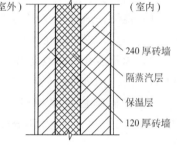

图7-5 隔蒸汽措施

3）在窗口外侧设置遮阳设施，以遮挡太阳光直射室内。

4）在外墙外表面种植攀缘植物使之遮盖整个外墙，吸收太阳辐射热，从而起到隔热作用。

3. 隔声要求

墙体是建筑的水平方向划分空间的构件，为了使人们获得安静的工作和生活环境，提高私密性，避免相互干扰，墙体必须具有足够的隔声能力，并应符合国家有关隔声标准的要求。以下是加强隔声处理的措施：

1）加强墙体缝隙的填密处理。

2）增加墙厚和墙体的密实性。

3）采用有空气间层或多孔性材料的夹层墙。

4）尽量利用垂直绿化降噪声。

4. 防火要求

墙体材料的燃烧性能和耐火极限必须符合防火规范的相关规定，有些建筑还应按防火规范要求设置防火墙，防止火灾蔓延。

5. 节能要求

为贯彻国家的节能政策，改善严寒和寒冷地区居住建筑采暖能耗大、热工效率差的状况，必须通过建筑节能设计和构造措施来节约能耗。

7.2 砖墙的构造

课题导入：砖墙的种类有哪些？常用的组砌方式有哪几种？墙体的细部构造是怎样的？

【学习要求】 掌握墙体种类、常用尺寸和组砌方式，重点掌握过梁、窗台、勒脚、防潮层、明沟和散水及墙身加固的构造做法。

7.2.1 砖墙的材料和组砌方式

1. 砖墙的种类

砖按材料不同，分为黏土砖、页岩砖、粉煤灰砖、灰砂砖和炉渣砖等；按形状不同，分为实心砖、多孔砖和空心砖等。

2. 砖的尺寸

（1）砖的规格

1）烧结普通砖是我国传统的墙体材料，其标准规格为 240mm（长）×115mm（宽）×53mm（厚），如图 7-6 所示。

2）承重多孔砖各地规格不统一，常用的有：240mm（长）×115mm（宽）×90mm（厚）、190mm（长）×190mm（宽）×90mm（厚）等，如图 7-7 所示。

3）水泥砌块各地规格不统一，其中小型空心砌块的常见尺寸为 190mm×190mm×390mm，辅助块尺寸为 90mm×190mm×190mm 和 190mm×190mm×90mm 等，如图 7-8 所示。

（2）砖的强度等级 砖的强度等级是以抗压强度来标定的，即每平方毫米能承受的压力，单位为 N/mm^2。

烧结普通砖：MU10、MU15、MU20、MU25、MU30。

烧结空心砖：MU3.5、MU5.0、MU7.5、MU10。

蒸压灰砂砖：MU10、MU15、MU20、MU25。

混凝土实心砖：MU15、MU20、MU25、MU30、MU35、MU40 等。

3. 砂浆

（1）砂浆的种类 砌筑用的砂浆有水泥砂浆、石灰砂浆和混合砂浆三种。水泥砂浆属于水硬性材料，强度高，多用于受力、防潮要求高的墙体。石灰砂浆属气硬性材料，强度虽低但和易性好，多用于强度要求不高的墙体。混合砂浆因同时有水泥和石灰两种胶结材料，不但强度高，和易性也比较好，故使用较为广泛。

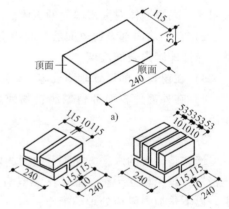

图 7-6 标准机制黏土砖的尺寸
a）标准砖 b）砖的组合

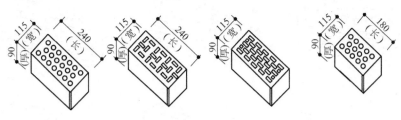

图 7-7 多孔砖

（2）砂浆的强度等级 砂浆的强度等级为 M5、M7.5、M10、M15、M20、M25 和 M30 七级。

4. 砖墙的厚度

砖墙的厚度除了要满足承载力、保温、隔热和隔声等方面的要求外，还应符合砖的规格。对普通黏土砖墙，其厚度依砖的规格：半砖墙，厚 115mm，称 120 墙；3/4 砖墙，厚 178mm，称 180 墙；1 砖墙，厚 240mm，称 240 墙；1 砖半墙，厚 365mm，称 370 墙；2

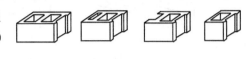

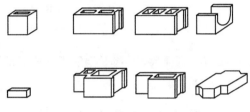

图 7-8 各种混凝土小型砌块

砖墙，厚 490mm，称 490 墙；1/4 砖墙，厚 60mm，称 60 墙，如图 7-9 所示。

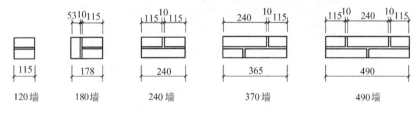

| 120墙 | 180墙 | 240墙 | 370墙 | 490墙 |

图 7-9 墙厚与砖的规格关系

5. 砖墙的组砌方式

为了保证墙体的强度，砖砌体的组砌原则是：上下错缝，内外搭砌，缝砂饱满。常用的错缝方法是将丁砖和顺砖上下皮交错砌筑。每排列一层砖称为一皮。常见的砖墙砌筑方式有全顺式（120 墙）、一顺一丁式、三顺一丁式或多顺一丁式。每皮丁顺相间式也称为十字式或梅花式（240 墙），两平一侧式（180 墙）等（图 7-10）。

7.2.2 砖墙的细部构造

1. 门窗过梁

过梁用来支承门窗洞口上部砌体的重量，并把这些荷载传给两端的墙体。过梁的形式很多，常采用的有以下两种：

（1）钢筋砖过梁 钢筋砖过梁是配置钢筋的平砌砖过梁，一般在洞口上方先支木模，砖平砌，下设 3~4 根φ6~φ8 钢筋，钢筋要求伸入两端墙内不少于 240mm，梁高砌 5~7 皮砖或不小于 $L_n/4$，梁净跨不大于 2m。钢筋砖过梁用砖强度不低于 MU7.5，砌筑砂浆强度不

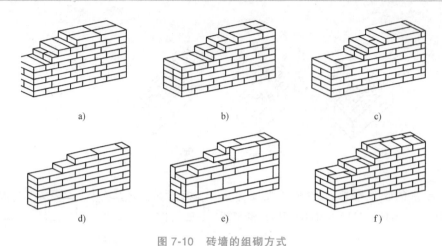

图 7-10 砖墙的组砌方式

a) 240 砖墙一顺一丁式 b) 240 砖墙多顺一丁式 c) 240 砖墙十字式

d) 120 砖墙 e) 180 砖墙 f) 370 砖墙

低于 M5.0。通常将 φ6～φ8 钢筋埋在梁底部厚度为 30mm 的水泥砂浆层内。钢筋砖过梁的构造如图 7-11 所示。

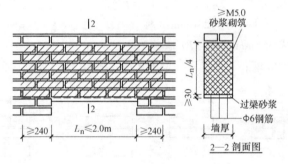

图 7-11 钢筋砖过梁的构造

（2）钢筋混凝土砖过梁 钢筋混凝土过梁的适应性较强，适用于有较大的集中荷载、振动荷载或可能产生不均匀沉降的建筑物，或洞口尺寸较大的情况。钢筋混凝土过梁有现浇和预制两种。它的宽度一般同墙厚，高度和配筋需经过结构计算确定，且高度还应与砖的厚度相适应，如 60mm、120mm、180mm、240mm 等。梁两端支承在墙上的长度不少于240mm，以保证足够的承压面积。过梁断面形式有矩形和 L 形两种。可将过梁与圈梁、悬挑雨篷、窗楣板或遮阳板等结合起来设计，如图 7-12 所示。

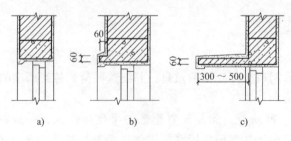

图 7-12 钢筋混凝土过梁的构造

a) 平墙过梁 b) 带窗套过梁 c) 带窗楣过梁

2. 窗台

窗台是位于窗洞口下部的构造，分内外两种。外窗台的主要作用是排除雨水和保护墙面。设于窗内的为内窗台，主要用于放置物品和观赏性盆花等。

窗台有悬挑和不悬挑两种。悬挑的窗台可以用砖、混凝土板等构成。有时结合室内装修，窗台内部也要做一些处理，如安装水磨石、大理石、花岗石和木窗台板等。

此外，做窗台排水坡度抹灰时，一定要将灰浆嵌入窗下槛灰口内，以防雨水顺缝渗入室内（图 7-13）。

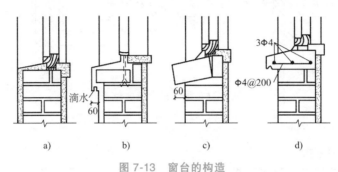

图 7-13 窗台的构造

a）不悬挑窗台 b）设滴水的悬挑窗台 c）侧砌砖窗台 d）预制钢筋混凝土窗台

3. 勒脚

勒脚是外墙墙身接近室外地面的部分，为防止雨水上溅墙身和机械力等的影响，不仅要求墙脚坚固耐久，还应防止受潮。一般采用以下几种构造做法（图 7-14）。

1）抹灰：可采用 M5 水泥砂浆抹面，厚 20mm，高出地面 500~600mm。

2）贴面：可采用天然石材或人工石材，如花岗石、水磨石板和面砖等。其耐久性强，装饰效果好。

3）勒脚采用石材，如块石、毛石或料石等。

勒脚高度一般应距室外地坪 500mm 以上，可兼顾建筑立面效果，还可做到窗台高度或更高。

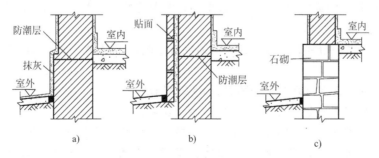

图 7-14 勒脚的构造

a）抹灰 b）贴面 c）石材砌筑

4. 防潮层

（1）防潮层的位置 当地面垫层采用混凝土等不透水材料时，防潮层的位置应设在地面垫层范围以内，通常在 -0.060m 标高处设置。同时，至少要高于室外地坪 150mm，以防雨水溅湿墙身。当地面垫层为碎石等透水材料时，防潮层的位置应平齐或高于室内地面60mm。当地面出现高差时，应在墙身内设置高低两道水平防潮层，并在靠土壤一侧设垂直防潮层，如图 7-15 所示。

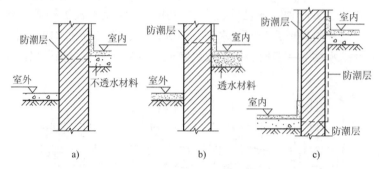

图 7-15　墙身防潮层的位置

a）不透水地面　b）透水地面　c）地面有高差

（2）防潮层的做法

1）防水砂浆防潮层。防水砂浆防潮层采用 1∶3~1∶2 水泥砂浆加水泥用量 3%~5%防水剂，厚度为20~25mm，或用防水砂浆砌三皮砖做防潮层。此种做法构造简单，但砂浆开裂或不饱满时影响防潮效果，适用于一般性建筑。

2）细石钢筋混凝土防潮层。采用60mm 厚的细石混凝土带，内配 3φ6@250 受力钢筋。防潮性能好，适用于重要建筑及地震区。

3）油毡防潮层。先抹 20mm 厚水泥砂浆找平层，上铺一毡二油，此种做法防水效果好，但有油毡隔离，削弱了砖墙的整体性，不应在刚度要求高或地震区采用。

4）地圈梁代替防潮层。当基础顶面设有钢筋混凝土地圈梁时，可以不设防潮层，地圈梁顶标高应低于室内地坪60mm。

5. 散水与明沟

房屋四周可采取散水或明沟排除地面积水，以防止基础发生不均匀沉降。当屋面为有组织排水时，一般设明沟或暗沟，也可设散水。屋面为无组织排水时一般设散水，但应加滴水砖（石）带。散水的做法如下：

1）混凝土散水：通常是在素土夯实上铺混凝土基层等材料，采用 C15 混凝土，厚度为60~80mm。

2）铺砖散水：在素土夯实上平铺砖，M5 砂浆嵌缝。

3）块石散水：在素土夯实上平铺片石，M5 砂浆嵌缝。

散水应设置 3%~5%的排水坡度。一般散水宽 600~1000mm，并应大于房屋挑檐200mm，且应大于基础底外缘200mm，以防止檐口雨水滴入土中浸泡基础（图 7-16a、b）。散水与外墙交接处应设分格缝，分格缝用弹性材料嵌缝，防止外墙下沉时将散水拉裂。散水整体面层纵向距离每隔 6~12m 做一道伸缩缝。

明沟的构造做法可采用砖砌、石砌、混凝土现浇，沟底应做纵坡，坡度为 0.5%~1%，宽度为 220~350mm（图 7-16c、d）。

6. 墙身加固

砖砌体为脆性材料，其承载能力有限，因此在 6 度以上的地震设防区，国家有关规定对

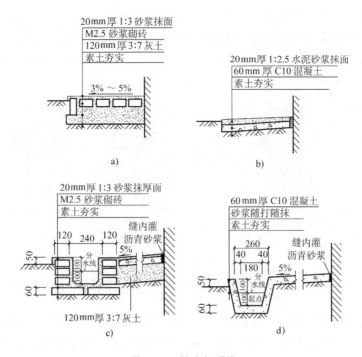

图 7-16　散水与明沟

a) 砖铺散水　b) 混凝土散水　c) 砖砌明沟　d) 混凝土明沟

多层砖混结构的建筑物做出了一定的限制和要求，如限制房屋的总高度和层数、建筑体的高宽比、横墙的最大间距等。同时，还可以采取以下措施来提高砖混结构墙身的刚度和稳定性。

（1）增加壁柱和门垛　当墙体的窗间墙上出现集中荷载，而墙厚又不足以承担其荷载；或当墙体的长度和高度超过一定限度并影响到墙体稳定性时，常在墙身局部适当位置增设凸出墙面的壁柱以提高墙体刚度。壁柱凸出墙面的尺寸一般为 120mm×370mm、240mm×370mm、240mm×490mm，或根据结构计算确定。

当墙上开设的门窗洞口处在两墙转角处或丁字墙交接处时，为了保证墙体的承载能力及稳定性并便于门框的安装，应设门垛，门垛尺寸不应小于 120mm。壁柱和门垛如图 7-17 所示。

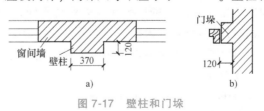

图 7-17　壁柱和门垛

（2）设置圈梁

1）圈梁的设置要求。圈梁是沿外墙四周及部分内墙而设置在楼板处的连续闭合的梁，它可提高建筑物的空间刚度及整体性，增加墙体的稳定性，减少由于地基不均匀沉降而引起的墙身开裂。圈梁的数量应根据房屋的层数、层高、墙厚、地基条件、地震等因素来综合考虑。

2）圈梁的构造。圈梁有钢筋砖圈梁和钢筋混凝土圈梁两种。

钢筋砖圈梁就是将前述的钢筋砖过梁沿外墙和部分内墙连通砌筑而成，钢筋砖圈梁多用在非抗震区。钢筋混凝土圈梁的高度不应小于120mm，常见的有180mm、240mm和300mm，宽度与墙厚相同，混凝土不低于C20，如图7-18所示。

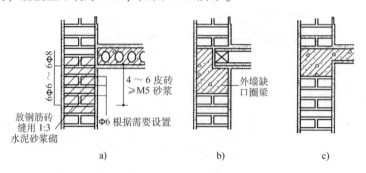

图 7-18　圈梁构造

a）钢筋砖圈梁　b）预制楼板的钢筋混凝土圈梁　c）现浇楼板的钢筋混凝土圈梁

当圈梁被门窗洞口截断时，应在洞口上部增设相同截面的附加圈梁，其配筋和混凝土强度等级均不变。搭接长度不小于1m，且应大于两梁高差的2倍，如图7-19所示。但对有抗震要求的建筑物圈梁不宜被洞口截断。

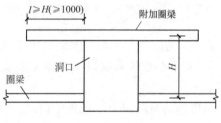

图 7-19　附加圈梁构造

（3）加设构造柱　钢筋混凝土构造柱是从构造角度考虑设置的，它是防止房屋倒塌的一种有效措施。构造柱必须与圈梁及墙体紧密相连，形成一个空间骨架，从而提高建筑物的整体刚度及墙体抗变形的能力。

1）构造柱的设置要求。由于建筑物的层数和地震烈度不同，构造柱的设置要求也不相同。一般在建筑物的四角和对应转角处，内外墙交接处以及楼梯间、电梯间的四个角，楼梯段上下端对应的墙体处，长墙中部和较大洞口两侧等位置设置构造柱。

2）构造柱的构造如图7-20所示。

① 构造柱最小截面为180mm×240mm，纵向钢筋宜用4φ12，箍筋采用φ6@250，且在楼板上下或基础上500mm内加密，加密区箍筋间距一般为100mm。房屋角的构造柱可适当加大截面及配筋。

② 构造柱与墙连结处宜砌成马牙槎，并应沿墙高每隔500mm设2φ6拉结筋，每边伸入墙内不少于1000mm，用不低于C20的混凝土逐段现浇。

③ 构造柱可不单独设基础，但应伸入室外地坪下500mm，或与埋深小于500mm的基础圈梁相连。

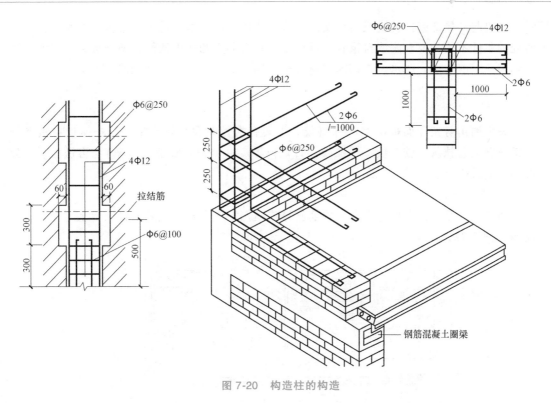

图 7-20 构造柱的构造

7.3 隔墙的构造

课题导入：隔墙与隔断的区别是什么？骨架隔墙、块材隔墙和板材隔墙的构造做法怎样？

【学习要求】 了解隔墙与隔断的区别，掌握骨架隔墙、块材隔墙和板材隔墙的构造做法。

用以分隔建筑物内部空间的非承重墙称为隔墙或隔断。隔墙要到顶，固定后一般不变。隔断可以到顶也可以不到顶，方便移动或拆装，如漏空的花格、活动的屏风等，如图 7-21

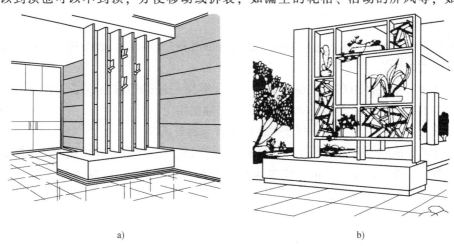

a)   b)

图 7-21 隔断

a）木制隔断 b）博古架形式隔断

所示，主要起到局部遮挡视线或组织交通路线等作用。隔墙本身重量由楼板或梁来承担，根据所处的条件不同，要求隔墙自重轻，厚度小，具有隔声和防火性能，便于拆卸，浴室、厕所的隔墙还应能防潮、防水。常用隔墙有骨架隔墙、块材隔墙和板材隔墙三大类。

7.3.1　骨架隔墙

骨架隔墙由骨架和面板层两部分组成。骨架有木骨架和金属骨架之分；面板有板条抹灰、钢丝网板条抹灰、胶合板、纤维板、石膏板等。由于先立墙筋（骨架），再做面层，故又称为立筋式隔墙。

1. 板条抹灰隔墙

板条抹灰隔墙是由上槛、下槛、墙筋斜撑或横档组成木骨架，其上钉以板条再抹灰而成的隔墙（图 7-22）。

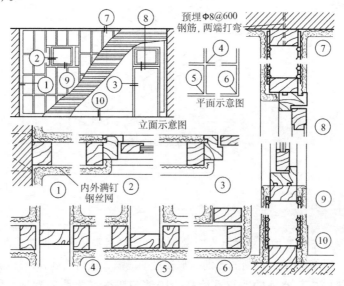

图 7-22　板条抹灰隔墙构造

2. 立筋类隔墙

立筋类隔墙系指面板用人造胶合板、纤维板或其他轻质薄板，骨架用木质骨架或金属骨架的隔墙（图 7-23）。

（1）骨架　墙筋间距视面板规格而定。金属骨架一般采用薄型钢板、铝合金薄板或拉眼钢板网加工而成，并保证板与板的接缝在墙筋和横档上。

（2）面层　常用类型有胶合板、硬质纤维板和石膏板等。

采用金属骨架时，可先钻孔，用螺栓固定，或采用膨胀铆钉将板材固定在墙筋上。立筋面板隔墙为干作业，自重轻，可直接支撑在楼板上，施工方便，灵活多变，故得到广泛应用，但隔声效果较差（图 7-24）。

7.3.2　块材隔墙

块材隔墙是用普通黏土砖、空心砖及加气混凝土等块材砌筑而成的，常采用普通砖隔墙

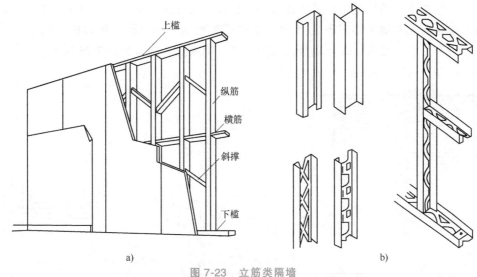

图 7-23 立筋类隔墙

a) 立筋类轻隔墙龙骨构成 b) 各种轻钢龙骨

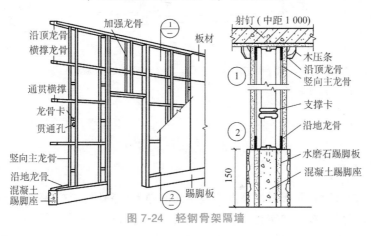

图 7-24 轻钢骨架隔墙

和砌块隔墙两种。

1. 普通砖隔墙

普通砖隔墙一般采用 1/2 砖（120mm）隔墙。1/2 砖墙用普通黏土砖采用全顺式砌筑而成，砌筑砂浆强度等级可用 M5、M7.5。当砌筑砂浆强度等级为 M5 时，墙高不宜超过 3.0m，长度不宜超过 5m；当采用 M7.5 砂浆砌筑时，高度不宜超过 4m，长度不宜超过 6m。当长度超过 4m 时，应在门过梁处设通长钢筋混凝土带，长度超过 6m 时，应设砖壁柱。

半砖隔墙（120mm）构造上要求隔墙与承重墙或柱之间连接牢固，一般沿墙高每隔 500mm 设置 2ϕ6 的通长钢筋，还应沿隔墙高度每隔 1200mm 设一道 30mm 厚水泥砂浆层，内放 2ϕ6 拉结钢筋。为了保证隔墙的稳定性，在隔墙顶部与楼板相接处，应将砖斜砌一皮或留出 30mm 的空隙，用木楔打紧，然后再用砂浆填缝，以防上部结构变形时对隔墙产生挤压破坏。当隔墙上有门洞时，需预埋木砖、铁件或带有木楔的混凝土预制件，以便固定门窗。半砖隔墙构造如图 7-25 所示。

2. 砌块隔墙

为减轻隔墙自重，可采用轻质砌块砌筑，墙厚一般为 90~120mm。加固措施同 1/2 砖隔墙的做法。砌块不够整块时,宜采用普通黏土砖或砌块的配砖填补。因砌块孔隙率、吸水量大,故在砌筑时先在墙下部实砌 3~5 皮实心砖再砌砌块。砌块隔墙的构造处理方法同普通砖隔墙,但对于空心砖有时也可以竖向配筋拉结。砌块隔墙构造如图 7-26 所示。

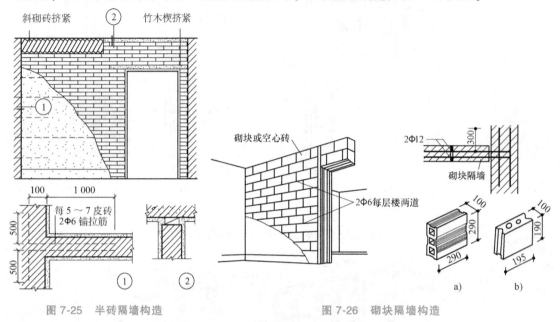

图 7-25 半砖隔墙构造   图 7-26 砌块隔墙构造

7.3.3 板材隔墙

板材隔墙是指所用轻质板材的高度相当于房间净高的隔墙,它不依赖于骨架,可直接装配而成。目前多采用条板,如碳化石灰板、加气混凝土条板、多孔石膏条板、纸蜂窝板、水泥刨花板及复合板等。板材隔墙构造如图 7-27 所示。

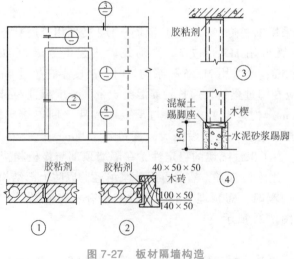

图 7-27 板材隔墙构造

7.4 墙体饰面

课题导入：墙体饰面的作用是什么？墙体饰面的类型及构造有哪些？

【学习要求】 了解墙体饰面的作用，掌握墙体饰面的类型和构造做法。

墙体饰面是指墙体工程完成以后，对墙面进行的装修，它不仅能使墙体满足使用功能和耐久及美观等方面的要求，还能对有特殊要求的房间墙面的热工、声学和光学等性能加以改善。

7.4.1 墙面装修的作用

1. 保护墙体，提高墙体的耐久性

对墙面进行装修，使墙体不直接受到风、雨、雪、霜及太阳辐射的侵蚀，提高墙体的防潮、防风化能力，增强墙体的坚固性和耐久性，延长墙体的使用年限。

2. 改善墙体的使用功能

对墙面进行装修处理，不仅增加了墙体的厚度，还用装修材料堵塞了墙面的空隙，在改善墙体的热工性能的同时，还提高了墙体的保温、隔热和隔声能力。利用不同的材质装修室内，还能起到增加室内照度和改善室内音质的效果。

3. 提高建筑的艺术效果

墙面通过不同质感、色彩和线形材料的装修，可增加建筑物立面的艺术效果，达到丰富建筑艺术形象的目的。

7.4.2 墙体饰面的类型

1. 按装修所处部位不同分类

墙体饰面按装修所处部位不同，分为室外装修和室内装修两类。室外装修要求采用强度高、抗冻性强、耐水性好以及具有抗腐蚀性的材料。室内装修材料则因室内使用功能不同，要求有一定的强度、耐水及耐火性。

2. 按饰面材料和构造不同分类

墙体饰面按饰面材料和构造不同，分为清水勾缝、抹灰类、贴面类、涂料类、裱糊类、铺钉类和玻璃（或金属）幕墙等，见表7-1。

表 7-1 饰面装修分类

类　别	室外装修	室内装修
抹灰类	水泥砂浆、混合砂浆、聚合物水泥砂浆、拉毛、水刷石、干黏石、斩假石、假面砖、喷涂、滚涂等	纸筋灰、麻刀灰粉面、石膏粉面、膨胀珍珠岩灰浆、混合砂浆、拉毛、拉条等
贴面类	外墙面砖、锦砖、水磨石板、天然石板等	釉面砖、人造石板、天然石板等
涂料类	石灰浆、水泥浆、溶剂型涂料、乳液涂料、彩色胶砂涂料、彩色弹涂等	大白浆、石灰浆、油漆、乳胶漆、水溶性涂料、弹涂等
裱糊类	—	塑料墙纸、金属面墙纸、木纹壁纸、花纹玻璃、纤维布、纺织面墙纸及锦缎等
铺钉类	各种金属饰面板、石棉水泥板、玻璃	各种木夹板、木纤维板、石膏板及各种装饰面板等

7.4.3　墙面的构造

1. 清水砖墙

清水砖墙是不做抹灰和饰面的墙面。为防止雨水浸入墙身，保持整齐、美观，可用1∶1或1∶2水泥细砂浆勾缝，勾缝的形式有平缝、平凹缝、斜缝及弧形缝等。

2. 墙面抹灰

墙面抹灰分为一般抹灰和装饰抹灰两类。

（1）一般抹灰　一般抹灰材料有石灰砂浆、混合砂浆及水泥砂浆等。外墙抹灰厚度一般为20~25mm，内墙抹灰为15~20mm，顶棚为12~15mm。在构造上和施工时需分层操作，一般分为底层、中层和面层，各层的作用和要求不同（图7-28）。

1）底层抹灰主要起到与基层墙体黏结和初步找平的作用。

2）中层抹灰是进一步找平，以减少打底砂浆层干缩后可能出现的裂纹。

3）面层抹灰主要起装饰作用，因此要求面层表面平整、无裂痕、颜色均匀。

抹灰按质量及工序要求分为三种标准，见表7-2。

（2）装饰抹灰　装饰抹灰有水刷石、干黏石、斩假石和水泥拉毛等。装饰抹灰的底层和中层与普通抹灰相同，只是面层材料不一样。

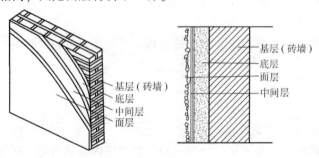

图7-28　抹灰饰面构造层

表7-2　抹灰类标准

标准 \ 层次	底层/层	中层/层	面层/层	总厚度/mm	适用范围
普通抹灰	1		1	≤18	简易宿舍、仓库等
中级抹灰	1	1	1	≤20	住宅、办公楼、学校、旅馆等
高级抹灰	1	若干	1	≤25	公共建筑、纪念性建筑（如剧院、展览馆等）

3. 贴面类墙面装修

贴面类墙面装修是指在内外墙面上粘贴各种天然石板、人造石板和陶瓷面砖等。

（1）面砖饰面构造　构造做法是：先将面砖放入水中浸泡，安装前取出晾干或擦干净，安装时先在基层上抹15mm厚1∶3水泥砂浆找平并划毛，再用1∶0.2∶2.5水泥石灰混合砂浆，厚10~15mm粘贴，或用掺有5%~7%的108胶素水泥浆，厚2~3mm粘贴，也可以用成品的建筑胶黏剂粘贴。为便于清洗和防水，要求安装紧密，一般不留灰缝，细缝用白水泥擦平。但对贴于外墙的面砖，常在面砖之间留出一定缝隙（图7-29）。

（2）锦砖饰面 锦砖也称马赛克，有陶瓷锦砖和玻璃锦砖之分。它的尺寸较小，根据其花色品种，可拼成各种花纹图案。构造做法是：在墙体上抹 10~15mm 厚 1:3 水泥砂浆打底找平扫毛，在底层上弹线，用 3~4mm 厚 1:1 水泥砂浆仔细粘贴各种锦砖，也可以用成品的建筑胶黏剂粘贴，然后在牛皮纸上刷水，揭掉牛皮纸，调整锦砖距离及平整度，用与锦砖同色的水泥浆嵌缝，再用干水泥擦缝（图 7-30）。

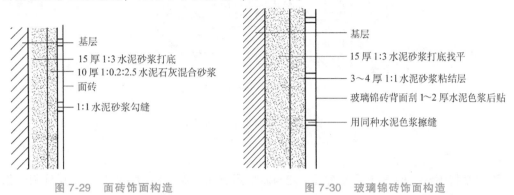

图 7-29　面砖饰面构造　　　　图 7-30　玻璃锦砖饰面构造

（3）天然石材和人造石材饰面 石材按其厚度分有两种：通常厚度为 30~40mm 为板材，厚度为 40~130mm 以上称为块材。常见天然板材饰面有花岗石、大理石和青石板等，它们强度高、耐久性好，多作高级装饰用。常见人造石板有预制水磨石板和人造大理石板等。

1）石材拴挂法（湿法挂贴）。天然石材和人造石材的安装方法相同，先在墙内或柱内预埋φ6铁箍，间距依石材规格而定，再在铁箍内立φ6~φ10立筋，在立筋上绑扎横筋，形成钢筋网。在石板上下边钻小孔，用双股16号钢丝绑扎固定在钢筋网上。上下两块石板用不锈钢卡销固定。板与墙面之间预留 20~30mm 缝隙，上部用定位活动木楔临时固定，校正无误后，在板与墙之间浇筑 1:3 水泥砂浆，待砂浆初凝后，取掉定位活动木楔，继续上层石板的安装（图 7-31）。

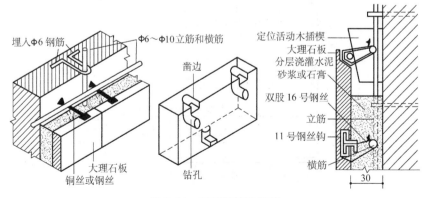

图 7-31　石材拴挂法构造

2）干挂石材法（连接件挂接法）。干挂石材的施工方法是用一组高强耐腐蚀的金属连接件，将饰面石材与结构可靠连接，两者之间形成空气间层而不做灌浆处理（图 7-32）。

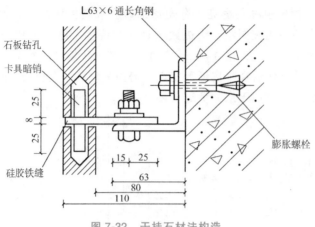

图 7-32 干挂石材法构造

4. 涂料类墙面装修

涂料系指喷涂、刷于基层表面后,能与基层形成完整而牢固的保护膜的涂层饰面装修材料。涂料按其主要成膜物的不同,可以分为有机涂料和无机涂料两大类。

(1) 无机涂料 常用的无机涂料有石灰浆、大白浆、可赛银浆和无机高分子涂料等。

(2) 有机涂料 有机涂料依其主要成膜物质和稀释剂的不同,可分为溶剂型涂料、水溶性涂料和乳液型涂料三种 (图 7-33)。

涂料类装修的优点是省工、省料、工期短、功效高、自重轻、更新方便、造价低、色泽鲜艳。其缺点是墙面容易污染、使用年限较短,多用于大量性、中等以下标准的建筑装修。

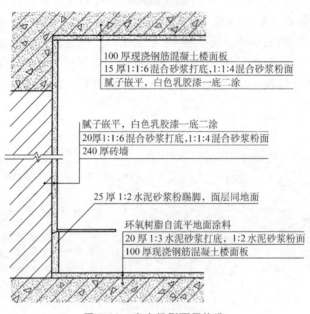

图 7-33 室内粉刷面层构造

5. 裱糊类墙面装修

裱糊类墙面装修是将各种装饰性的墙纸、墙布及织锦等材料裱糊在内墙面上的一种装修饰面。墙纸品种很多,目前国内使用较多的是塑料墙纸和玻璃纤维墙布等。裱糊饰面的装饰性强、造价较经济、施工方法简捷、材料更换方便。

　　墙纸（布）的一般幅面较宽并带有多种图案，要求粘贴牢固、表面平整、色泽一致、无气泡、不空鼓、不翘边、不皱折和无斑点。在施工中，先按幅宽弹线、润纸，再根据面层的特点分别选用不同的专用胶料或粉料进行粘贴。裱糊顺序为先上后下，先高后低，最后用刮板或胶辊赶平压实（图7-34和图7-35）。

6. 铺钉类墙面装修

　　铺钉类墙面装修系指采用天然木板或各种人造薄板借助于钉、胶粘等固定方式对墙面进行装饰处理。铺钉类墙面由骨架和面板组成。骨架有木骨架和金属骨架；面板有硬木板、胶合板、纤维板、石膏板及金属面板等各种装饰面板。

　　铺钉类墙面装饰的一般做法与骨架隔墙的做法类似，由骨架和面板两部分组成，施工时先在墙面上立骨架（墙筋），然后在骨架上铺钉装饰面板，面板上可根据设计安装压缝条或装饰块，如图7-36所示。

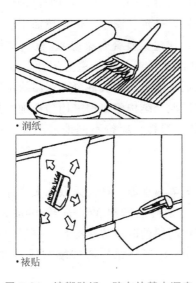

图 7-34　裱糊壁纸、壁布的基本顺序

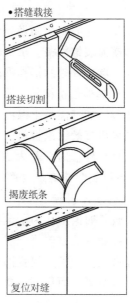

图 7-35　对缝的一般方法

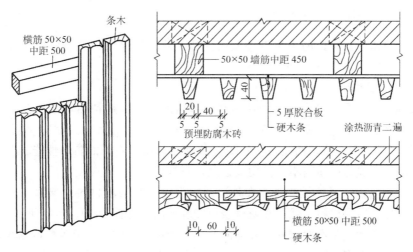

图 7-36　硬木条墙面装修构造

7.5 墙体节能构造

课题导入：单一材料墙体节能的构造做法是什么？复合外墙体节能的构造做法是什么？

【学习要求】 了解单一材料墙体节能的做法，掌握复合墙体的外墙内保温、外墙外保温和外墙中保温的构造做法。

在科学技术迅猛发展的今天，要保护好人类生存的环境，改善生存的状况，缓解我国能源与经济社会发展日益突出的矛盾，应大力推广应用新型的建筑节能材料，以减轻环境污染，实现人与自然的和谐发展。

7.5.1 单一材料墙体节能构造

1. 加气混凝土空心砌块墙体构造

加气混凝土空心砌块用做外墙时，墙体材料或保温材料的外表面均应做保护层。外墙凸出部位，如横向装饰线条、出挑构件及窗台等均应做好排水、滴水，避免墙面干湿交替或局部冻融破坏。墙体外露的钢筋混凝土梁（如圈梁、门窗过梁及叠合梁等）、柱（如构造柱及附壁柱等）和其他出挑构件，在寒冷地区应在其外部加保温材料，最好采用与墙体材料一致的低密度蒸压加气混凝土保温块。在严寒地区如低密度蒸压加气混凝土保温块不能满足热工要求，可采用高效保温材料，如聚苯板等。当多层混合结构建筑中采用蒸压加气混凝土砌块作为单一材料外墙时，与内纵横承重墙交接处的构造柱，应按不同地震烈度、不同层数（荷载）进行抗震验算确定（图7-37）。

2. 烧结砖墙体构造

在过去较长时间内，为了改善外围护结构的保温隔热性能，往往采取加大构件厚度的做法。例如，在我国北方曾将低层或多层住宅的烧结普通砖墙做到370mm或490mm的厚度，这是很不经济的。为了加快我国建筑业的发展，墙体材料的改革势在必行，国家大力推广采用节能环保型材料，而目前节能建筑墙体多采用240mm厚烧结空心砖墙与保温材料复合，组成外保温或内保温复合墙体。

7.5.2 复合材料墙体节能构造

常用复合墙体节能构造的做法有外墙内保温、外墙外保温和外墙中保温等，如图7-38所示。

1. 外墙内保温构造

（1）硬质保温制品内贴　具体做法是在外墙内侧用胶黏剂粘贴增强石膏聚苯复合保温板等硬质建筑保温制品，然后在其表面抹粉刷石膏，并在里面压入耐碱玻纤网格布（满铺），最后用腻子嵌平，涂表面涂料，如图7-39所示。由于石膏的防水性能较差，因此在卫生间、厨房等较潮湿的房间内不宜使用增强聚苯石膏板。

（2）保温层挂装　具体做法是先在外墙内侧固定衬有保温材料的保温龙骨，在龙骨的间隙中填入岩棉等保温材料，然后在龙骨表面安装纸面石膏板，如图7-40所示。

外墙内保温的优点是不影响外墙外饰面及防水等构造的做法，但需要占据较多的室内空间，减少了建筑物的使用面积，而且用在居住建筑上，会给用户的自主装修造成一定的

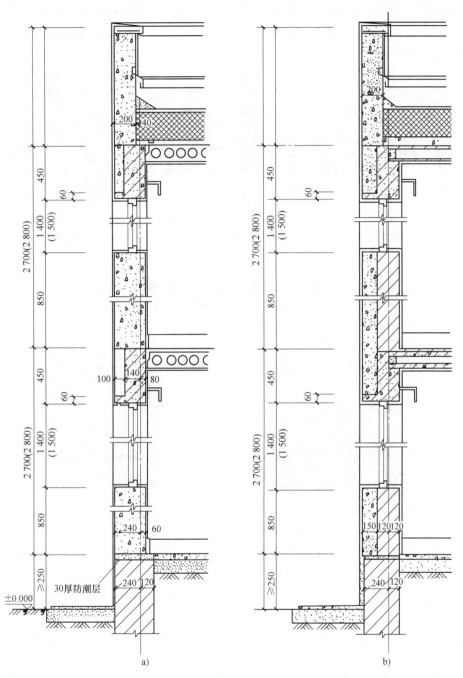

图 7-37　加气混凝土块的外墙节点构造

a）纵墙节点　b）横墙节点

麻烦。

2. 外墙外保温构造

外墙外保温比起内保温来，其优点是可以不占用室内使用面积，而且可以使整个外墙墙体处于保温层的保护之下，冬季不至于产生冻融破坏。但因为外墙的整个外表面是连续的，不像内墙面那样可以被楼板隔开。同时外墙面又会直接受到阳光照射和雨雪的侵袭，所以外保温构造在对抗变形因素的影响和防止材料脱落以及防火等安全方面的要求更高。常用外墙外保温构造有以下几种。

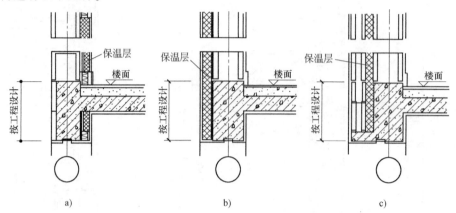

图 7-38　外墙保温层设置位置示意图

a) 外墙内保温层　b) 外墙外保温层　c) 外墙中保温层

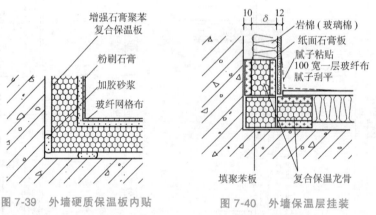

图 7-39　外墙硬质保温板内贴　　　图 7-40　外墙保温层挂装

（1）保温浆料外粉刷　具体做法是先在外墙外表面做一道界面砂浆，然后粉刷聚苯颗粒保温浆料等保温砂浆。如果保温砂浆的厚度较大，应当在里面钉入镀锌钢丝网，以防止开裂（但满铺金属网时应有防雷措施）。保护层及饰面用聚合物砂浆加上耐碱玻纤布，最后用柔性耐水腻子嵌平，涂表面涂料，如图 7-41 所示。

在高聚物砂浆中夹入玻纤网格布是为了防止外粉刷空鼓、开裂。注意玻纤布应做在高聚物砂浆的层间，而不应该先贴在聚苯板上，其原理与应当将钢筋埋在混凝土中制成钢筋混凝土，而不是将钢筋附在混凝土表面是一样的。其中，保护层中的玻纤布在门窗洞口等易开裂处应加铺一道，或者改用钉入法固定的镀锌钢丝网来加强。

（2）外贴保温板材　用于外墙外保温的板材最好是自防水及阻燃型，如阻燃性挤塑型聚苯板和聚氨酯外墙保温板等，可以省去做隔蒸汽层及防水层等的麻烦，又比较安全。外墙保温板黏结时，应用机械锚固件辅助连接，以防止脱落。一般挤塑型聚苯板需加钉 4 钉/m²；发泡型聚苯板需加钉 1.5 钉/m²。此外，由于高层建筑防火方面的要求，在高层建筑 60m 以上高度的墙面上，窗口以上的一截保温应用矿棉板来做。

外保温板材的外墙外保温构造的基本做法是：用胶浆黏结与辅助机械锚固的方法一起固定保温板材，保护层用聚合物砂浆加上耐碱玻璃布，饰面用柔性耐水腻子嵌平，涂表面涂料，如图 7-42 所示。

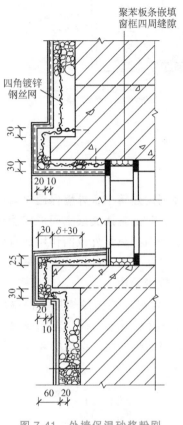

图 7-41　外墙保温砂浆粉刷

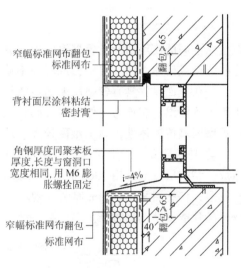

图 7-42　外墙硬质保温板外贴

对于砌体墙上的圈梁、构造柱等热桥部位，可以利用砌块厚度与圈梁、构造柱的最小允许截面厚度尺寸之间的差，将圈梁、构造柱与外墙的某一侧做平，然后在其另一侧圈梁、构造柱部位墙面的凹陷处填入一道加强保温材料，如聚苯保温板等，厚度以与墙面持平为宜，如图 7-43 所示。当加强保温材料做在外墙外侧时，考虑适应变形及安全的因素，聚苯保温板等应用钉加固。

（3）外加保温砌块墙　这种做法适用于低层和多层的建筑，可以全部或局部在结构外墙的外面再贴砌一道墙，砌块选用保温性能较好的材料来制作，如加气混凝土砌块、陶粒混凝土砌块等。

图 7-44 所示是某多层节能试点工程住宅所采用的外墙保温构造。其承重墙用粉煤灰砖砌筑，不承重的外纵墙用粉煤灰加气混凝土砌块砌筑，在山墙的粉煤灰砖砌体外面

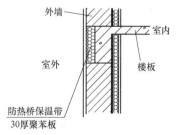

图 7-43　外墙热桥部位

再贴砌一道加气混凝土砌块墙。两层砌体之间通过在砌块的灰缝中伸出锚固件来拉结。

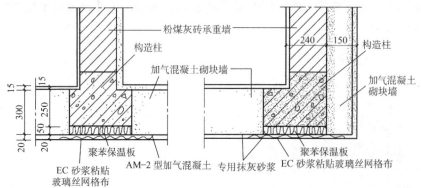

图 7-44 外墙外贴保温砌块墙

3. 外墙中保温构造

在按照不同的使用功能设置多道墙板或者做双层砌体墙的建筑中，外墙保温材料可以放置在这些墙板或砌体墙的夹层中，或者并不放入保温材料，只是封闭夹层空间形成静止的空气间层，并在里面设置具有较强反射功能的铝箔等，以起到阻挡热量外流的作用。有双层砌块和集承重、保温、装饰为一体的复合砌块直接砌筑两种做法，前一种做法较多采用，后一种因较难保证墙体整体性，施工难度较大、造价也较高，较少采用。

图 7-45 是双层砌体墙中保温层做法示意图。双层砌块保温外墙由结构层、保温层和保护层组成。结构层一般采用 190mm 厚的主砌块，保温层一般采用聚苯板、岩棉或聚氨酯现场分段发泡，保护层采用 90mm 厚装饰砌块。为增强砌块墙的整体性，结构层和保护层之间用镀锌钢丝片或拉结钢筋拉结。

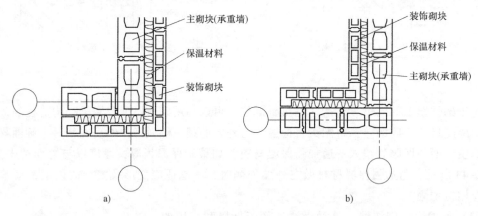

图 7-45 双层砌体墙中保温层

a) 复合砌体墙在承重墙外 b) 复合砌体墙在承重墙内

本 章 回 顾

1. 墙体分类是按位置、材料、受力特点、构造形式及施工方法来划分的。
2. 墙的作用有承重、围护和分隔。

3. 对墙体的要求有：足够的强度和稳定性，热工、隔声、防火、经济及承重方案的选择。

4. 砖砌体的砌筑原则：砖缝必须上下错缝，内外搭砌，缝砂饱满。

5. 砖墙的细部构造设置是确保墙体功能正常发挥的重要保证。砖墙的细部包括：门窗过梁、窗台、勒脚、明沟散水及墙身加固等。

6. 门窗过梁承受门窗洞口上部的荷载，可采用砖拱、钢筋砖和钢筋混凝土做成多种形式的过梁。圈梁在建筑物的水平方向提高空间刚度和整体性，加强墙体的稳定性，提高建筑物的抗震能力。而构造柱在建筑物的竖直方向加强墙体的连接，并与圈梁形成建筑的结构骨架。

7. 勒脚的设置是为了防止表面水和土壤中的水侵蚀墙脚，影响室内环境和人的身体健康。外墙勒脚不仅要牢固，还应设有水平防潮和垂直防潮。在建筑物四周设置散水和明沟用于排水。窗台分为悬挑和不悬挑两种，注意窗台面的排水和下面的滴水构造。

8. 隔墙分为骨架隔墙、块材隔墙板材隔墙三种。要求稳定、自重轻、厚度小、防火、隔声等。

9. 墙面饰面的作用是保护墙体、美化立面、改善墙体的物理性能和使用条件，其可分为抹灰类、贴面类、涂料类、裱糊类和铺钉类。

10. 建筑节能在墙体中的应用正在逐步推广，根据热工分区和建筑保温的要求，结合材料的特点选择合适的墙体节能措施。墙体保温层主要有内保温、外保温和中保温三种。在选择保温措施时，要考虑节约材料、减轻自重、构造简单和针对性强等要求。

第8章

楼地层

知识要点及学习程度要求

- 楼地层的基本构成及其分类（掌握）
- 楼地面构造做法（掌握）
- 顶棚的组成及构造（了解）
- 阳台、雨篷和遮阳的构造（掌握）

8.1 楼地层的设计要求与组成

课题导入：楼地层的设计要求有哪些？楼地层是由哪几部分组成的？分为哪几类？

【学习要求】 了解楼地层的设计要求，掌握楼地层的组成和类型。

8.1.1 楼地层的设计要求

楼板层是建筑物中用来分隔空间的水平构件，它将建筑物沿着竖向分隔成若干部分。同时楼板层又是承重构件，承受自重和使用荷载，并将其传递给墙或柱，它对墙体也起到水平支撑的作用。

地层是建筑物中与土层相接触的水平构件，承受作用在它上面的各种荷载，并将荷载直接传递给地基。

阳台和雨篷也是建筑物中的水平构件。阳台是楼板层延伸至室外的部分，用作室外活动。雨篷设置在建筑物外墙出入口的上方，用以遮挡雨雪及装饰美化立面。

1. 具有足够的强度和刚度

强度是指楼板层应保证在自重和活荷载作用下安全可靠，不发生任何破坏。

刚度是指楼板层应保证在自重和活荷载作用下的弯曲变形不超过挠度的许可值。

2. 具有一定的隔声能力

隔声能力：是隔绝空气和固体的传声。楼板层应有一定的隔声能力，以避免楼层间的相互干扰。不同使用性质的房间对隔声的要求不同，对隔声要求较高的房间，可采用隔声性能强的弹性材料作为面层，或做隔声叠层构造处理，以提高其隔绝撞击声的能力。

3. 具有一定的防火能力

满足防火要求，正确地选择楼板结构材料和构造做法，保证在火灾发生时，在一定时间内不至于因楼板塌陷而给人们生命和财产带来损失。其燃烧性能和耐火极限应符合防火规范的规定。

4. 具有防潮、防水、保温、隔热和敷设各种管线的能力

对有水的房间，如厨房、卫生间和实验室的楼板层应进行防潮和防水处理，以满足使用要求。同时还应满足房间有保温、隔热及敷设管线等要求。

5. 满足建筑经济的要求

楼板层一般占建筑造价的 20%~30%，应采用轻质高强的材料以减小板厚和自重，合理选择结构布置和构造类型，以满足适用、安全、经济、美观和建筑工业化等方面的要求。

8.1.2 楼地层的构造组成

1. 楼板层的组成

楼板层一般由面层、结构层、顶棚层及附加层组成，如图 8-1 所示。

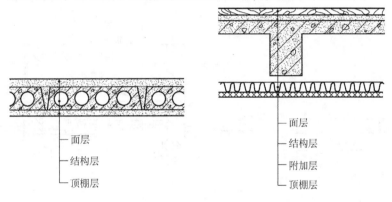

图 8-1 楼板层的组成

（1）面层　位于楼板层的最上层，起着保护楼板层、分布荷载、绝缘和美化装饰的作用，要求具有必要的热工、防水和隔声等性能。

（2）结构层　主要功能在于承受楼板层上的全部荷载并将这些荷载传递给墙或柱，同时还对墙身起水平支撑作用，以加强建筑物的整体刚度。

（3）顶棚层　位于楼板层底部，主要作用是保护楼板、安装灯具、遮挡各种水平管线，改善使用功能、装饰美化室内空间。

（4）附加层　附加层又称功能层，根据楼板层的具体要求而设置，主要作用是隔声、隔热、保温、防水、防潮、管线敷设、防腐蚀及防静电等。根据需要，有时和面层合二为一，有时又和顶棚合为一体。

2. 地坪层的构造组成

地坪层是指建筑物底层房间与土层的交接处。所起作用是承受地坪上的荷载，并均匀地传递给地坪以下土层。按地坪层与土层间的关系不同，可分为实铺地层和空铺地层两类。

（1）实铺地层　地坪的基本组成部分有面层、垫层和基层，对有特殊要求的地坪，常在面层和垫层之间增设一些附加层，如图 8-2 所示。

1）面层。地坪的面层又称地面，起着保护结构层和美化室内的作用。地面的做法和楼面相同。

2）垫层。垫层是基层和面层之间的填充层，其作用是承重传力，一般采用 60~100mm 厚的 C10 混凝土垫层。垫层材料又分为刚性和柔性两大类。

① 刚性垫层：如混凝土、碎砖三合土等，有足够的整体刚度，受力后不产生塑性变形，多用于整体地面和小块块料地面。

② 柔性垫层：如砂、碎石、炉渣等松散材料，无整体刚度，受力后会产生塑性变形，多用于块料地面。

3）基层。基层即地基，一般为原土层或填土分层夯实。当上部荷载较大时，增设 2∶8 灰土（100~150mm 厚）或碎砖、炉渣三合土（100~150mm 厚）。

4）附加层。附加层主要是为满足某些特殊使用要求而设置的一些构造层次，如防水层、防潮层、保温层、隔热层、隔声层和管道敷设层等。

（2）空铺地层　为防止房屋底层房间受潮或满足某些特殊使用要求（如舞台、体育训练、比赛场等的地层需要有较好的弹性），将地层架空形成空铺地层，如图 8-3 所示。

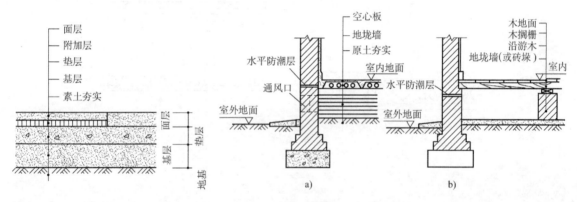

图 8-2　实铺地坪层的构造组成

图 8-3　空铺地层的构造组成

a）钢筋混凝土板空铺地层　b）木板空铺地层

8.1.3　楼板的类型

根据所用材料不同，楼板可分为木楼板、钢筋混凝土楼板和压型钢板组合楼板，如图 8-4 所示。

1. 木楼板

木楼板自重轻，保温隔热性能好，舒适、有弹性，只在木材产地采用较多，但耐火性和耐久性均较差，且造价偏高，为节约木材和满足防火要求，现采用较少。

2. 钢筋混凝土楼板

钢筋混凝土楼板强度高、刚度大、耐火性和耐久性均较好，还具有良好的可塑性，便于工业化生产，应用广泛。按其施工方法不同，可分为现浇式、装配式和装配整体式三种。

3. 压型钢板组合楼板

压型钢板组合楼板是在钢筋混凝土楼板的基础上发展起来的，它利用钢衬板作为楼板的受弯构件和底模，既提高了楼板的强度和刚度，又加快了施工进度，是目前大力推广的一种新型楼板。

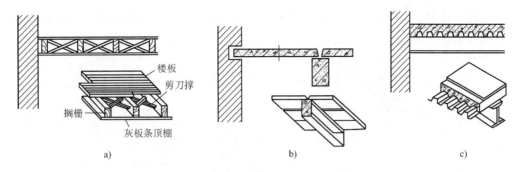

图 8-4　楼板的类型

a）木楼板　b）钢筋混凝土楼板　c）压型钢板组合楼板

8.2　钢筋混凝土楼板

课题导入：钢筋混凝土楼板按施工方式不同分为哪几种类型？各有什么特点和要求？

【学习要求】　了解现浇钢筋混凝土的特点和适用范围，掌握板式楼板和梁式楼板的构造要求，了解预制装配式钢筋混凝土楼板的特点和适用范围，掌握预制钢筋混凝土楼板的细部构造要求。

8.2.1　现浇钢筋混凝土楼板

现浇钢筋混凝土楼板整体性好，特别适用于有抗震设防要求的多层房屋和对整体性要求较高的其他建筑，此外，有管道穿过的房间、平面形状不规整的房间、尺度不符合模数要求的房间和防水要求较高的房间，也都适合采用现浇钢筋混凝土楼板。按支承方式不同，现浇钢筋混凝土分为板式楼板、梁板式楼板、井式楼板、无梁楼板和压型钢板混凝土组合楼板。

1. 板式楼板

将楼板现浇成一块平板，并直接支承在墙上，这种楼板称为板式楼板。板式楼板底面平整，便于支模施工，是最简单的一种形式，适用于平面尺寸较小的房间以及公共建筑的走廊。

楼板根据受力特点和支承情况，分为单向板和双向板（图 8-5）。为满足施工要求和经济要求，对各种板式楼板的最小厚度和最大厚度，一般有如下规定：

1）单向板时（板的长边与短边之比大于或等于 3），常用屋面板板厚 60~80mm；民用建筑楼板厚 80~100mm；工业建筑楼板厚 80~180mm。

2）双向板时（板的长边与短边之比小于或等于 2，或大于 2、小于 3 时宜选双向板），常用板厚为 80~160mm。

此外，板的支承长度有如下规定：当板支承在砖、石墙体上时，其支承长度不小于120mm 或板厚；当板支承在钢筋混凝土梁上时，其支承长度不小于 60mm（地震区 80mm）；当板支承在钢梁或钢屋架上时，其支承长度不小于 50mm。

2. 梁板式楼板

当房间的跨度较大时，楼板的弯矩增大，若继续采用板式楼板，就要增加板厚，这不仅要增加材料的用量，还要加大板的自重，很不经济，对此，通常在板下设梁来增加板的支承以减小板跨。这时，楼板上的荷载传递顺序为板→梁→墙或柱。这种由梁、板组成的楼板称为梁板式楼板。

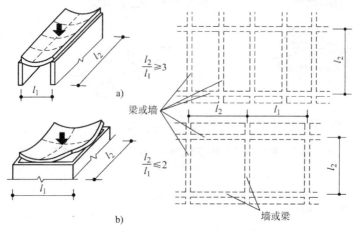

图 8-5　板式楼板的荷载传递情况

a) 单向板　b) 双向板

　　梁板式楼板由板、次梁和主梁组成（图 8-6）。主梁和次梁的布置应整齐有规律，并应考虑建筑物的使用要求、房间的大小、形状以及荷载作用的情况等。一般主梁沿房间的短跨方向布置，次梁垂直于主梁布置。除了考虑承重要求外，梁的布置还应考虑经济合理性。一般主梁的经济跨度为 5~8m，主梁高为主梁跨度的 1/14~1/8，主梁宽为高的 1/3~1/2；次梁的经济跨度为 4~6m，次梁高为次梁跨度的 1/18~1/12，宽度为梁高的 1/3~1/2。次梁的间距即为板的跨度，一般为 1.7~2.7m，板的厚度确定同板式楼板，一般为 80~100mm（图 8-6）。

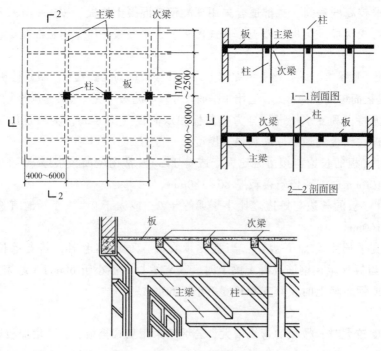

图 8-6　梁板式楼板

3. 井式楼板

对平面尺寸较大且平面形状为方形或近于方形的房间或门厅，可将两个方向的梁等距布置，并采用相同的梁高，形成井字梁，即为井式楼板或井字梁板式楼板（图8-7）。井式楼板无主梁、次梁之分，板跨一般为6m，楼板可与墙体正交放置或斜交放置。由于井式楼板可以用于较大的无柱空间，而且楼板底部的井格整齐统一，很有韵律，稍加处理就可形成艺术效果很好的顶棚。

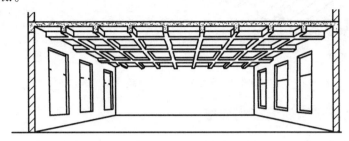

图 8-7　井式楼板

4. 无梁楼板

无梁楼板为等厚的平板直接支承在柱上，分为有柱帽和无柱帽两种。当楼面荷载比较小时，可采用无柱帽楼板；当楼面荷载较大时，必须在柱顶加设柱帽或托板。无梁楼板的柱可设计成方形、矩形、多边形和圆形；柱帽可根据室内空间要求和柱截面形式进行设计。无梁楼板的柱网一般布置为正方形或矩形，柱距一般不超过6m，板厚通常不小于120mm（图8-8）。

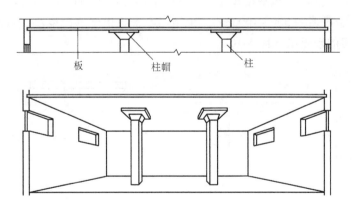

图 8-8　无梁楼板

5. 压型钢板混凝土组合楼板

压型钢板混凝土组合楼板是利用截面为凹凸相间的压型钢板作衬板来现浇混凝土，使压型钢板与混凝土一起支承在钢梁上共同受力。这种楼板具有强度高、刚度大且耐久性强等优点，比钢筋混凝土楼板质量小，施工速度快，承载能力更好，适用于大空间建筑和高层建筑。但其耐火性和耐锈蚀性能不如钢筋混凝土楼板，耗钢量大，造价高，因此使用受到一定限制。压型钢板混凝土组合楼板是由压型钢板、现浇混凝土和钢梁三部分组成（图8-9）。

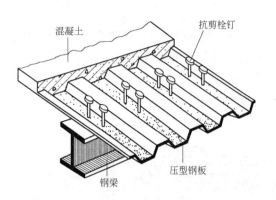

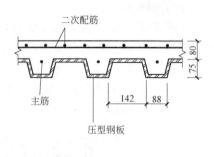

图 8-9 压型钢板混凝土组合楼板

8.2.2 预制装配式钢筋混凝土楼板

预制装配式钢筋混凝土楼板系指在构件预制加工厂或施工现场外预先制作，然后运到工地现场进行安装的钢筋混凝土楼板。预制板的长度一般与房屋的开间或进深一致，为 3M 的倍数，板的宽度一般为 1M 的倍数，板的截面尺寸需经结构计算确定。这种楼板可节省模板，改善劳动条件，提高劳动生产率，加快施工速度，缩短工期，但楼板的抗震性能较差，宜用于非地震区。

1. 预制钢筋混凝土楼板的类型

预制钢筋混凝土楼板有预应力和非预应力两种。

预制钢筋混凝土楼板常用的类型有实心平板、槽形板和空心板三种。

（1）实心平板 实心平板规格较小，跨度一般不超过 2.5m，板厚可取板跨的 1/30，一般在 60～80mm，板宽多为 500～1000mm。预制实心平板由于其跨度小，常用于过道和小房间、卫生间、厨房的楼板层（图 8-10）。

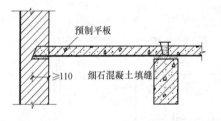

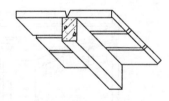

图 8-10 实心平板

（2）槽形板 槽形板是一种肋板结合的预制构件，即在实心板的两侧设有边肋，作用在板上的荷载都由边肋来承担。槽形板的板宽为 500～1200mm，板厚仅为 30～35mm，板跨长通常为 3～6m，板肋高为 150～300mm。槽形板减轻了板的自重，节省材料，便于在板上开洞，但隔声效果较差（图 8-11）。

（3）空心板 空心板是将平板沿纵向抽孔而成的。空心板上下表面平整，隔声效果优于实心平板和槽形板，因此被广泛采用，但空心板上不能任意开洞，故不宜用于管道穿越较多的房间（图 8-12）。

目前，我国预应力空心板的跨度可做成 4.5～6m，其中 2.4～4.2m 较为经济。板的厚度

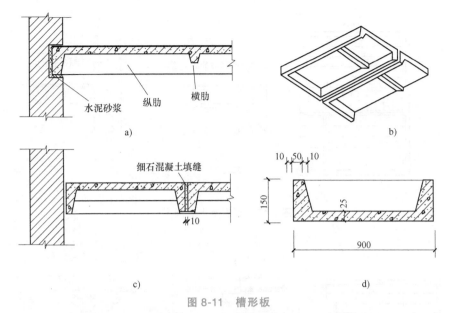

图 8-11　槽形板

a）槽形板纵剖面　b）槽形板底面　c）槽形板横剖面　d）倒置槽形板横剖面

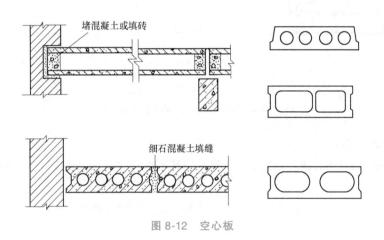

图 8-12　空心板

为 120~300mm，板宽为 500~1200mm。空心板在安装前，应在板端的圆孔内填塞 C15 混凝土短圆柱（即堵头）以避免板端被压坏。

2. 板的搁置要求

支承于梁上时，板的搁置长度应不小于 60mm（地震区 80mm）；支承于内墙上时，板的搁置长度应不小于 100mm；支承于外墙上时，板的搁置长度应不小于 120mm。铺板前，先在墙或梁上用 10~20mm 厚 M5 水泥砂浆找平（即坐浆），然后再铺板，使板与墙或梁有较好的连接，同时也使墙体受力均匀（图 8-13）。

当采用梁板式结构时，板在梁上的搁置方式一般有两种：一种是板直接搁置在梁顶上（图 8-14a）；另一种是板搁置在花篮梁或十字梁上（图 8-14b）。

3. 板缝处理

预制板板缝起着连接相邻两块板协同工作的作用，使楼板成为一个整体。在具体布置楼

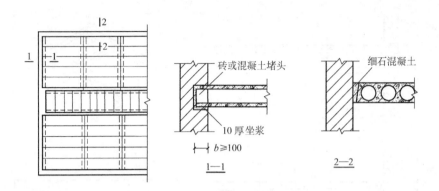

图 8-13　板在墙上的搁置

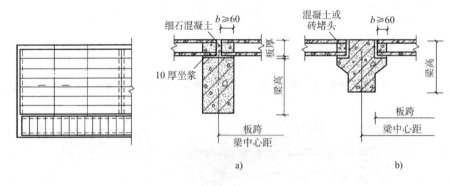

图 8-14　板在梁上的搁置
a）板搁置在矩形梁上　b）板搁置在花篮梁上

板时，往往出现缝隙。

1）当缝隙小于 50mm 时，可调节板缝，使其不大于 30mm，灌筑 C20 细石混凝土（图8-15a）。

2）当板缝宽度大于或等于 50mm 时，应在板缝内配筋（图 8-15b）。

3）当缝隙在 60～120mm 之间时，可从墙上挑砖补缝（图 8-15c）。

4）当缝隙在 120～200mm 时，设现浇钢筋混凝土板带，且将板带设在墙边或有穿管的部位（图 8-15d）。

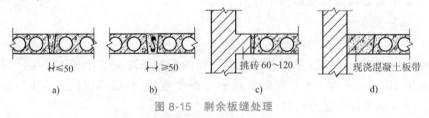

图 8-15　剩余板缝处理
a）调整板缝　b）配筋板缝　c）挑砖补缝　d）现浇板带

5）当缝隙大于 200mm 时，应调整板的规格。

4. 装配式钢筋混凝土楼板的抗震构造

圈梁应紧贴预制楼板板底设置，外墙则应设缺口圈梁（L形梁），将预制板箍在圈梁内。为了增加建筑物的整体刚度，可用钢筋将板与墙或板与板之间进行拉结。拉结钢筋的配置视建筑物对整体刚度的要求及抗震要求而定。图8-16所示为板的拉结构造。

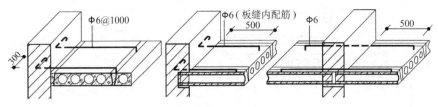

图 8-16　板的拉结构造

5. 楼板上立隔墙的处理

预制钢筋混凝土楼板上设立隔墙时，宜采用轻质隔墙。由于自重轻，轻质隔墙可搁置于楼板的任一位置。若为自重较大的隔墙，如砖隔墙、砌块隔墙等，则应避免将隔墙搁置在一块板上。当隔墙与板跨平行时，通常将隔墙设置在两块板的接缝处；采用槽形板的楼板，隔墙可直接搁置在板的纵肋上（图8-17a）；若采用空心板，需在隔墙下的板缝处设现浇钢筋混凝土板带或梁来支承隔墙（图8-17b、c）。当隔墙与板跨垂直时，应通过结构计算选择合适的预制板型号，并在板面加配构造钢筋（图8-17d）。

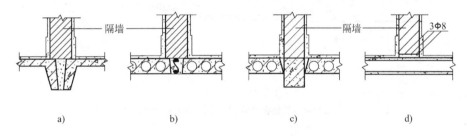

图 8-17　楼板上立隔墙的处理

a）隔墙搁置在纵肋上　b）隔墙下设现浇板带
c）隔墙搁置在小梁上　d）隔墙与板跨垂直时

8.2.3　装配整体式钢筋混凝土楼板

装配整体式钢筋混凝土楼板是将楼板中的部分构件预制，安装后再通过现浇的部分连接成整体。这种楼板的整体性较好，又可节省模板，施工速度也较快。

预制薄板（预应力）与现浇混凝土面层叠合而成的装配整体式楼板，又称预制薄板叠合楼板。这种楼板以预制混凝土薄板为永久模板而承受施工荷载，板面现浇混凝土叠合层，适用于有地震设防要求的地区（图8-18）。

叠合楼板跨度一般为4~6m，最大可达9m，通常以5.4m以内较为经济。预应力薄板厚50~70mm，板宽1.1~1.8m。为了保证预制薄板与叠合层有较好的连接，薄板上表面需做处理，常见的有两种：一种是在上表面做刻槽处理，刻槽直径为50mm，深为20mm，间距为150mm；另一种是在薄板表面露出较规则的三角形的结合钢筋。

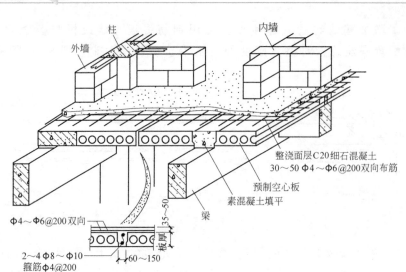

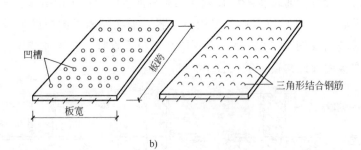

图 8-18　叠合楼板

a）预制空心板叠合楼板　b）预制薄板的板面处理

8.3　楼地面构造

课题导入：地坪层按材料和施工方式不同分为哪几类？构造做法如何？楼地面的防水构造怎样？

【学习要求】　了解地面的设计要求，掌握地面的类型及构造做法，掌握楼地面的防水构造做法。

8.3.1　地面的设计要求

地面面层是人、家具和设备直接接触的部分，直接承受上部的荷载，经常需要清扫并受到摩擦，因此应满足一定的功能要求。

1. 具有足够的坚固性

要求地面面层在家具、设备等外力的作用下不易被破坏和磨损，表面平整、光洁、易清洁和不起灰。

2. 保温性能好

要求地面面层材料的导热系数小，以减少地面吸热，提高地面的热舒适性。

3. 具有一定的弹性

地面好的弹性使人行走时有舒适感，同时有利于减弱噪声。

4. 满足某些特殊要求

对有特殊要求的房间还应满足防水、防潮、防火、耐腐蚀及管线敷设等要求。

8.3.2 地坪的构造

1. 整体地面

（1）水泥砂浆地面 通常有单层和双层两种做法。单层做法只抹一层 $15 \sim 20mm$ 厚 $1:2$ 或 $1:2.5$ 水泥砂浆；双层做法是先以 $15 \sim 20mm$ 厚 $1:3$ 水泥砂浆找平，表面再抹 $5 \sim 10mm$ 厚 $1:2$ 水泥砂浆抹平压光，双层做法能减少地表面干缩裂缝和起鼓现象（图 8-19）。

（2）细石混凝土地面 细石混凝土地面强度高，干缩值小，地面的整体性好，克服了水泥地面干缩

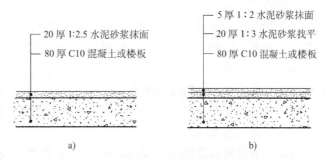

20 厚 1:2.5 水泥砂浆抹面
80 厚 C10 混凝土或楼板

5 厚 1:2 水泥砂浆抹面
20 厚 1:3 水泥砂浆找平
80 厚 C10 混凝土或楼板

a)   b)

图 8-19 水泥砂浆地面

a）单层做法 b）双层做法

性较大、易起灰的缺点。细石混凝土地面的做法是：在结构层上浇 $30 \sim 40mm$ 厚、强度不低于 C20 的细石混凝土，浇好后随即用木板拍浆，待水泥浆液到表面时，再撒少量干水泥，最后用铁板抹光。

（3）水磨石地面 水磨石地面是用天然中等硬度石料（大理石、白云石等）的石屑与水泥的拌合物铺设，经磨光、打蜡而成的地面。水磨石地面为分层构造，底层为 $1:3$ 水泥砂浆 $18mm$ 厚找平，分格条一般高 $10mm$，$1:1$ 水泥砂浆固定，面层用 $1:1.5 \sim 1:2$ 水泥白石子浆抹光，浇水养护约一周后用磨石机磨光，用草酸清洗后打蜡保护（图 8-20）。

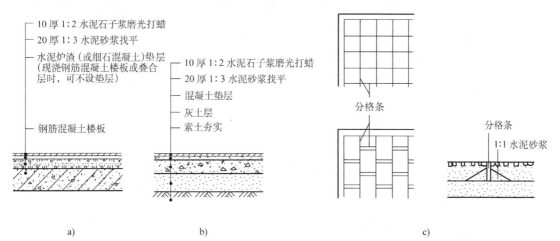

10 厚 1:2 水泥石子浆磨光打蜡
20 厚 1:3 水泥砂浆找平
水泥炉渣（或细石混凝土）垫层（现浇钢筋混凝土楼板或叠合层时，可不设垫层）
钢筋混凝土楼板

10 厚 1:2 水泥石子浆磨光打蜡
20 厚 1:3 水泥砂浆找平
混凝土垫层
灰土层
素土夯实

分格条

分格条
1:1 水泥砂浆

a)   b)   c)

图 8-20 水磨石地面构造

a）楼层做法 b）地层做法 c）分隔条固定

2. 块材地面

块材地面是利用各种人造和天然的块材、板材借助胶结材料铺贴在结构层上的地面，常用的有水泥砖地面，缸砖、地面砖及陶瓷锦砖地面和天然石板地面。

（1）水泥砖地面　水泥砖即水泥制品块，常见的有水磨石块和预制混凝土块等。铺设方式有两种：干铺和湿铺。干铺是在基层上铺一层 20~40mm 厚砂，将水泥砖块等直接铺设在砂上，板块间用砂或砂浆填缝。湿铺是在基层上铺 12~20mm 厚 1：3 水泥砂浆，再用 1：1 水泥砂浆灌缝。

（2）缸砖、地面砖及陶瓷锦砖地面　缸砖是陶土加矿物颜料烧制而成的一种无釉砖块，形状有正方形、矩形、六角形及八角形等。缸砖质地细密坚硬，强度较高，耐磨、耐水、耐油、耐酸碱，易清洁、不起灰，施工简单，因此广泛应用于卫生间、盥洗室、浴室、厨房、实验室及有腐蚀性液体的房间地面。

地面砖的各项性能都优于缸砖，且色彩图案丰富，装饰效果好，造价也较高，多用于装修标准较高的建筑物地面。

缸砖、地面砖构造做法：20mm 厚 1：3 水泥砂浆找平，3~4mm 厚水泥胶（水泥：108胶：水 =1：0.1：0.2）粘贴缸砖或地面砖，或用 1：1 水泥砂浆结合层粘贴，用素水泥浆擦缝，也可以用成品的胶黏剂粘贴（图 8-21、图 8-22）。

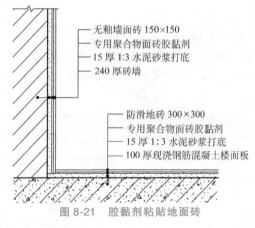

无釉墙面砖 150×150
专用聚合物面砖胶黏剂
15 厚 1:3 水泥砂浆打底
240 厚砖墙

防滑地砖 300×300
专用聚合物面胶黏剂
15 厚 1:3 水泥砂浆打底
100 厚现浇钢筋混凝土楼面板

图 8-21　胶黏剂粘贴地面砖

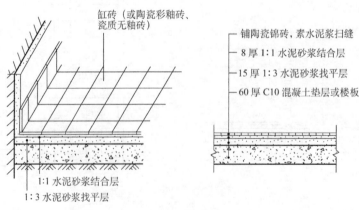

缸砖（或陶瓷彩釉砖、瓷质无釉砖）

1:1 水泥砂浆结合层
1:3 水泥砂浆找平层

铺陶瓷锦砖，素水泥浆扫缝
8 厚 1:1 水泥砂浆结合层
15 厚 1:3 水泥砂浆找平层
60 厚 C10 混凝土垫层或楼板

a)　　　　　　　　　　　　　　b)

图 8-22　陶瓷板块地面

a）陶瓷缸砖地面　b）陶瓷锦砖地面

陶瓷锦砖质地坚硬，经久耐用，色泽多样，耐磨、防水、耐腐蚀、易清洁，适用于有水、有腐蚀的地面。做法为：用 20mm 厚 1：3 水泥砂浆粘贴，后用滚筒压平，使水泥砂浆挤入缝隙，用水洗去牛皮纸，用白水泥浆擦缝（图 8-23）。

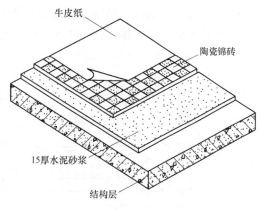

图 8-23　陶瓷锦砖地面

（3）天然石板地面　常用的天然石板是指大理石和花岗石板，由于它们质地坚硬，色泽丰富艳丽，属于高档地面装饰材料，一般多用于高级宾馆、会堂、公共建筑的大厅和门厅等处。

做法是在基层上刷素水泥浆一道，再用 30mm 厚 1：3 干硬性水泥砂浆找平，面上撒 2mm 厚素水泥（洒适量清水），粘贴 20mm 厚天然石材板，刷素水泥浆擦缝（图 8-24）。

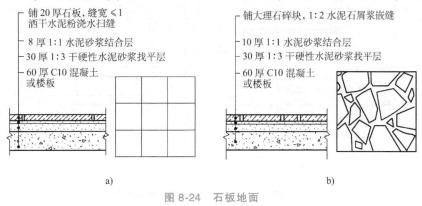

图 8-24　石板地面

a）方整石板地面　b）碎大理石板地面

3. 木地面

木地面具有弹性好、热导率小、不起灰且易清洁等特点，常用于住宅、宾馆、剧场、舞台和办公等建筑中。木地面的构造方式有架空式、实铺式、粘贴式和强化木地面。

（1）架空木地面　架空式木地板常用于底层地面，主要用于舞台、运动场等有弹性要求的地面。其构造特点是在垫层上砌筑地垄墙，在地垄墙顶部设置垫木，在垫木上搁置木搁栅，在木搁栅上铺放木板，如图 8-25 所示。

（2）实铺木地面　实铺木地面是将木地板直接钉在钢筋混凝土基层上的木搁栅上。为了防腐，可在基层上刷冷底子油和热沥青，在搁栅及地板背面满涂防腐油或煤焦油（图 8-26）。

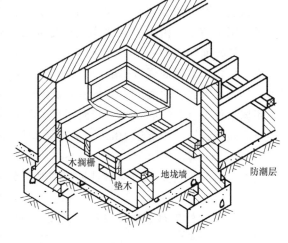

图 8-25　架空式木地面

（3）粘贴式木地面　粘贴式木地面的做法是：先在钢筋混凝土基层上采用沥青砂浆找平，然后刷冷底子油一道，刷热沥青一道，用 2mm 厚沥青胶、环氧树脂乳胶等随涂随铺贴 20mm 厚硬木长条地板（图 8-26）。

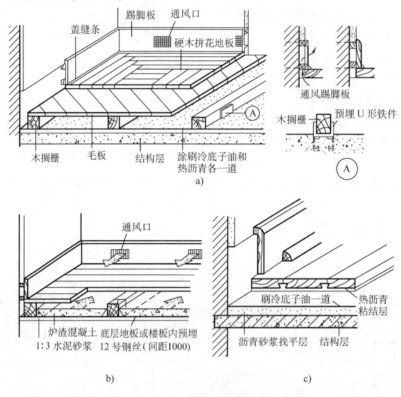

图 8-26　实铺式木地面和粘贴式木地面
a）双层实铺式　b）单层实铺式　c）粘贴式

（4）强化木地面　强化木地面装饰效果好、施工快捷方便、耐磨、耐污性且阻燃性好，受到广大用户的青睐，多用于公共活动场所及住宅建筑。这类地板一般由 4 层组成；第一层为透明人造金刚砂的超强耐磨层；第二层为木纹装饰纸层；第三层为高密度纤维板的基材层；第四层为防水平衡层。强化木地板是经过高性能合成树脂浸渍后，再经高温、高压压制，四边开榫而制成的。

复合强化木地板的规格一般为 8mm×190mm×1200mm。这种木地板只能悬浮铺装，不能将地板粘固或者钉在地面上。铺装前需要铺设一层防潮垫，如聚乙烯薄膜等材料。为保证地板在不同条件下有足够的膨胀空间而不至于凸起，地板与墙面、立柱、家具等固定物体之间的距离必须保证大于或等于 10mm，并用踢脚板盖缝。

4. 卷材类地面

卷材类地面是用成卷的铺材铺贴而成的，常见的有聚氯乙烯塑料地毡、橡胶地毡以及地毯。

（1）聚氯乙烯塑料地毡（又称地板胶）　聚氯乙烯塑料地毡是软质卷材，可用胶黏剂粘贴在水泥砂浆找平层上，也可直接干铺在地面上（图 8-27）。

（2）橡胶地毡　橡胶地毡是以橡胶粉为基料，掺入填充料、防老化剂和硫化剂等制成

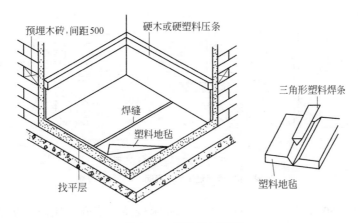

图 8-27 塑料卷材地面

的卷材。它具有耐磨、防滑、防潮、绝缘及吸声等性能。橡胶地毡可以干铺，也可以用胶黏剂粘贴在水泥砂浆找平层上。

（3）地毯 地毯类型较多，按地毯面料不同有化纤地毯、羊毛地毯和锦织地毯等。地毯可以满铺，也可以局部铺设，铺设方法有固定和不固定两种。固定法是将地毯粘贴在地面上或将地毯四周钉牢。为增加地面的弹性和消声能力，地毯下可铺设一层泡沫橡胶垫层。

8.3.3 踢脚板构造

通常在墙面靠近地面处设踢脚板。作用是保护墙面的根部，防止外界碰撞墙面或清洗地面时污染墙面。踢脚板的材料一般与地面相同，故可看做是地面的一部分。踢脚板通常凸出墙面，也可与墙面平齐或凹进墙面，其高度一般为 150~200mm。踢脚板材料常采用水泥砂浆、水磨石、陶瓷砖、实木、大理石和花岗石等（图 8-28）。

图 8-28 踢脚板构造
a）凸出墙面 b）与墙面平齐 c）凹进地面

8.3.4 楼地面防水构造

建筑物内的厕所、盥洗间及淋浴间等房间由于使用功能的要求，用水频繁。为了不影响房间的正常使用，应做好这些房间的排水和防水处理。

1. 楼地面排水处理

为使楼地面排水畅通，需将楼地面设置成一定的坡度，一般为 1%~1.5%，并在最低处设置地漏。为防止积水外溢，用水房间的地面应比相邻房间或走道的地面低 20~30mm，或在门口做 20~30mm 高的门槛，如图 8-29 所示。

2. 楼地面防水处理

在楼板面防水方案中，现浇楼板是最佳选择，面层也应选择防水性能较好的材料。为防止四周墙脚受潮，应将防水层沿房间四周向上泛起至少 150mm（图 8-30a）。门口处应将防

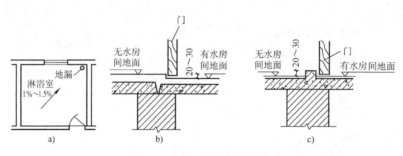

图 8-29　楼地面的排水处理

a）地漏　b）地面低于无水房间　c）设置门槛

水层铺出门外至少 250mm（图 8-30b）。对防水要求较高的房间，还需要在结构层与面层之间增设一道防水层。常用材料有防水砂浆、防水涂料及防水卷材等。

当有竖向设备管道穿越楼板时，应在管道周围做好防水密封处理。一般在管道周围用 C20 干硬性细石混凝土密实填充，再用二布二油橡胶酸性沥青防水涂料做密封处理（图 8-30c）。热力管道穿越楼板时，应在穿越处设管套（管径比热力管管道稍大），管套高出地面约 30mm（图 8-30d）。

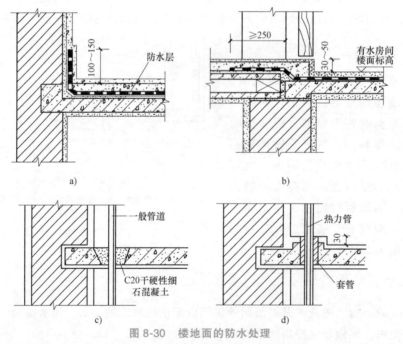

图 8-30　楼地面的防水处理

a）楼板层与墙身防水　b）防水层向无水房间延伸　c）普通管道的处理　d）热力管管道的处理

8.4　顶棚

课题导入：直接式顶棚的做法有几种？悬吊式顶棚的做法有几种？构造做法怎样？

【学习要求】　了解直接式顶棚和悬吊式顶棚的种类，掌握直接式和悬吊式顶棚的构造层次。

8.4.1　直接式顶棚

1. 直接喷刷顶棚

直接喷刷顶棚是在楼板底面填缝刮平后直接喷或刷大白浆和石灰浆等涂料，以增加顶棚的反射光照作用。直接喷刷顶棚通常用于观瞻要求不高的房间。

2. 抹灰顶棚

抹灰顶棚是在楼板底面勾缝或刷素水泥浆后进行抹灰装修，抹灰表面可喷刷涂料。抹灰顶棚适用于一般装修标准的房间。

抹灰顶棚一般有麻刀灰（或纸筋灰）顶棚、水泥砂浆顶棚和混合砂浆顶棚等。其中，麻刀灰顶棚应用最普遍。麻刀灰顶棚的做法是先用混合砂浆打底，再用麻刀灰罩面，如图8-31a 所示。

3. 贴面顶棚

贴面顶棚是在楼板底面用砂浆打底找平后，用胶黏剂粘贴墙纸、泡沫塑胶板或装饰吸声板等。贴面顶棚一般用于楼板底部平整、不需要顶棚敷设管线而装修要求又较高的房间，或有吸声、保温隔热等要求的房间，如图8-31b 所示。

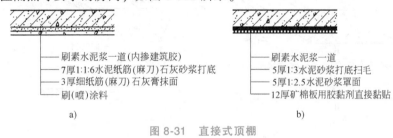

图 8-31　直接式顶棚
a）抹灰顶棚　b）贴面顶棚

8.4.2　悬吊式顶棚

悬吊式顶棚又称吊顶棚或吊顶，是将饰面层悬吊在楼板结构上形成的顶棚。悬吊式顶棚的构造复杂、施工麻烦、造价较高，一般用于装修标准较高而楼板底部不平或在楼板下面敷设管线的房间，以及有特殊要求的房间。

1. 悬吊式顶棚的构造组成

悬吊式顶棚一般由吊杆（筋）、基层和面层三部分组成，如图8-32 所示。

（1）吊杆　吊杆是连接龙骨和楼板或屋面板的承重传力构件，它将龙骨和面板的重量传递给承重结构层。吊杆可采用钢筋、型钢等加工制作，钢筋用于一般顶棚，型钢用于重型顶棚或整体刚度要求特别高的顶棚。如采用钢筋做吊杆，常用 $\phi 8 \sim \phi 10$ 钢筋、8 号钢丝或 M8 螺栓，其连接方法如图8-33 所示。

（2）吊顶基层　吊顶基层分为主龙骨与次龙骨。主龙骨为吊顶的承重结构，次龙骨则是吊顶的基层。主龙骨通过吊杆或吊件固定在楼板结构上，次龙骨用同样的方法固定在主龙骨上。龙骨可用木材、轻钢及铝合金等材料制作，其断面大小视其材料品种、是否上人和面层构造做法等因素而定。主龙骨断面比次龙骨大，间距约为2m。次龙骨间距视面层材料而定，间距一般不超过600mm。

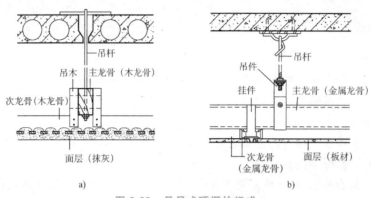

图 8-32　悬吊式顶棚的组成

a）抹灰悬吊式顶棚　b）板材悬吊式顶棚

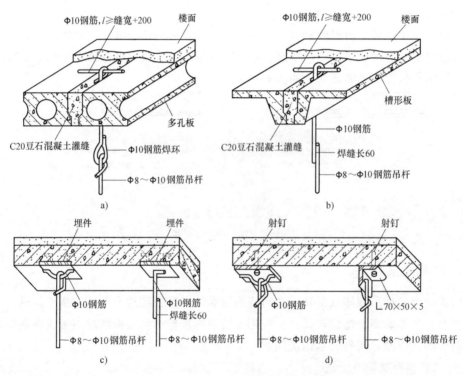

图 8-33　吊顶与楼板的连接

a）空心板吊顶　b）槽形板吊顶　c）现浇板预埋件　d）现浇板射钉安装铁件

（3）吊顶面层　吊顶面层分为抹灰面层和板材面层两大类。抹灰面层为湿作业施工，费工费时；板材面层，既可加快施工速度，又容易保证施工质量。板材吊顶有木质板材、石膏板材、塑料板和金属板材等。

2. 吊顶的类型

根据结构构造形式的不同，吊顶可分为整体式吊顶、活动式装配吊顶、隐蔽式装配吊顶和开敞式吊顶等。根据基层材料的不同，吊顶可分为木龙骨吊顶和金属龙骨吊顶等。

（1）木龙骨吊顶　吊顶龙骨一般用木材制作，分格大小应与板材规格相协调（图 8-34）。为了防止木质板材因吸湿而产生凹凸变形，面板宜锯成小块板铺钉在次龙骨上，板块接头必须留出 3~6mm 的间隙作为预防板面翘曲的措施。面板可采用胶合板、纤维板及刨花板等，板缝缝形根据设计要求可做成密缝、斜槽缝及立缝等形式。

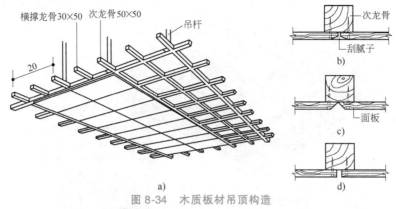

图 8-34 木质板材吊顶构造

a）吊顶仰视图 b）密缝 c）斜槽缝 d）立缝

（2）金属龙骨吊顶 吊顶龙骨一般采用轻钢或铝合金型材制作龙骨，具有轻质高强、刚度大、施工速度快且防火性能好等优点，在公共建筑或要求较高的工程中应用较广。主龙骨间距一般为 900~1200mm，下挂次龙骨。金属龙骨吊顶的板材有各种人造板和金属板。人造板有石膏板、胶合板、矿棉板、钙塑板及铝塑板等；金属板有铝板、铝合金板和不锈钢板等。板面可以用自攻螺钉固定在龙骨上，或者直接搁置在龙骨上。

1）轻钢龙骨式吊顶。轻钢龙骨断面多为 U 形，由主龙骨、次龙骨、次龙骨横撑、小龙骨及配件组成，如图 8-35 所示。

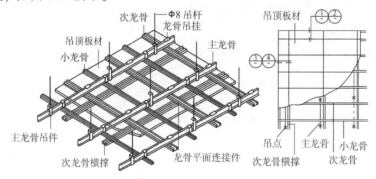

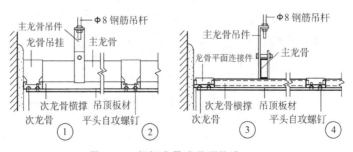

图 8-35 轻钢龙骨式吊顶构造

2）铝合金龙骨吊顶。龙骨断面多为 T 形，由主龙骨、次龙骨、小龙骨、边龙骨及配件组成，如图 8-36 所示。这种布置方式的主龙骨仍采用槽形断面的轻钢型材，但次龙骨采用

U 形断面轻钢型材。次龙骨用专门的吊挂件固定在主龙骨上，面板用自攻螺钉固定在次龙骨上，如图 8-36 所示。

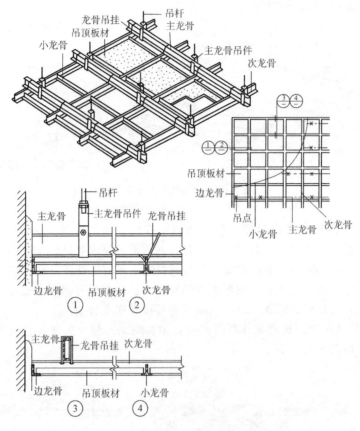

图 8-36　铝合金龙骨吊顶构造

3）密铺铝合金条板吊顶。该吊顶的铝合金板材呈横形向上平铺，由龙骨扣住，如图8-37所示。

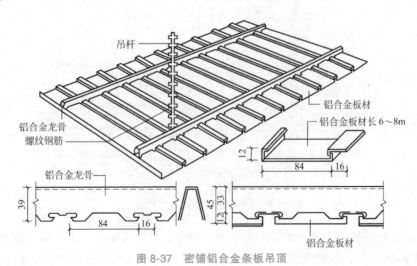

图 8-37　密铺铝合金条板吊顶

8.5 阳台与雨篷

课题导入：阳台的类型有几类？结构布置如何？细部构造是怎么做的？雨篷的支承方式有哪几种？

【学习要求】 了解阳台的类型，掌握阳台的结构布置和细部构造的做法，掌握雨篷的支承方式，了解遮阳的种类和形式。

阳台是楼房建筑中供人们与外界接触的平台，可供使用者在上面进行休息、眺望及晾晒衣物等活动。它是多层住宅、高层住宅和旅馆等建筑中不可缺少的一部分。

雨篷位于建筑物出入口的上方，用于遮挡雨雪，保护外门免受侵蚀。它不仅给人们提供一个从室外到室内的过渡空间，还起到保护出入口外门和丰富建筑立面的作用。

8.5.1 阳台

1. 阳台的类型和设计要求

（1）类型

1）按其与外墙面的关系分类：挑阳台、凹阳台、半挑半凹阳台（图8-38a、b、c）。

2）按其在建筑中所处的位置分类：中间阳台和转角阳台（图8-38d）。

3）按使用功能不同分类：生活阳台（靠近卧室或客厅）和服务阳台（靠近厨房）。

4）按围护结构分类：开敞式阳台和封闭式阳台。

5）按结构形式分类：墙承式阳台和悬挑式阳台。

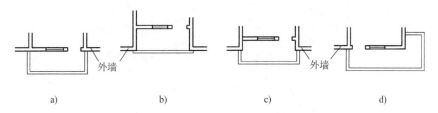

图8-38 阳台的类型

a）挑阳台 b）凹阳台 c）半挑半凹阳台 d）转角阳台

（2）阳台的组成 阳台由阳台板（梁板）和阳台护栏组成。联合式阳台（两户阳台贯通）应设置阳台隔板，开敞式阳台应设排水口，封闭式阳台应设阳台雨篷。

（3）设计要求

1）安全适用。悬挑式阳台的挑出长度不宜过大，应保证在荷载作用下不发生倾覆现象，以1.2~1.5m为宜。低层、多层住宅阳台栏杆净高不低于1.05m，中高层住宅阳台栏杆净高不低于1.1m，但也不应大于1.2m。阳台栏杆形式应防坠落（垂直栏杆间净距不应大于110mm），防攀爬（不设水平栏杆），以免造成恶果。放置花盆处，还应采取防坠落措施。

2）坚固耐久。阳台所用材料和构造措施应经久耐用，承重结构宜采用钢筋混凝土，金属构件应作防锈处理，表面装修应注意色彩的耐久性和抗污染性。

3）排水顺畅。为防止阳台上的雨水流入室内，设计时要求将阳台地面标高设计成低于室内地面标高30~60mm，并将地面抹出0.5%的排水坡度将水导入排水孔，使雨水顺利排出。

设计时还应考虑地区气候特点，南方地区宜采用有助于空气流通的空透式栏杆，而北方寒冷地区和中高层住宅宜采用实体栏杆，且还应考虑立面美观的要求，使阳台不仅实用，还立面美观。

2. 阳台结构布置方式

阳台承重结构的支承方式有墙承式和悬挑式。

（1）墙承式　墙承式是将阳台板直接搁置在墙上，其板形和跨度通常与房间楼板一致。这种支承方式结构简单、施工方便，多用于凹阳台。

（2）悬挑式　悬挑式是将阳台板悬挑出墙外。为使结构合理、安全，阳台悬挑长度不宜过长，一般悬挑长度在 1.2~1.5m 之间。按施工方式不同，悬挑式阳台有现浇钢筋混凝土结构和预制钢筋混凝土结构两种（图 8-39、图 8-40）。

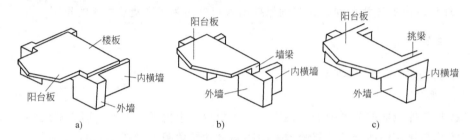

图 8-39　现浇钢筋混凝土阳台
a）挑板式　b）压梁式　c）挑梁式

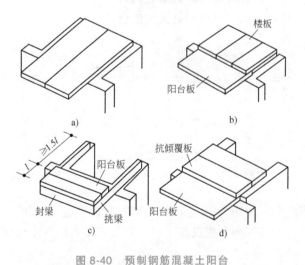

图 8-40　预制钢筋混凝土阳台
a）楼板外伸式　b）楼板压重式　c）挑梁式　d）抗倾覆式

1）挑板式。当阳台悬挑长度小于 1.2m 时，可选择挑板式，即从楼板外延挑出平板，板底平整美观且阳台平面形式可做成半圆形、弧形、梯形和斜三角等形状（图 8-39a）。

2）压梁式。阳台板与墙梁现浇在一起，墙梁的截面应比圈梁大，以保证阳台的稳定，且阳台悬挑不宜过长，一般为 1.2m 左右，并在墙梁两端设拖梁压入墙内（图 8-39b）。

3）挑梁式。从横墙内外伸挑梁，其上搁置预制楼板，这种结构布置简单，传力直接明确，阳台长度与房间开间一致。挑梁压入墙内的长度一般为悬挑长度的 1.5 倍左右。为美观起见，可在挑梁端头设置面梁（封梁），既可以遮挡挑梁头，又可以承受阳台栏杆质量、加强阳台的整体性（图 8-40c）。

3. 阳台构造

（1）开敞式阳台　开敞式阳台是指阳台的空间与外界是相通的。它的护栏可以是板式的、漏空的或综合式的。

（2）封闭式阳台　封闭式阳台是指把上下楼层阳台之间的空间用玻璃窗围护起来。它具有保温、隔热、防尘、隔声和扩展使用面积的作用，阳台的地面宜于室内地面持平，栏板高应不小于 1.05m。如果护栏板降到 30mm 以下，便是落地阳台，这时在阳台周边必须安装栏杆，高度也不应少于 1.05m 封闭式阳台构造如图 8-41 所示。

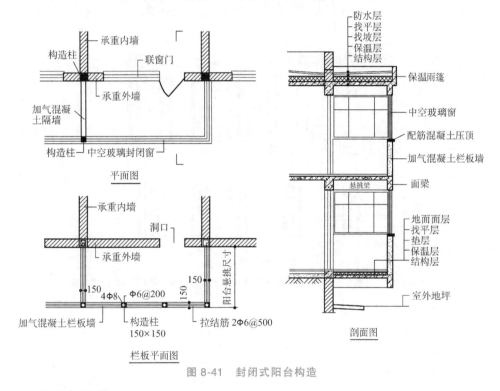

图 8-41　封闭式阳台构造

4. 阳台细部构造

（1）阳台栏杆

1）按形式不同分类，有实体、空花式和混合式（图 8-42）。

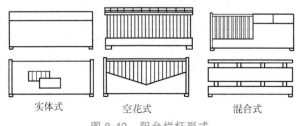

图 8-42　阳台栏杆形式

2）按材料不同分类，有砖砌栏杆（板）、钢筋混凝土栏杆（板）、金属栏杆及玻璃栏杆等（图8-43）。

（2）阳台扶手　阳台扶手有金属和钢筋混凝土两种。金属扶手一般为钢管与金属栏杆焊接而成。钢筋混凝土扶手用途广泛，形式多样，有不带花台的、带花台的及带花池的等。

（3）阳台细部构造　阳台细部构造主要包括栏杆与扶手的构造、栏杆与面梁（或称止水带）的连接、栏杆与墙体的连接等。

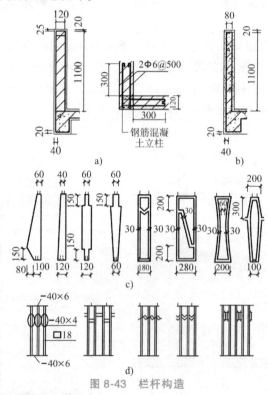

图 8-43　栏杆构造

a）砖砌栏杆（板）　b）钢筋混凝土栏杆（板）　c）混凝土栏杆　d）金属栏杆

1）阳台栏杆与扶手的构造如图8-44所示。

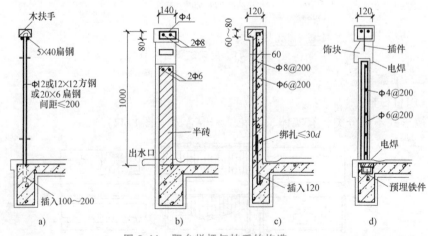

图 8-44　阳台栏杆与扶手的构造

a）金属栏杆与木扶手　b）砖砌栏杆与混凝土扶手　c）现浇混凝土栏杆与扶手　d）预制钢筋混凝土栏杆

2）栏杆与面梁或阳台板的连接方式有焊接、榫接坐浆及现浇等（图8-45）。

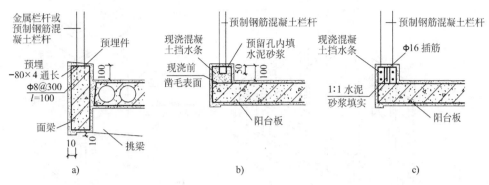

图 8-45 栏杆与面梁或阳台板的连接

a）焊接连接 b）榫接坐浆连接 c）现浇混凝土连接

3）扶手与墙体的连接方式。钢管扶手要将扶手中的钢管伸入外墙的预留洞中，用细石混凝土或水泥砂浆填实加固。现浇钢筋混凝土扶手与墙连接时，应在墙体内预埋 240mm×240mm×120mm 的 C20 细石混凝土块，从中伸出 2Φ6 长 300mm 钢筋，与扶手中的钢筋绑扎后再进行现浇。扶手与墙体的连接如图 8-46 所示。

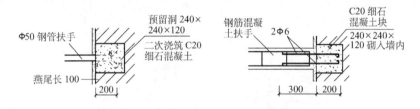

图 8-46 扶手与墙体的连接

（4）阳台隔板 阳台隔板用于连接双阳台，有砖砌隔板和钢筋混凝土隔板两种。砖砌隔板一般厚度为 120mm，并在砌体内配通长钢筋。由于砖砌隔板的荷载较大且整体性较差，所以现多采用钢筋混凝土隔板。钢筋混凝土隔板可与阳台板整体浇筑，也可借助预埋件与阳台板焊接。阳台隔板构造如图 8-47 所示。

（5）阳台排水 阳台排水有外排水和内排水两种。外排水适用于低层建筑，即在阳台外侧设置泄水管将水排出。内排水适用于多层和高层建筑，即在阳台内侧设置水落管和地漏，将雨水直接排入地下管网，以保证建筑立面美观（图8-48）。

8.5.2 雨篷

雨篷是设在建筑物外墙出入口上部的水平构件，作用是保护出入口不受雨、雪水的侵蚀，同时还起到装饰入口的作用。根据雨篷板的支承方式，雨篷分为悬板式和梁板式两种（图8-49）。

1. 悬板式

悬板式雨篷外挑长度一般为 0.9～1.5m，板厚一般为 60mm，宽度比门洞每边宽 250mm。

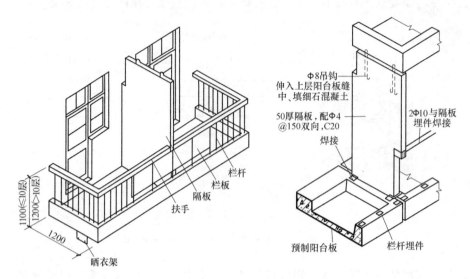

图 8-47　阳台隔板构造

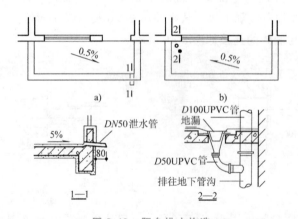

图 8-48　阳台排水构造

a）泄水管排水　b）水落管排水

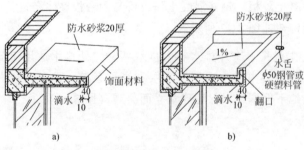

图 8-49　雨篷构造

a）悬板式雨篷　b）梁板式雨篷

雨篷排水方式可采用无组织排水和有组织排水两种。雨篷顶面应抹 20mm 厚 1：2 水泥砂浆内掺 5% 防水剂的防水砂浆，并应延伸至四周上翻形成高度不小于 250mm 的泛水。

2. 梁板式

梁板式雨篷多用在宽度较大的入口处，悬挑梁从建筑物的柱上挑出，为使板底平整，多做成倒梁式，构造与楼板相同。

8.5.3 遮阳

在炎热地区，夏季阳光直射室内，使室内温度升高并产生眩光，从而影响人们的正常工作和生活。因此，对某些窗户特别是西向的窗户，设置一定的遮阳设施是十分必要的。遮阳设施有多种，主要有绿化遮阳、简易设施遮阳和建筑构造遮阳等，如图 8-50 所示。

1. 绿化遮阳

对于低层建筑来说，绿化遮阳是一种经济而美观的措施，可以利用搭设棚架、种植攀缘植物或阔叶树来遮挡阳光。

2. 简易设施遮阳

简易设施遮阳的特点是制作简易、经济、灵活、拆卸方便，但耐久性差。简易设施可用苇席、布篷、百叶窗、竹帘和塑料等材料制成。

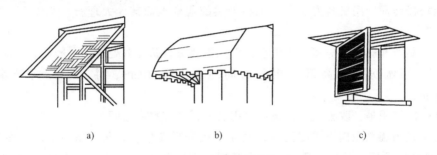

图 8-50 简易设施遮阳

a）苇席遮阳　b）布篷遮阳　c）百叶窗

3. 建筑构造遮阳

建筑构造遮阳主要是设置各种形式的遮阳板，使遮阳板成为建筑物的组成部分。建筑构造遮阳的形式一般可分为 4 种：水平式、垂直式、综合式和挡板式（图 8-51）。

（1）水平式　水平式能够遮挡太阳高度角较大、从窗上方照射的阳光，适用于南向及接近南向的窗口。

（2）垂直式　垂直式能够遮挡太阳高度角较小、从窗两侧斜射的阳光，适用于东、西及接近东、西朝向的窗口。

（3）综合式　综合式包含有水平及垂直遮阳，能遮挡窗上方及左右侧的阳光，故适用于南、东南、西南及其附近朝向的窗口。

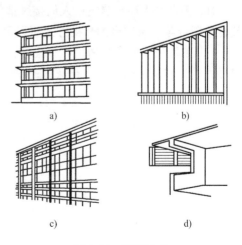

图 8-51 遮阳形式

a）水平式　b）垂直式　c）综合式　d）挡板式

（4）挡板式　挡板式能够遮挡正射窗口的阳光，适用于东、西向的窗口。

选择设置遮阳设施时，应尽量减少对房间的采光和通风的影响。采用各种遮阳板时，需与建筑的立面处理统一考虑。

本 章 回 顾

1. 本章主要阐述了楼板层与地面层的设计要求、组成和类型，钢筋混凝土楼板的构造做法和结构布置，雨篷和阳台的基本构造做法。

2. 楼板层主要由面层、结构层和顶棚三部分组成，有特殊要求的房间通常增设附加层。地面层主要由面层、垫层和基层三部分组成。

3. 钢筋混凝土楼板按施工方式不同，可分为现浇式、预制装配式和装配整体式三种类型。其中，现浇式钢筋混凝土楼板又有板式楼板、梁式楼板、井式楼板、无梁楼板和压型钢板混凝土组合楼板等几种。

4. 地面按材料和施工方法不同，分为整体浇筑地面、板块地面、卷材地面和涂料地面四大类。

5. 整体地面主要有水泥砂浆地面、水磨石地面和水泥石屑地面等。

6. 板块楼地面所用材料主要有人工和天然的陶瓷地面砖、大理石、花岗石、木地面及塑料地面等。

7. 由于厕所和厨房等房间需要用水，因此需要进行防渗漏处理。一般需设 1% ~1.5% 的排水坡度，用水房间标高低于相邻房间地面 20 ~ 30mm，并且四周将防水层上翻150~200mm。

8. 顶棚的作用是：改善环境，满足使用功能，装饰室内空间等。

9. 直接式顶棚是在楼板或屋面板的底面直接进行喷涂、抹灰、粘贴壁纸、面砖或其他装饰板材形成的顶棚。悬吊式顶棚一般由基层、面层和吊杆（筋）三部分组成。吊顶的基层有木基层和金属基层两类。面层一般分为抹灰类及板材类两类。

10. 阳台是多高层建筑中人们接触室外的平台，一般有挑阳台、凹阳台、半挑半凹阳台及转角阳台等。挑阳台的悬挑方式可以采用排板式、压梁式、挑梁式等。

11. 雨篷位于建筑物的出入口上部，用于遮挡雨水，并有一定的装饰作用，可采用钢筋混凝土结构和钢结构悬挑，有悬板式和梁板式两种。

第9章

楼梯与电梯

知识要点及学习程度要求

- 楼梯的作用、组成及识读楼梯图（掌握）
- 楼梯的类型及设计要求（了解）
- 楼梯各部分尺度的要求（掌握）
- 钢筋混凝土楼梯的构造（掌握）
- 楼梯细部构造的一般知识（了解）
- 建筑中其他垂直交通设施（了解）

9.1 楼梯的作用与组成

课题导入：楼梯的作用是什么？楼梯主要由哪几部分组成？

【学习要求】 掌握楼梯的基本作用及楼梯的组成。

9.1.1 楼梯的作用

楼梯是建筑物中联系上下层的垂直交通设施。楼梯应满足人们正常出行时的垂直交通及紧急情况下的安全疏散要求。在多高层建筑中，垂直交通工具除了楼梯外，还有电梯和自动扶梯，但楼梯作为安全疏散通道是必需设置的。楼梯数量、位置、形式都应满足规范和标准的规定，同时也要符合结构、施工、经济和防火等方面的要求，做到坚固、安全、经济和美观。

9.1.2 楼梯的组成

楼梯一般由楼梯段、平台、栏杆和扶手三部分组成，如图9-1所示。

1. 楼梯段

楼梯段是楼梯的主要使用和承重构件，它由若干个踏步组成。为减少人们上下楼梯时的疲劳并适

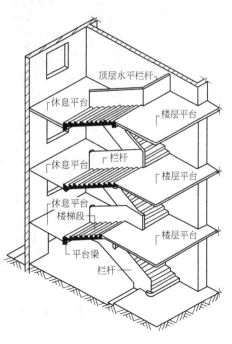

图 9-1 楼梯的组成

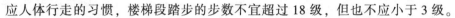

应人体行走的习惯，楼梯段踏步的步数不宜超过 18 级，但也不应小于 3 级。

2. 平台

平台是连接两个楼梯段的水平板，有楼层平台和休息平台之分。其中，楼层平台主要起到联系室内外交通的作用，休息平台则起到缓解疲劳和转换楼梯段方向的作用。

3. 栏杆和扶手

栏杆是设在楼梯及平台边缘的安全围护构件。扶手一般附设于栏杆顶部，也可附设于墙上，起到上下楼梯依扶的作用。

9.1.3 楼梯图的识读

楼梯的各层平面图和楼层平面图一样，都是在该楼层楼面以上 1000~1200mm 处以水平剖切面向下剖视的投影图。因为楼梯段是倾斜的，因而各层的水平剖切面会将上行的楼梯切断，同时也能剖视到下行的楼梯段和中间平台及部分下层上行的梯段。如图 9-2 所示，以地上 3 层地下 1 层楼房的楼梯为例，说明楼梯平面图与剖面图的表示方法。

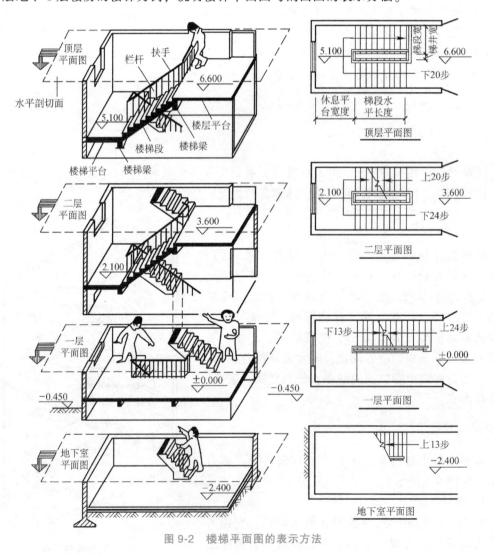

图 9-2　楼梯平面图的表示方法

9.2 楼梯的类型和设计要求

课题导入：楼梯有哪些类型？在设计上有什么要求？

【学习要求】 掌握楼梯的类型，了解楼梯的设计要求。

9.2.1 楼梯的分类

建筑中楼梯的形式较多，楼梯的分类一般按以下几个原则进行：

（1）按照楼梯的材料分类　钢筋混凝土楼梯、钢楼梯、木楼梯及组合材料楼梯。

（2）按照楼板的位置分类　室内楼梯和室外楼梯。

（3）按照楼梯的使用性质分类　主要楼梯、辅助楼梯、疏散楼梯及消防楼梯。

（4）按照楼梯间的平面形式分类　开敞楼梯间、封闭楼梯间及防烟楼梯间（图 9-3）。

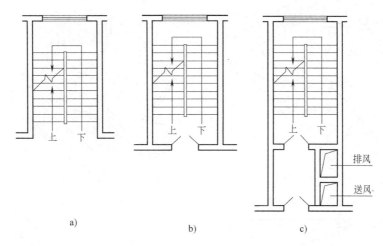

图 9-3　楼梯间的平面形式

a）开敞楼梯间　b）封闭楼梯间　c）防烟楼梯间

（5）按照楼梯的平面形式分类　单跑直楼梯、双跑直楼梯、转角楼梯、双跑平行楼梯、双分平行楼梯、螺旋楼梯及交叉楼梯等（图 9-4）。

目前，在建筑中应用较多的是双跑平行楼梯（简称为双跑楼梯或两段式楼梯），其他如三跑楼梯、双分平行楼梯等均是在双跑平行楼梯的基础上变化而成的。螺旋楼梯对建筑室内空间具有良好的装饰性，适合于公共建筑的门厅等处设置，但如果用于疏散目的，楼梯踏步尺寸应满足相关规范的要求。

9.2.2 楼梯的设计要求

楼梯既是楼房建筑中的垂直交通枢纽，也是进行安全疏散的主要交通工具，为确保使用安全，楼梯的设计必须满足以下要求：

（1）位置明显　作为主要楼梯，应与主要出入口邻近，起到引导人流的作用，同时还应避免垂直交通与水平交通在交接处拥挤、堵塞。

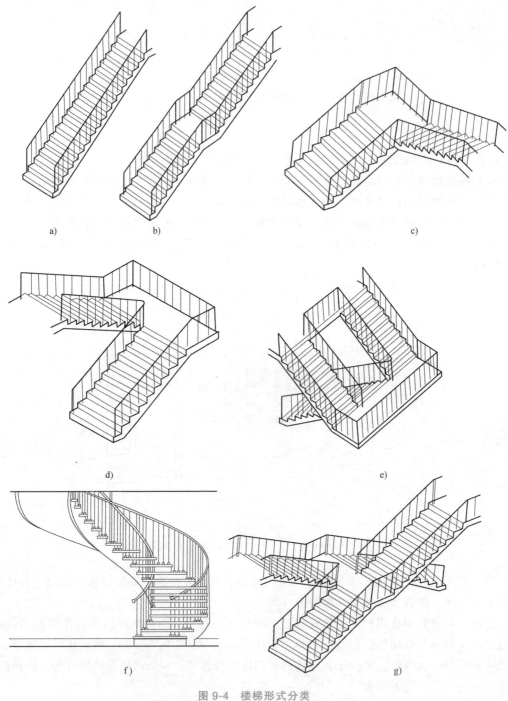

图 9-4　楼梯形式分类

a) 单跑直楼梯　b) 双跑直楼梯　c) 转角楼梯

d) 双跑平行楼梯　e) 双分平行楼梯　f) 螺旋楼梯　g) 交叉楼梯

（2）满足防火要求　楼梯间除允许直接对外开窗采光外，不得向室内任何房间开窗，楼梯间的门应面向人流疏散方向。楼梯间四周墙壁必须为防火墙，对防火要求较高的建筑物特别是高层建筑，应设计成封闭式楼梯或防烟楼梯（图 9-3c）。

（3）满足采光要求　楼梯间必须有良好的自然采光，以便通行和疏散。

9.3　楼梯的尺度

课题导入：楼梯设计对坡度、宽度、平台、踏步及扶手高度有什么要求？

【学习要求】　掌握楼梯各部分的设计尺寸要求。

9.3.1　楼梯的坡度与踏步尺寸

楼梯的坡度是指楼梯段中各级踏步前缘的假定连线与水平面形成的夹角。楼梯坡度不宜过大或过小：坡度过大，行走容易疲劳；坡度过小，楼梯占用的面积增加，不经济。因此，应当兼顾使用性和经济性两者的要求，根据具体情况合理进行选择。楼梯的坡度范围在 23°～45° 之间，适宜的坡度为 30°左右；当坡度小于 20°时，采用坡道；坡度大于 45°时，由于坡度较陡，此时则采用爬梯（图9-5）。

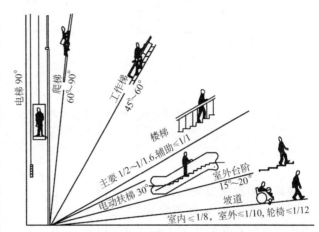

图 9-5　楼梯、台阶和坡道坡度的适用范围

楼梯的坡度应根据建筑物的使用性质和层高来确定。对人流集中、交通量大的建筑，楼梯的坡度应小些，如医院、影剧院等。对使用人数较少、交通量小的建筑，楼梯的坡度可以略大些，如住宅、别墅等。楼梯坡度实质上与楼梯踏步密切相关，踏步高度与宽度之比即可构成楼梯坡度。楼梯坡度越大，踏步高度越大，宽度越小；反之，楼梯坡度越小，踏步高度越小，宽度越大。踏步高度常以 h 来表示，踏步宽度常以 b 来表示。踏步尺寸与人行步距有关（图9-6），通常用下列经验公式来表示。

$$2h+b = 600～620mm$$

$$h+b \approx 450mm$$

式中　h——踏步的高度（mm）；
　　　b——踏步的宽度（mm）。

在居住建筑中，踏面宽度一般为 260～300mm，踢面高度为 150～175mm；学校、办公室楼梯坡度应平缓些，通常踏面宽度为 280～340mm，踢面高度为 140～160mm。常用楼梯踏步尺寸见表9-1。

表 9-1　常用楼梯踏步尺寸　　　　　　　　　　（单位：mm）

楼梯类别	宽度 b	高度 h
住宅公用楼梯	260～300	150～175
幼儿园楼梯	260～280	120～150

（续）

楼 梯 类 别	宽度 b	高度 h
医院、疗养院等楼梯	300~350	120~150
学校、办公楼等楼梯	280~340	140~160
剧院、会堂等楼梯	300~350	120~150

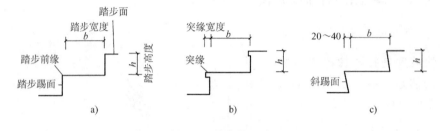

图 9-6　踏步的尺寸

a）无突缘　b）有突缘（直踏板）　c）有突缘（斜踏板）

9.3.2　楼梯段的宽度

楼梯段的宽度主要根据使用性质、使用人数和防火规范来确定。一般供单人通行的楼梯宽度应不小于 900mm，双股人通行时楼梯宽度为 1100~1400mm，三股人通行时楼梯宽度为 1650~2100mm（图9-7）。住宅套内楼梯的楼梯段净宽，当一边临空时，不应小于 750mm；当两侧有墙时，不应小于 900mm。

高层建筑中作为主要通行用的楼梯，其楼梯段的宽度指标高于一般建筑。疏散楼梯的最小净宽不应小于表 9-2 的规定。

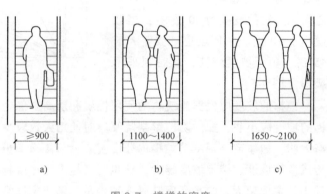

图 9-7　楼梯的宽度

a）单人通行　b）双人通行　c）三人通行

表 9-2　高层建筑疏散楼梯的最小净宽

高 层 建 筑	疏散楼梯的最小净宽/m
医院病房楼	1.30
居住建筑	1.10
其他建筑	1.20

9.3.3　楼梯栏杆、扶手的高度

楼梯栏杆、扶手的高度是指从踏步前缘至扶手上表面的垂直距离。一般室内楼梯栏杆高度常采用 900mm；儿童使用的楼梯一般为 500~600mm（图9-8）。室内楼梯水平段栏杆长度

大于 500mm 时，其扶手高度不应小于 1050mm，室外楼梯栏杆高度不应小于 1050mm。住宅楼梯栏杆垂直杆件间净空不应大于 110mm。

9.3.4 平台的宽度

楼梯平台的宽度是指墙面到转角扶手中心线的距离。为了搬运家具设备的方便和通行的顺畅，楼梯平台净宽应不小于楼梯段净宽，并且不小于 1.1m。平台的净宽是指扶手处平台的宽度（图 9-9）。

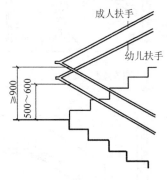

图 9-8 楼梯栏杆、扶手高度

图 9-9 楼梯宽度和平台深度的尺寸关系
B—楼梯段的宽度 *D*—平台宽度

9.3.5 楼梯的净空高度

楼梯的净空高度包括梯段部位的净高和平台部位的净高。为保证行人正常通行及搬运家具设备，楼梯的净空高应满足最低高度要求。楼梯平台部位的净高不应小于 2000mm，梯段部位的净高不应小于 2200mm（图 9-10）。

楼梯间有两种形式：一种是非通行式（图 9-11），另一种是通行式（图9-12）。对于通行式楼梯间，必须保证平台梁底面至地面净高满足要求。但在大量性住宅建筑中，常利用楼梯间作为出入口，加之层高较低，楼梯间进深尺寸较小，通行受阻，为使平台下净高不小于 2000mm，需要采取必要的措施来解决平台下通行的问题。

非通行式楼梯一般为等跑式，即两个梯段的踏步数相同，这种做法使用习

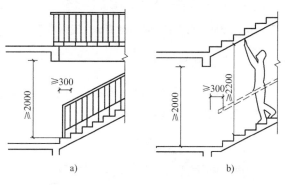

图 9-10 楼梯梯段及平台部位的净高要求
a）平台梁下净高 b）梯段下净高

惯，施工简便。而通行式楼梯可以采用长短跑式，即第一跑踏步数多，第二跑踏步数少，如果平台下高度仍不够，可再把局部地面下沉一些高度，以满足最低的通行尺寸要求（次要出口不应小于 2000mm，重要出入口不应小于 2200mm）。此外，也可以采用保持等跑式楼梯，完全靠下沉的方式解决通行高度问题（图9-13），还可以将底层楼梯改为直跑楼梯（这种方式多用于住宅建筑之中，见图9-14）。

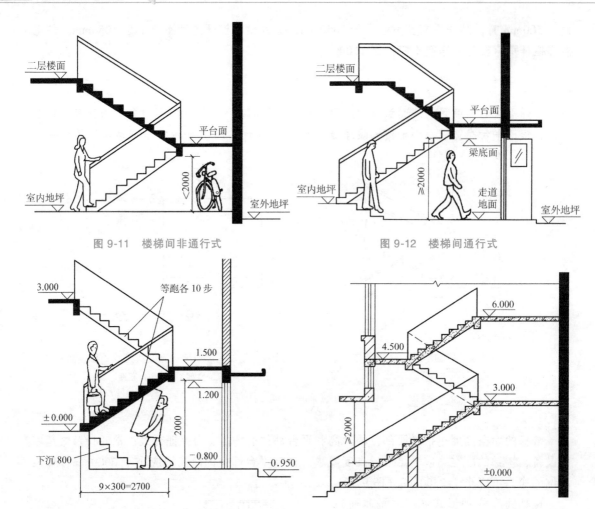

图 9-11 楼梯间非通行式

图 9-12 楼梯间通行式

图 9-13 楼梯间用等跑和下沉地面解决通行净高

图 9-14 底层采用单跑楼梯

9.3.6 楼梯梯段尺寸

设计楼梯时主要是解决楼梯梯段和平台的设计问题，而梯段和平台的尺寸与楼梯间的开间、进深和层高有关（图 9-15）。

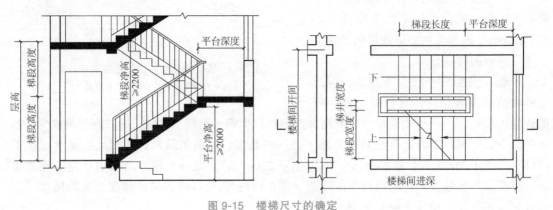

图 9-15 楼梯尺寸的确定

1. 梯段宽度的计算

梯段宽度 B 的计算公式如下

$$B = \frac{A-C}{2}$$

式中　A——楼梯间净宽；

　　　C——楼梯井宽度，即上下行两梯段内侧之间的水平距离。

考虑消防、安全和施工的要求，C 取 $60 \sim 200\text{mm}$，公共建筑中不小于 150mm。有儿童经常使用的楼梯，当楼梯井净宽大于 200mm 时，必须采取防止儿童攀滑的安全措施。

2. 踏步数量的确定

$$N = \frac{H}{h}$$

式中　N——踏步数；

　　　H——层高；

　　　h——踏步高度。

3. 梯段长度的计算

梯段长度是指梯段始末两踏步前缘线之间的水平距离。梯段长度与踏步宽度及踏步数量有关，当踏步数 N 已知后，两段等跑的楼梯梯段长 L 为

$$L = \left(\frac{N}{2} - 1 \right) b$$

式中　b——踏步宽度。

9.4　钢筋混凝土楼梯

　　课题导入：现浇整体式和装配式钢筋混凝土楼梯各有什么优缺点？构造做法有什么不同？

【学习要求】　掌握钢筋混凝土楼梯的种类，了解各种钢筋混凝土楼梯的施工方法。

钢筋混凝土楼梯具有坚固耐久、节约木材、防火性能好、可塑性强等优点，故得到了广泛应用。按其施工方式不同，钢筋混凝土楼梯可分为预制装配式和现浇整体式两种类型。预制装配式有利于节约模板、提高施工速度，但结构复杂、整体性较差，在地震区不宜使用，一般用于次要或临时性楼梯。现浇钢筋混凝土楼梯具有整体性好、构造形式灵活等优点，能适用于各种楼梯间平面和楼梯形式，可充分发挥钢筋混凝土的可塑性，被广泛用于房屋建筑中；但由于需要现场支模，模板耗费较大，施工周期较长。

9.4.1　现浇整体式钢筋混凝土楼梯

现浇整体式钢筋混凝土楼梯结构整体性好，构造形式灵活，能适应各种楼梯间平面和楼梯形式，一般适用于抗震要求高及楼梯形式和尺寸要求特殊的建筑。现浇钢筋混凝土楼梯根据楼梯段传力与结构形式的不同，分为板式楼梯和梁式楼梯两种。

1. 板式楼梯

梯段板两端搁在平台梁上，相当于斜放的一块板。板式楼梯通常由梯段板、平台梁和平

台板组成。梯段板承受梯段的全部荷载，通过平台梁将荷载传给墙体（图 9-16a）。必要时，也可以取消平台板一端或两端的平台梁，使梯段板和平台板连成一体，形成折线形的板直接支承在墙上（图 9-16b）。板式楼梯的特点是：底面光滑平整、外形简单、施

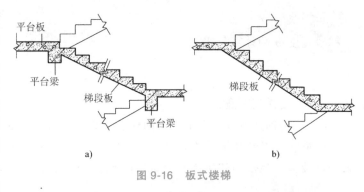

图 9-16　板式楼梯

工方便，但耗材多，荷载较大时，板的厚度将增大，适用梯段长度不大于 3m 的楼梯。

2. 梁板式（斜梁式）楼梯

踏步板搁置在斜梁上，斜梁又由上下两端的平台梁支承的现浇钢筋混凝土楼梯称为梁板式楼梯。梁板式楼梯的宽度相当于踏板的跨度，平台梁的间距即为斜梁的跨度，梯段的荷载主要由斜梁承担。此种楼梯适用于荷载较大、建筑层高较大的建筑物，梯段长度一般大于 3m（图 9-17）。梯梁通常设两根，分别布置在踏步板的两端。梁板式楼梯有暗步和明步两种做法。明步做法的斜梁一般暴露在踏步板的下方，从梯段侧面就能看见踏步（图 9-17a）。由于明步做法在梯段下部形成梁的暗角容易积灰，梯段侧面经常被清洗踏步的脏水弄脏，从而容易影响美观。暗步做法的斜梁设在

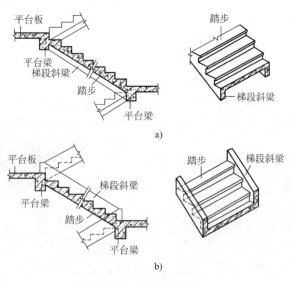

图 9-17　梁板式楼梯

a）正梁式梯段（明步）　b）反梁式梯段（暗步）

踏步板的上方，利于清洗，梯段下面是平整的斜面不易积灰（图 9-17b）。

梁式楼梯比板式楼梯的钢材和混凝土用量少、自重轻，但支模和施工比较复杂。当荷载比较大时，采用梁式楼梯比较经济。

9.4.2　预制装配式钢筋混凝土楼梯

预制装配式钢筋混凝土楼梯是将楼梯分成若干部分，在预制厂制作后，到现场安装。这种方式施工速度快，现场湿作业少，但整体性较差，楼梯的造型和尺寸受到局限且还应具有一定的吊装设备。为适应不同的生产、运输和吊装能力，预制装配式楼梯有小型和大中型预制构件之分。

1. 小型构件装配式楼梯

小型构件装配式楼梯，是将楼梯的梯段和平台分别预制成若干小型构件装配而成的。预制构件可以分为梯段（梁板式或板式梯段）、平台梁及平台板三部分（图 9-18）。

（1）梯段

1）梁板式梯段。梁板式梯段由梯段斜梁和踏步板组成。在踏步板两端各设一根梯段斜

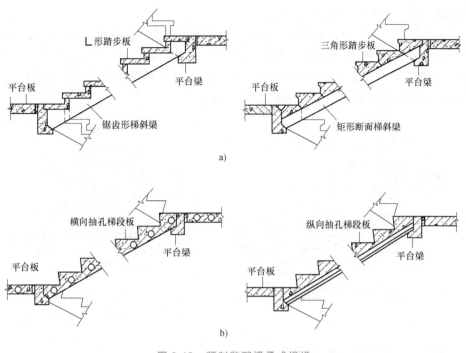

图 9-18 预制装配梁承式楼梯

a) 板式楼梯 b) 梁板式楼梯

梁，踏步板支承在梯段斜梁上，梯段斜梁的两端搁置在平台梁上。平台板大多搁置在横墙上，也有的平台板一端搁置在平台梁上，另一端搁置在纵向墙壁上。

① 踏步板：踏步板断面形式有一字形、⌐形、⌐形及三角形等（图 9-19）。

② 梯段斜梁：梯段斜梁一般为矩形断面，为了减少结构所占的空间，也可做成 ⌐ 形断面，但构件制作较为复杂，此外，用于搁置一字形、⌐形、⌐形断面踏步板的梯段斜梁为锯齿形变断面（图 9-20）。

2）板式梯段。板式梯段为整块的条板，上下端直接支承在平台梁上。由于其没有梯段斜梁，梯段底面平整，梯段板厚度小。而且因为无梯段斜梁，平台梁位

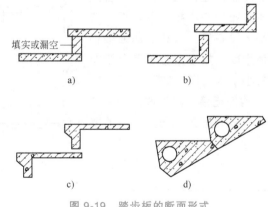

图 9-19 踏步板的断面形式

a) 一字形 b) ⌐形 c) ⌐形 d) 三角形

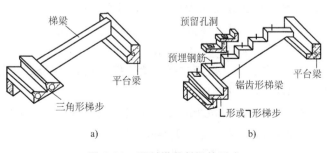

图 9-20 预制梯段斜梁的形式

a) 支承三角形踏步板 b) 支承一字形、⌐形踏步板

置相应抬高，增大了平台下的净空高度。

为了减轻自重，梯段板也可做成空心构件，有横向抽孔和纵向抽孔两种形式。横向抽孔较纵向抽孔合理、易行，较为常用（图 9-21）。

（2）平台梁 为了便于支承梯段斜梁或梯段板，平衡梯段水平分力并减少平台梁所占结构空间，一般将平台梁做成 L 形断面（图 9-22）。

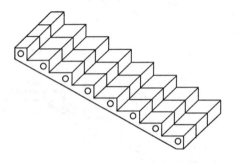

图 9-21 板式梯段示意图

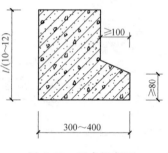

图 9-22 平台梁断面

（3）平台板 平台板可根据需要采用钢筋混凝土空心板、槽形板或平板。需要注意的是，在平台上有管道井时，不宜布置空心板。平台板一般平行于平台梁布置，以利于加强楼梯间的整体刚度，如为垂直于平台梁布置，常用小平板（图 9-23）。

（4）构件连接 由于楼梯是主要部件，对其坚固耐久、安全可靠的要求较高，特别是在地震区建筑中更需引起重视。当梯段为倾斜构件时，需加强各构件之间的连接，以提高其整体性。

1）踏步板与梯斜梁连接。一般在梯斜梁支承板处用水泥砂浆坐浆连

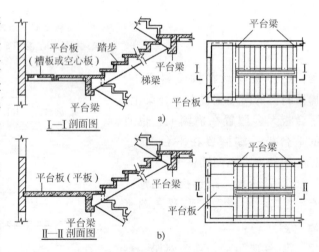

图 9-23 梁承式梯段与平台的结构布置

a) 平台板两端支承在楼梯间侧墙上，与平台梁平行布置

b) 平台板与平台梁垂直布置

接。如需加强，可在梯斜梁上预埋插筋，与踏步板支承端的预留孔插接固定，并用强度等级较高的水泥砂浆填实（图 9-24a）。

2）梯斜梁或梯段板与平台梁连接。在支座处除了用水泥砂浆外，应在连接端预埋钢板并进行焊接（图 9-24b）。

3）梯斜梁或梯段板与梯基连接。在楼梯底层起步处，梯斜梁或梯段板下应做梯基，梯基常采用砖或混凝土（图 9-24c、d）。

2. 大中型构件装配式楼梯

大中型构件装配式楼梯因为构件体积比较大，质量较大，需要使用大中型起重设备进行

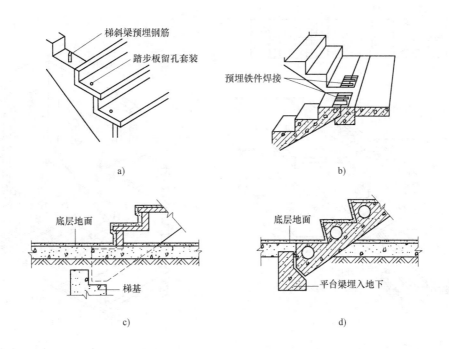

图 9-24 构件连接

a）踏步板与梯斜梁连接 b）梯段与平台梁连接 c）梯段与梯基连接 d）平台梁代替梯基

吊装装配。按结构形式不同，大中型构件装配式楼梯有板式楼梯和梁板式楼梯两种（图9-25）。这种楼梯的构件数量少，装配化程度高，施工速度快，但施工时需要大型起重运输设备，主要用于大型装配式建筑中。

9.4.3 预制装配墙承式钢筋混凝土楼梯

预制装配墙承式钢筋混凝土楼梯系指预制钢筋混凝土踏步板直接搁置在墙上的一种楼梯形式，其踏步板一般采用一字形或 L 形断面（图9-26）。这种楼梯由于在梯段之间设有墙，搬运家具不方便，也阻挡视线，上下人流易相撞。通常在中间墙上开设观察孔，以使上下人流视线流通。也可将中间墙两端靠近平台部分局部收进，以使空间通透，从而改善人流视线和搬运家具、物品。但这种方式对抗震不利，施工也较繁琐。

9.4.4 预制装配墙悬臂式钢筋混凝土楼梯

预制装配墙悬臂式钢筋混凝土楼梯系指预制钢筋混凝土踏步板一端嵌固于楼梯间侧墙上，另一端凌空悬挑的楼梯形式（图9-27）。

预制装配墙悬臂式钢筋混凝土楼梯用于嵌固踏步板的墙体厚度不应小于 240mm，踏步板一般采用 L 形带肋断面形式，踏步板悬挑长度一般不大于 1500mm。悬挑式楼梯不设梯梁和平台梁，构造简单，造价较低，且外形轻巧。预制踏步安装时，必须在踏步凌空一端设临时支撑，以防倾覆，故施工较繁琐。另外，其受结构方面的限制较大，抗震性能较差，地震区不宜采用，通常只适用于非地震区、梯段宽度较小的楼梯。

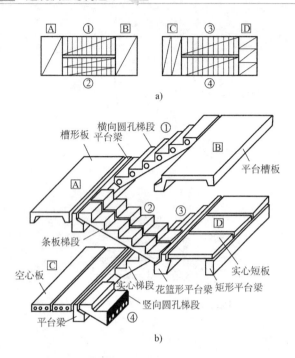

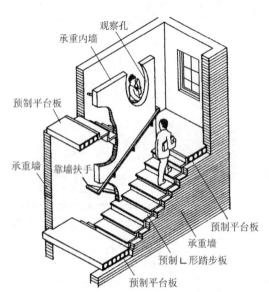

图 9-25 大中型构件装配式（板）楼梯形式

a）结构布置类型 b）构件组合示意图

图 9-26 预制装配墙承式钢筋混凝土楼梯

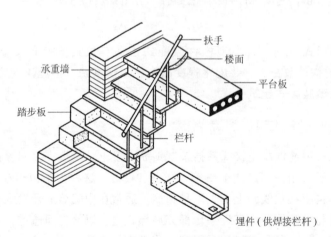

图 9-27 预制装配墙悬臂式钢筋混凝土楼梯

9.5 楼梯的细部构造

课题导入：楼梯的细部构造包括哪些部位？在细部构造设计中应该注意哪些问题？

【学习要求】 了解楼梯的细部构造要求及细部构造中应注意的问题。

楼梯是建筑中与人体接触频繁的构件，由于人在楼梯上行走的过程中脚步用力较大，因此梯段在使用过程中磨损也较大，而且还容易受到人为因素的破坏。建造时，应当对楼梯的踏步面层、踏步细部、栏杆、栏板和扶手进行适当的构造处理，以保证楼梯的正常使用。

9.5.1 踏步的面层和细部处理

踏步面层应当平整光滑、耐磨，以便于清扫。常见的踏步面层有水泥砂浆、水磨石、地面砖和各种天然石材等。为防止行人滑倒，宜在踏步前缘设置防滑条，防滑条的两端应距墙面或栏杆留出不小于120mm的孔隙，以便于清扫垃圾和冲洗。防滑条的材料应耐磨、美观且使人行走舒适。常用材料有金刚砂、陶瓷锦砖、缸砖、橡皮条和金属材料等。踏步防滑构造如图9-28所示。

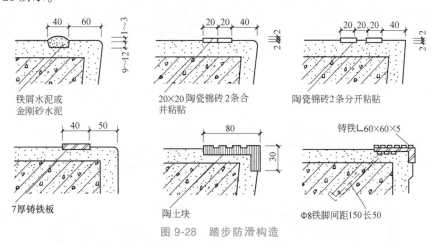

图9-28 踏步防滑构造

9.5.2 栏杆、栏板和扶手

1. 栏杆和栏板

栏杆和栏板的材料多采用钢筋、钢板、木材、铝合金、不锈钢、玻璃、钢筋混凝土和砖墙等。栏杆和栏板是安全装置，它应具有足够的刚度和可靠的连接，保证在人多拥挤时楼梯的使用安全。有儿童活动的场所，如幼儿园、住宅等建筑，为防止儿童穿越栏杆空档发生危险，栏杆垂直构件之间的净距不应大于110mm，且不宜采用易于攀登的花饰，以确保安全。栏杆的形式如图9-29所示，栏板的构造如图9-30所示。

图9-29 栏杆的形式

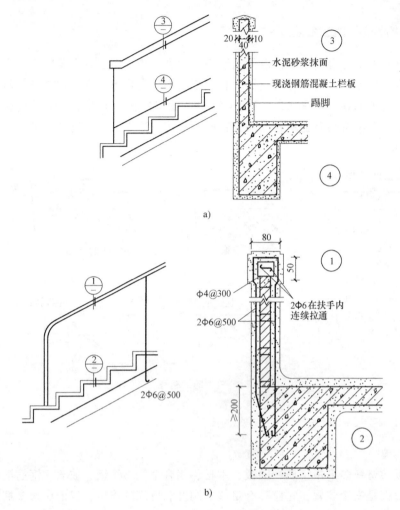

图 9-30　栏板构造

a) 现浇钢筋混凝土栏板　b) 1/4 砖厚栏板

　　栏杆的垂直构件必须与楼梯段有牢固且可靠的连接。目前，采用的连接方式多种多样，应当根据工程实际情况和施工能力合理选择连接方式（图 9-31）。

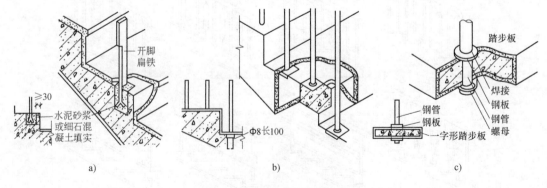

图 9-31　栏杆与楼梯段的连接

a) 锚接　b) 焊接　c) 栓接

2. 扶手

扶手应光滑，扶手材料有木材、钢管、不锈钢、铝合金和塑料等。但室外楼梯不宜采用木材和塑料制作，多采用钢筋混凝土、水泥砂浆、大理石和钢材制作。绝大多数扶手是连续设置的，接头处应当仔细处理，使之平滑过渡。金属通常与栏杆焊接；抹灰类扶手在栏板上端直接饰面；木材及塑料扶手在安装之前应事先在栏杆顶部设置通长的倾斜扁钢，扁铁上预留安装钉孔，然后将扶手安放在扁钢上，并用螺钉固定（图9-32）。

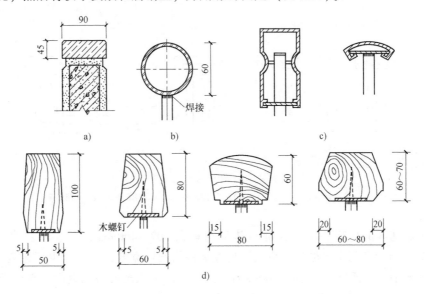

图 9-32　扶手类型

a）石材扶手　b）金属扶手　c）塑料扶手　d）木扶手

9.6　台阶与坡道

课题导入：台阶和坡道的作用是什么？他们有哪些构造要求？

【学习要求】　了解台阶和坡道的基本作用及设计要求。

台阶供人们进出建筑之用，坡道是为车辆及残疾人通行而设置的，有时会将台阶和坡道合并在一起设计。有些建筑由于人们使用功能或精神功能的需要，设有较大的室内外高差，此时就需要大型的台阶和坡道与其配合。台阶和坡道除了用于通行外，还具有一定的装饰作用和美观要求。

9.6.1　台阶

1. 台阶的形式和尺寸

台阶由平台与踏步组成，是联系不同高度地面的踏步段。台阶分室外台阶（外门出入口处）和室内台阶（走廊或楼梯间处）。

台阶的平面形式种类较多，应当与建筑的级别、功能及基地周围的环境相适应。较常见的台阶形式有单面踏步、两面踏步、三面踏步及单面踏步带花池（花台）等，如图9-33所示。部分大型公共建筑经常将行车坡道与台阶合并成为一个构件，强调建筑入口的重要性，提高了建筑的地位。

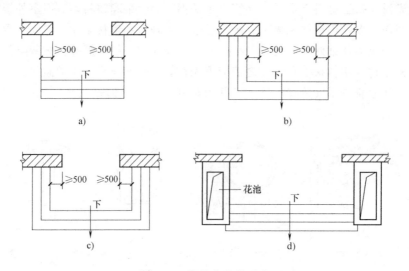

图 9-33　常见台阶的形式

a）单面踏步　b）两面踏步　c）三面踏步　d）单面踏步带花池（花台）

为了满足基本的使用要求，台阶的踏步宽宜在 300～400mm 之间，踏步高宜在 100～150mm 之间。台阶顶部平台的宽度应大于所连通的门洞口宽度，一般至少每边宽出 500mm。室外台阶顶部平台的深度不应小于 1000mm，为防止雨水积聚或溢水室内，平台面宜比室内地面低 20～60mm，并向外找坡 1%～4%，以利于排水。

2. 台阶的构造

台阶的构造分为实铺和架空两种（图 9-34 和图 9-35），大多数台阶采用实铺形式。实铺台阶的构造与室内地坪的构造相似，包括基层、垫层和面层。其中，基层为素土夯实；垫层多采用混凝土、碎砖混凝土或砌砖，其强度和厚度应当根据台阶的尺寸相应调整（图 9-34a）。为了防止台阶与建筑物因沉降差别而出现裂缝，台阶可在建筑主体基本建成且有一定的沉陷后再施工，并在台阶与建筑之间设置沉降缝，常见的做法是在接缝处挤上一根 10mm 厚的防腐木条。

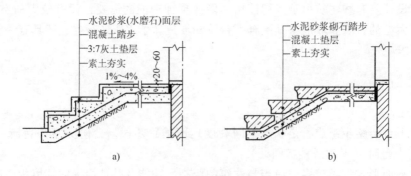

图 9-34　实铺台阶

a）混凝土台阶　b）石台阶

台阶面层有整体和铺贴两大类，如水泥砂浆、水磨石、剁斧石、缸砖及天然石材等（图9-34）。在严寒地区，为保证台阶不受土壤冻胀影响，应将台阶下部一定深度范围内的土换掉，并且设置砂垫层。

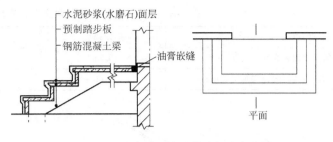

图 9-35　架空台阶（在连接处加油膏嵌缝）

9.6.2　坡道

1. 坡道的分类

坡道按照其用途的不同，可以分成行车坡道和轮椅坡道两类。

（1）行车坡道　行车坡道分为普通行车坡道（图9-36a）与回车坡道（图9-36b）两种。普通行车坡道布置在有车辆进出的建筑入口处，如车库及库房等。回车坡道与台阶踏步组合在一起，布置在某些大型公共建筑的入口处，如办公楼、旅馆及医院等。

（2）轮椅坡道　轮椅坡道是专供残疾人使用的。《无障碍设计规范》（GB 50763—2012）对有关问题做出了明确的规定。

2. 坡道的尺寸和坡度

普通行车坡道的宽度应大于所连通的门洞口宽度，一般每边

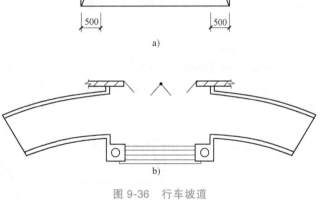

图 9-36　行车坡道
a）普通行车坡道　b）回车坡道

至少宽500mm。坡道的坡度与建筑的室内外高差及坡道的面层处理方法有关。光滑材料坡道坡度不大于1∶12，粗糙材料坡度（包括设置防滑条的坡道）不大于1∶6，带防滑齿坡度不大于1∶4。

回车坡道的宽度与坡道半径及车辆规格有关，坡道的坡度不应大于1∶10。

由于轮椅坡道是供残疾人使用的，因此有一些特殊的规定，这些规定主要有：坡道的宽度不应小于0.9m；每段坡道的坡度、最大允许高度和水平长度应符合表9-3的规定；当坡道的高度和长度超过表9-3的规定时，应在坡道中部设置休息平台，其深度不应小于1.20m；坡道在转弯处应设置休息平台，休息平台的深度不应小于1.5m；在坡道的起点及终点，应留有深度不小于1.50m的轮椅缓冲地带；坡道、公共楼梯凌空侧边应上翻50mm；公共楼梯应设上下双层扶手，坡道两侧应在0.9m高度处设扶手，两段坡道之间的扶手应保持连贯，坡道起点及终点处的扶手应水平延伸0.3m以上（图9-37）。坡道两侧凌空时，在栏杆下端宜设置高度不小于50mm的安全挡台（图9-38）。

表 9-3　每段坡道的坡度、最大允许高度和水平长度

坡道的坡度(高/长)	1/12	1/16	1/20
每段坡道最大允许高度/m	0.75	1.00	1.50
每段坡道最大允许水平长度/m	9.00	16.00	30.00

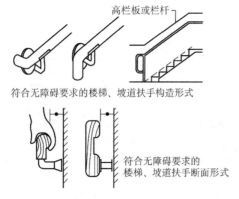

图 9-37　无障碍要求的楼梯及坡道扶手

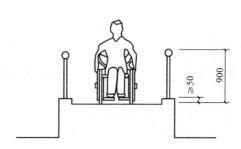

图 9-38　坡道扶手和安全挡台

3. 坡道的构造

坡道一般采用实铺形式，构造要求与台阶基本相同（图 9-39）。垫层的强度和厚度应根据坡道长度及上部荷载的大小进行选择，严寒地区的坡道同样需要在垫层下部设置砂垫层。

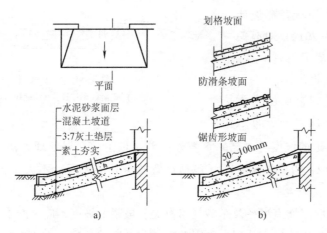

图 9-39　坡道构造
a)　混凝土坡道　b)　混凝土防滑坡道

9.7　电梯及自动扶梯

课题导入：电梯的分类有哪些？电梯由哪几部分组成？原理是什么？

【学习要求】　了解电梯的分类、原理及电梯的基本构造。

电梯是多高层建筑中常用的建筑设备，主要是为了解决人们在上下楼时的体力及时间消

耗问题。有的建筑虽然层数不多，但由于建筑级别较高或使用的特殊需要，往往也设置电梯，如高级宾馆、多层仓库及医院等。部分高层及超高层建筑为了满足疏散和救火的需要，还要设置消防电梯。

自动扶梯是人流集中的大型公共建筑常用的建筑设备。在大型商场、展览馆、火车站及航空港等建筑设置自动扶梯，可以方便行人上下，同时对疏导人流也起到很大的作用。有些占地面积大、交通量大的建筑还要设置自动人行道，以解决建筑内部的长距离水平交通，如大型航空港等。

电梯及自动扶梯的安装及调试一般由生产厂家或专业公司负责。不同厂家提供的设备尺寸、规格和安装要求均有所不同，土建施工时应按照厂家的要求在建筑的指定部位预留出足够的空间和设备安装的基础设施。

9.7.1　电梯

1. 电梯的分类

（1）按使用性质分类

1）客梯：主要用于人们在建筑物中的垂直联系。

2）货梯：主要用于运送货物及设备。

3）消防电梯：在发生火灾、爆炸等紧急情况下，用于安全疏散人员和消防人员紧急救援。

（2）按电梯行驶速度分类

1）高速电梯：速度大于 2m/s，梯速随层数增加而提高，消防电梯常采用高速。

2）中速电梯：速度在 2m/s 之内，一般货梯按中速考虑。

3）低速电梯：运送食物电梯常用低速，速度在 1.5m/s 以内。

（3）其他分类　其他分类有按单台、双台分；有按交流电梯、直流电梯分；有按轿厢容量分；有按电梯门开启方向分等。

（4）观光电梯　观光电梯是将竖向交通工具和登高流动观景相结合的电梯。透明的轿厢使电梯内外景观相互沟通。

2. 电梯的组成

电梯由井道、机房和轿厢三部分组成（图9-40）。

（1）电梯井道　电梯井道是电梯运行的通道，井道内包括出入口、电梯轿厢、导轨、导轨支架、平衡重及限速器等（图9-41）。井道既可供单台电梯使用，也可供两台电梯共用（图9-42）。

井道地坑设置于最底层平面标高下不高于 1.4m 处。考虑电梯停靠时的冲力，井道地坑是轿厢下降时所需的限速器的安装空间（图9-41）。井道地坑应注意防水和防潮处理，坑壁应设爬梯和检修灯槽。

电梯井道出入口的门套应进行装修，电梯门一般为双扇推拉门，宽度为 800~1500mm，有中央分开推向两边的和双扇推向同一边的两种。电梯出入口地面的门滑槽设置在门下外挑的牛腿上（图9-43）。

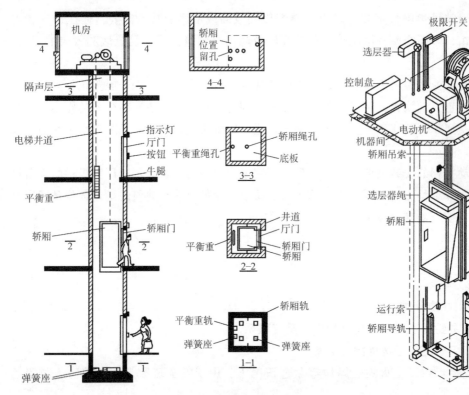

图 9-40 电梯的组成示意图 图 9-41 电梯井道内部透视示意图

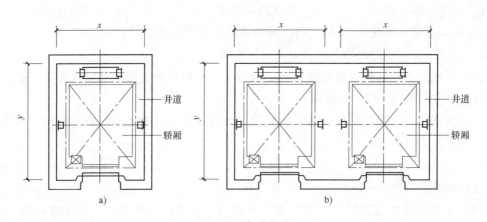

图 9-42 电梯井道

a) 单台电梯井道 b) 两台电梯井道

（2）电梯机房 电梯机房一般设在井道的顶部，也有少数电梯将机房设在井道底层的侧面（如液压电梯）。机房的形状、面积和预留孔洞等均应按电梯的型号和吨位等条件设计。主机下应设置减振垫层，以缓解电梯运行造成的噪声（图 9-44）。

（3）轿厢 轿厢是直接载人、运货的厢体。电梯轿厢应做到坚固、防火、通风、便于检修和疏散。桥厢门一般为推拉门。桥厢内应设置层数指示灯、运行控制器、排风扇、报警器或电话，顶部有疏散孔。

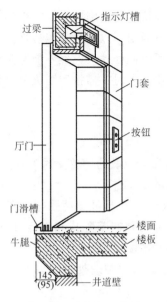

图 9-43 电梯门厅构造

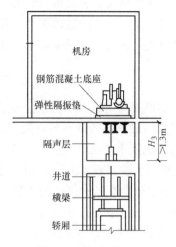

图 9-44 机房隔声层

9.7.2 自动扶梯

自动扶梯适用于车站、码头、空港及商场等人流量大的建筑层间，是连续运输的载客设备。自动扶梯可正、逆方向运行，停机时可当作临时楼梯行走。自动扶梯的平面布置方式可采用单台或双台并列设置。

自动扶梯是由机架、踏步板、扶手带和机房组成。上行时，行人通过梳板步入运行的水平踏步上，扶手带与踏步板同步运行，踏步逐渐转至 30°正常运行。临近下行时，踏步逐渐趋近水平，最后通过梳板步入上一楼层（图 9-45）。逆转下行梯的原理与上相同，只是转向相反。

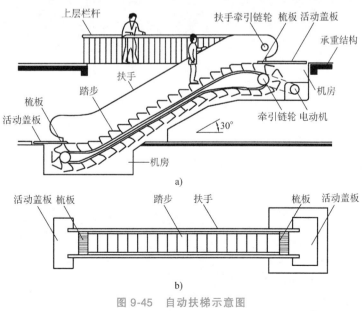

图 9-45 自动扶梯示意图

a）剖面示意图　b）平面示意图

自动扶梯对建筑室内具有较强的装饰作用。扶手多为特制的耐磨胶带，有多种颜色。栏板分为钢化玻璃板和装饰面板等几种。有时还辅助以灯具照明，以增强其美观性。

由于自动扶梯在安装及运行时需要在楼板上开洞，所以此处楼板已经不能起到分隔防火分区的作用。如果上下两层建筑总面积超过防火分区面积要求时，需按照防火要求设置防火卷帘，以便在火灾发生时封闭自动扶梯井。

本 章 回 顾

1. 楼梯既是楼房建筑中的垂直交通枢纽，也是进行安全疏散的主要交通工具。

2. 楼梯一般由楼梯段、平台及栏杆（或栏板）三部分组成。

3. 钢筋混凝土楼梯具有坚固耐久、节约木材、防火性能好及可塑性强等优点，因而得到了广泛应用。按其施工方式不同，钢筋混凝土楼梯可分为预制装配式和现浇整体式两种。根据楼梯段的传力与结构形式的不同，又可分为板式和梁式楼梯两种。

4. 楼梯的踏步面层、踏步细部、栏杆和扶手需进行适当的构造处理，以保证楼梯的正常使用。

5. 台阶供人们进出建筑之用。坡道则是为了车辆及残疾人而设置的，有时将台阶和坡道合并在一起共同工作。

6. 电梯是多高层建筑中常用的建筑设备，电梯由井道、机房和轿厢三部分组成。

第10章

屋顶

10.1 概述

课题导入：屋顶的组成和类型有哪些？屋顶的坡度设计和构造有什么要求？

【学习要求】 了解屋顶的组成、作用、类型、坡度与设计的要求。

10.1.1 屋顶的组成、作用和设计要求

1. 屋顶的组成

屋顶主要由屋面、承重结构、保温（隔热）层和顶棚组成（图10-1）。

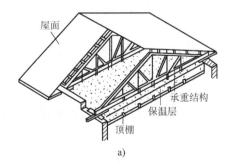
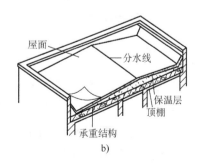

图 10-1 屋顶的组成

a) 坡屋顶 b) 平屋顶

（1）屋面 屋面是屋顶的面层，暴露在大气中，直接承受自然界各种因素（风、雨、

雪、日晒等）的侵蚀和人为（上人和维修）的冲击与摩擦。因此，要求屋面材料应该具有良好的防水性能和一定的承载能力。

（2）承重结构　承重结构承受屋面传来的各种荷载和屋顶自重。承重结构一般有平面结构和空间结构。当建筑内部空间较小时，多采用平面结构，如梁板结构及屋架等。大型公共建筑，如体育馆、大礼堂等，内部空间大，要求中间不允许设柱支承屋顶，故常采用空间结构，如网架、薄壳、悬索及折板等结构形式。

（3）保温（隔热层）　保温层是严寒和寒冷地区为防止冬季室内热量透过屋顶散失而设置的构造层。隔热层是为炎热地区夏季隔绝太阳辐射热进入室内而设置的构造层。保温（隔热）层应采用导热系数小的材料，其位置可设置在屋面与顶棚层之间。

（4）顶棚　顶棚是屋顶的底面，有直接式顶棚和悬吊式顶棚两种，可根据房间的保温（隔热）、隔声、外观和造价要求选择顶棚的形式和材料。

2. 屋顶的作用和设计要求

屋顶是房屋最上层覆盖的外围护结构，其主要作用有以下三方面：一是围护作用，防御自然界风、霜、雨、雪的侵袭以及太阳辐射、温湿度的影响；二是承重作用，屋顶是房屋的水平承重构件，承受和传递屋顶上的各种荷载，对房屋起着水平支撑作用；三是美观，屋顶的色彩及造型等对建筑艺术和风格有着十分重要的影响，是建筑造型的重要组成部分。

屋顶的设计要求有以下几个方面：

1）要求屋顶起到良好的围护作用，具有防水、保温和隔热性能。其中，防止雨水渗漏是屋顶的基本功能要求，也是屋顶设计的核心。

2）要求屋顶具有足够的强度、刚度和稳定性，能够承受风、雨、雪、施工及上人等，容易发生地震的地区还应考虑地震荷载对它的影响，需满足抗震要求，并力求做到质量小、构造简单。

3）满足人们对建筑艺术（即美观）方面的要求。屋顶是建筑造型的重要组成部分，我国古建筑的重要特征之一就是有变化多样的屋顶外形和装修精美的屋顶细部，现代建筑也应注重屋顶形式及细部设计。

10.1.2　屋顶的类型

1. 根据屋面防水材料的不同分类

（1）柔性防水屋面　用防水卷材或制品做防水层，如沥青油毡、橡胶卷材、合成高分子防水卷材等，这种屋面具有一定的柔韧性。

（2）刚性防水屋面　用细石混凝土等刚性材料做防水层，构造简单、施工方便、造价低，但这种屋面韧性差，易产生裂缝而使水渗漏，在寒冷地区应慎用。

（3）瓦屋面　用黏土瓦、小青瓦、筒板瓦等按上下顺序排列做防水层。这种屋面防水材料一般尺寸不大，需要有一定的搭接长度和坡度才能排除雨水，排水坡度常为33.3%～100%。

（4）波形瓦屋面　用石棉水泥波瓦、镀锌薄钢板波瓦、铝合金波瓦、玻璃钢波瓦及压形薄钢板波瓦等做屋面。

（5）金属薄板屋面　用镀锌薄钢板、涂塑薄钢板、铝合金板和不锈钢板等做屋面，该屋面的坡度可小些，一般为10%~20%，可用于曲面屋顶。

（6）涂料防水屋面　屋面板采用涂料防水，板缝用嵌缝材料防水的一种屋面。

（7）粉剂防水屋面　用一种惰水、松散粉末状防水材料做防水层的屋面，具有良好的耐久性和应变性。

（8）玻璃屋面　采用有机玻璃、夹层玻璃、钢丝网玻璃或钢化玻璃等做防水屋面，有采光的功能。

2. 根据屋顶的外形和坡度的不同分类

（1）平屋顶　平屋顶是指屋面坡度小于5%的屋顶，常用坡度为2%~5%。优点是节约材料，屋面可以开发利用，如做成露台、活动场地、屋顶花园甚至游泳池等，应用极为广泛（图10-2）。

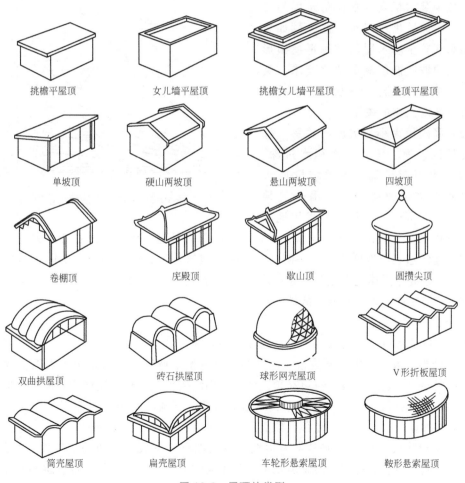

挑檐平屋顶　　女儿墙平屋顶　　挑檐女儿墙平屋顶　　叠顶平屋顶

单坡顶　　硬山两坡顶　　悬山两坡顶　　四坡顶

卷棚顶　　庑殿顶　　歇山顶　　圆攒尖顶

双曲拱屋顶　　砖石拱屋顶　　球形网壳屋顶　　V形折板屋顶

筒壳屋顶　　扁壳屋顶　　车轮形悬索屋顶　　鞍形悬索屋顶

图10-2　屋顶的类型

（2）坡屋顶　屋面坡度大于 5% 的屋顶，由于坡度较大，防水、排水性能较好。坡屋面在我国历史悠久，选材容易，应用较广（图 10-2）。

（3）曲面屋顶　随着建筑事业的不断发展及建筑大空间的需要，出现了许多大跨度屋顶的结构形式，例如拱结构屋顶、薄壳结构屋顶、悬索结构屋顶、膜结构屋顶及充气屋顶等。这些屋顶造型、各具特色，建筑屋顶的外形也更加丰富（图 10-2）。

10.1.3　屋顶的坡度

1. 坡度形成的原因和影响因素

屋顶是建筑的围护结构，在有降雨时，屋面应具有一定的防水能力，并应在短时间内将雨水排出屋面，以免发生渗漏，因此屋面应具有一定的坡度。坡度的确定受多种因素影响，坡度太小易漏水，反之会浪费材料和空间，故必须根据采用的屋面防水材料和当地降水量以及建筑结构形式、建筑造型、经济条件等因素来综合考虑。

（1）屋面防水材料与坡度的关系
屋面防水材料接缝较多的瓦房屋，漏水可能性大，应采用大坡度，使排水速度加快，减少漏水机会。整体防水层的接缝较少，屋面坡度可以小一些，例如卷材屋面和混凝土防水屋面常用平屋顶形式。恰当的坡度既能满足防水要求，又能做到经济适用。图 10-3 所示为各种屋面材料与坡度大小的关系。

（2）降雨量大小与坡度的关系　降雨大的地区，为了防止屋面积水过深、水压力增大引起渗漏，屋顶坡度应大些，以使雨水迅速排出。降雨小的地区，屋顶坡度可小些。我国云贵川地区年降雨量较大，一般在 1000mm 以上，各地小时降雨量也不同，一般在 20~90mm 之间。

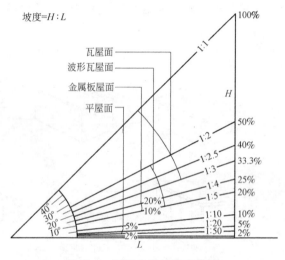

图 10-3　屋面常用的坡度范围

（3）建筑造型与坡度的关系　使用功能决定建筑外形，结构形式的不同也体现在建筑的造型上，最终主要体现在建筑的屋顶形式上。例如，上人屋面，坡度就不能太大，否则使用不方便；坡屋面多采用瓦材，故坡度较大。

2. 坡度形成的方法

屋顶坡度的形成有结构找坡和材料找坡两种方法。

（1）结构找坡　结构找坡是指屋顶结构自身有排水坡度。一般采用上表面呈倾斜的屋面梁或在屋架上安装屋面板，也可在顶面倾斜的山墙搁置屋面板，使结构表面形成坡面。这种做法无需另加找坡材料，构造简单，不增加荷载，其缺点是顶棚是倾斜的，空间不够规整，有时需加设吊顶。某些坡屋顶、曲面屋顶常用结构找坡（图 10-4a）。

（2）材料找坡　材料找坡是指屋顶坡度由垫坡材料形成，一般用于坡度较小的屋面。为了减轻屋面荷载，应选用轻质材料找坡，如水泥炉渣、石灰炉渣等。找坡层的厚度最薄处不应小于 15mm。平屋顶材料找坡的坡度宜为 2%（图 10-4b）。

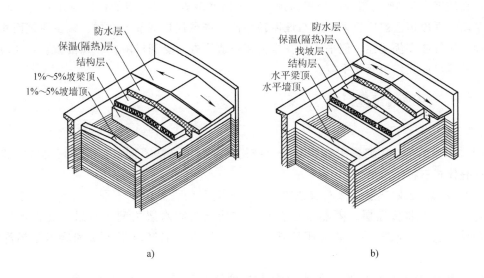

图 10-4 平屋面排水坡度的形成

a）结构找坡 b）材料找坡

3. 屋顶常用坡度范围及表示方法

各种屋面的坡度和各种因素（如屋面材料、地理气候、屋顶结构形式、施工方法、构造组合方式、建筑造型要求以及经济要求等）都有一定的关系。

不同的防水材料具有不同的排水坡度范围。屋面坡度常采用斜率法、角度法和百分比法来表示。斜率法以脊高与相应的水平投影长度的比值来标定，如 1：2、1：2.5 等，较大坡度也可用角度法如 30°、45° 等，较平坦的坡度常用百分比法表示，如 2%、5% 等（图 10-5）。

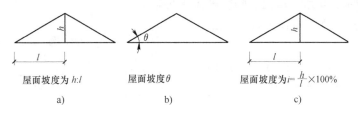

屋面坡度为 $h:l$　　屋面坡度 θ　　屋面坡度为 $i=\dfrac{h}{l}\times 100\%$

a)　　　　　　　b)　　　　　　　c)

图 10-5 屋面坡度的表示方法

a）斜率法 b）角度法 c）百分比法

10.2 平屋顶

课题导入：平屋顶的组成和类型有哪些？平屋面排水方式和防水构造是怎样的？

【学习要求】 了解平屋顶的作用、组成、坡度与设计的要求，掌握平屋顶卷材防水屋面、刚性防水屋面的构造做法，掌握屋顶的保温、隔热处理和节能技术。

屋顶坡度小于5%的屋顶称为平屋顶。由于钢筋混凝土梁、板的普遍应用和防水材料的不断革新，平屋顶已被广泛采用。与坡屋顶相比，平屋顶具有节约木材、减少建筑面积、便于屋顶利用等诸多优越性。但平屋顶在丰富建筑造型方面受到局限，多以挑檐、女儿墙、挑檐带女儿墙等形式作为变化手段。

10.2.1　平屋顶的组成及特点

1. 平屋顶的组成

（1）承重结构　主要采用钢筋混凝土结构，按施工方法不同，可分为现浇式、装配式及装配整体式三种承重结构。

（2）保温层或隔热层　保温层或隔热层的设置目的，是防止冬季、夏季屋顶层房间过冷或过热。一般将保温层、隔热层设在承重结构层与防水层之间。常采用的保温材料有无机粒状材料和块状制品，如膨胀珍珠岩、水泥蛭石、加气混凝土块和聚苯乙烯泡沫塑料等。

（3）防水层　屋面是通过防水材料来达到防水目的。平屋顶坡度较小，排水缓慢，因而要加强防水的处理。防水材料分柔性和刚性两种。柔性防水材料具有较好的延展性，能适应因温度变化引起的屋面变形，柔性防水材料又分卷材类和膏状类两种。刚性防水材料主要有防水砂浆和高密度混凝土等，由于防水砂浆和高密度混凝土的抗拉强度较低，属于脆性材料，容易受屋面变形影响而开裂漏雨，故刚性材料防水屋面多用于昼夜温差较小的地区。而柔性材料防水屋面适用于昼夜温差较大且有振动荷载和基础有较大不均匀沉降的建筑。

（4）顶棚层　屋顶顶棚层一般有直接吊顶和悬吊顶棚两类，与楼板层顶棚做法基本相同。

2. 平屋顶的结构特点

1）屋顶构造厚度较小，结构布置简单，室内顶棚平整，能够适应各种复杂的建筑平面形状，且屋面防水、排水、保温、隔热等构造处理简单。

2）屋面平整，便于屋顶上人及屋面利用。

3）由于屋顶坡度小、排水慢、屋面积水机会多，易产生渗漏现象且维修困难。

10.2.2　平屋顶的屋面排水

平屋顶的屋面排水方式分为无组织排水和有组织排水两大类（图10-6）。

1. 无组织排水

无组织排水是指雨水经檐口直接落至地面，屋面不设雨水口、天沟等排水设施，也称自由落水。该排水形式节约材料，施工方便，构造简单，造价低。当建筑物为多高层或在降雨较多的地区不宜采用

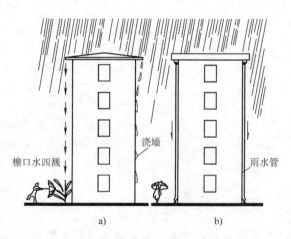

图10-6　有组织与无组织排水的比较

a）无组织排水　b）有组织排水

（图 10-7）。

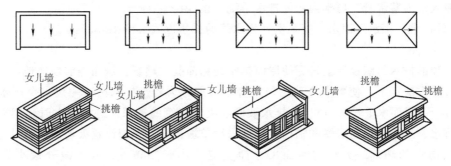

图 10-7　平屋顶无组织排水

2. 有组织排水

有组织排水是指屋面设置排水设施，将屋面雨水有组织地疏导引至地面或地下排水管内的一种排水方式。这种排水方式构造复杂，造价高，但雨水不侵蚀墙面，不影响人行道交通。有组织排水分内排水和外排水两种，外排水又分为女儿墙外排水和挑檐沟外排水（图 10-8）。

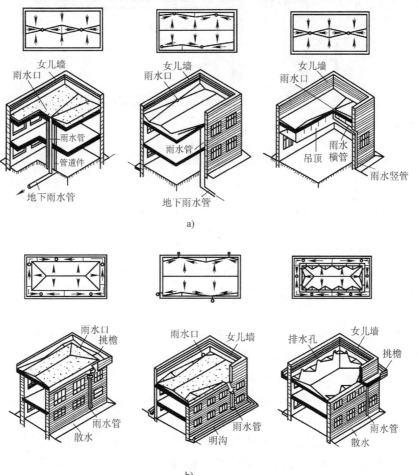

图 10-8　平屋顶有组织排水

a）有组织内排水　b）有组织外排水

1）内排水。对大面积、多跨、高层以及特种要求的平屋顶常做成内排水方式，雨水经雨水口流入室内落水管，再排到室外排水系统（图10-8a）。

2）外排水。雨水经雨水口流入室外排水管的排水方式（图10-8b）。

3. 排水的设计

平屋顶的排水组织设计就是为使屋面排水线路简捷、顺畅，从而能够快速地将雨水排出屋面。设计方法如下：使雨水负荷均匀，将屋面划分为若干排水区，一般一个雨水口负担$150 \sim 200 \text{m}^2$（屋面水平投影面积）。排水坡面取决于建筑的进深，进深较大时采用双坡排水或四坡排水，进深较小的房屋和临街建筑常采用单坡排水。合理设置天沟，使其具有汇集雨水和排出雨水的功能。天沟的断面尺寸净宽应不小于200mm，分水线处最小深度大于80mm，沿天沟底长度方向设纵向排水坡，称为天沟纵坡，坡度一般为$0.5\% \sim 1\%$。雨水管常用直径为$75 \sim 100$mm、雨水口间距在$15 \sim 18$m之间，不宜超过18m。雨水管有铸铁、镀锌薄钢板、石棉水泥及塑料等几种。常用塑料管，镀锌薄钢板易锈蚀，不宜在潮湿地区使用；石棉水泥管性脆，不宜在严寒地区使用。屋面排水组织设计如图10-9所示。

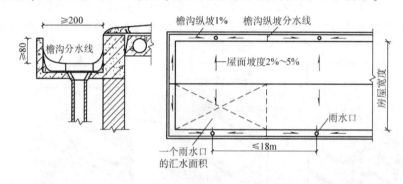

图 10-9　屋面排水组织设计

10.2.3　平屋顶的防水构造

1. 柔性防水屋面构造

柔性防水屋面是将柔性防水卷材用胶结材料粘贴在屋面上，形成一个大面积封闭的防水覆盖层，这种防水层具有一定的延伸性，能较好地适应结构、温度等引起的变形，也称为卷材防水屋面。

（1）柔性防水屋面的材料　多年来，我国一直沿用石油沥青卷材为柔性防水屋面的主要材料，它是由特制纸胎在热沥青中经两遍浸渍而成的。这种防水屋面造价低，但需热施工，低温时脆裂，高温时流淌，常需重复维修，现在已较少采用。

近年来随着新型屋面防水卷材的出现，沥青卷材将被逐步替代。这些新型卷材主要有三类：一是高聚物改性沥青卷材，如APP改性沥青卷材；二是合成高分子卷材，如三元乙丙橡胶类、聚氯乙烯类和改性再生胶类等；三是沥青玻璃布卷材、沥青玻璃纤维卷材等。这些材料的共同优点是弹性好、抗腐蚀、耐低温、寿命长且为冷施工，具有很好的发展前景。

目前，三元乙丙橡胶防水卷材得到了广泛的推广应用，本文主要介绍此屋面构造方法。

（2）柔性防水屋面的防水构造（图 10-10）

1）找平层和结合层。找平层的作用是保护防水层的基层表面平整。一般用 1∶3 或 1∶2.5水泥砂浆做找平层，厚度为 20mm，抹平收水后应二次压光。防水层采用三元乙丙橡胶卷材时，结合层是在找平层上均匀涂刷的一层与三元乙丙橡胶卷材配套的专用胶黏剂。防水层采用石油沥青卷材时，在找平层上先涂刷

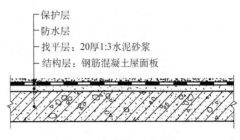

图 10-10 柔性防水屋面

一层既能和沥青胶黏结，又容易渗入水泥砂浆表层的，用汽油或柴油稀释的沥青溶液，该沥青溶液被称为冷底子油。冷底子油是卷材和基层的结合层。需要注意的是，由于用来找坡的水泥砂浆和轻质混凝土都是刚性材料，在变形应力作用下，很容易出现裂缝，尤其容易出现在变形的敏感部位，如屋面板的支座处、板缝间和屋面檐口附近等，可以在这些敏感部位预留分格缝，缝宽约为 20~40mm，中间应用柔性材料及建筑密封膏嵌缝。

2）防水层。采用三元乙丙橡胶、氯化聚乙烯共混防水卷材作为防水层，一般选用一层设防，在屋面容易漏水的部位，如天沟、泛水、雨水口和屋面阴阳角等凸凹部位均需附加一层同类卷材。

采用防水卷材作为防水层，一般选用二毡三油，屋面容易漏水的部位选用三毡四油。在做防水层时应注意，防水卷材要保持干燥，铺卷材之前，必须保证找平层干透，如果找平层含有一定的水分，做上防水层后，在太阳照射下，水就会变成水蒸气，当上面受到防水层的阻挡，水蒸气将发生气化膨胀，从而导致屋面防水层卷材起鼓，造成防水层卷材破裂，使屋面漏水（图 10-11）。因此，为了在防水层和找平层之间有一个能让水蒸气扩散流动的场所和渠道，在铺第一层卷材时，将粘贴材料沥青涂刷成点状或条状（图 10-12），点与条之间的空隙即作为排气的通道，且排气的通道应通向排气出口。排气出口应设在屋面最高的分水线上。

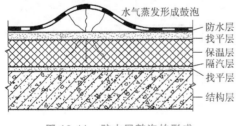

图 10-11 防水层鼓泡的形成

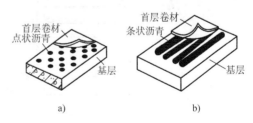

图 10-12 基层与卷材的蒸汽扩散层
a）点状粘贴 b）条形粘贴

在有保温层的卷材防水屋面中，卷材防水层经常由于滞留于屋面材料中或自室内渗入的水气受热膨胀而鼓泡或发生褶皱，影响防水层的性能。对此，采取的措施有：一是将沥青采用点状或条状粘贴，使水蒸气有一定的扩散场所；二是在屋面合适位置设置透气层及通风口，如图 10-13 所示。

当屋面坡度小于3%时，卷材宜平行屋脊铺贴；屋面坡度大于3%时，卷材可平行或垂直于屋脊铺贴。卷材铺设时的搭接缝宽度不小于 80mm；空铺、点铺及条铺时，搭接宽度为 100mm。卷材的铺贴方式如图 10-14 所示。

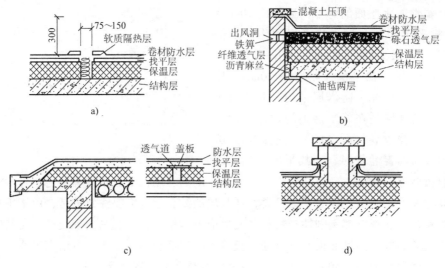

a)

b)

c)   d)

图 10-13 保温层内设置透气层及通风口构造

a) 保温层设透气道   b) 砾石透气层及女儿墙出风口

c) 保温层设透气道及檐下出风口   d) 中间透气口

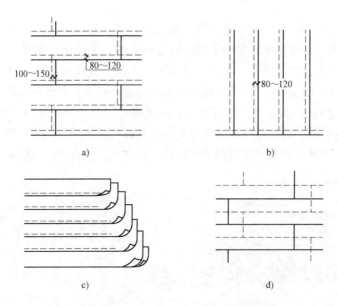

a)   b)

c)   d)

图 10-14 卷材的铺贴方式

a) 平行屋脊铺设   b) 垂直屋脊铺设

c) 层叠搭接半张平行屋脊铺设   d) 双层平行屋脊铺设

3）保护层。对于不上人屋面，由于防水层是三元乙丙橡胶、氯化聚乙烯共混防水卷材，强度较好，屋面可以不铺设保护层。采用卷材做防水层时，最上面的沥青在阳光照射下可能流淌，使卷材滑移脱落，从而引起漏水现象，所以必须做保护层，一般在最上面一层洒些绿豆砂（3~6mm 小石子），俗称绿豆砂保护层。

上人屋面可在防水层上浇筑 30~40mm 厚细石混凝土面层，为防止屋面变形、保护层开裂，每 2m 左右留一分格缝，并用油膏嵌缝。也可以用预制 30mm 厚度的 490mm×490mm 混凝土板或缸砖做面层，铺在 20mm 厚的水泥砂浆上，并用水泥砂浆嵌缝（图 10-15）。

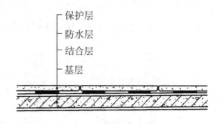

图 10-15 柔性卷材上人屋面

（3）柔性防水屋面的细部构造 柔性防水屋面一般大面积发生渗漏的可能性较少，发生渗漏的部位多在房屋构造的交接处，如屋面与垂直墙面交接处、屋檐处、变形缝处、雨水口出处及伸出屋面的管道、烟囱根部等（图 10-16）。

1）泛水构造。泛水是指屋面与垂直墙面交接处的防水构造处理，如屋面与伸出屋面的女儿墙、烟囱及变形缝等交界处的构造。由于平屋顶的坡度较小，排水缓慢，屋顶容易困水，为防止雨水四溅造成渗漏，必须将屋面防水层延伸到这些凸出物的立墙上，并加铺一层防水卷材，形成立铺的防水层。

一般泛水高度不应小于 250mm，转角处将找平层做成半径不小于 150mm 的圆弧或 45° 斜面，以防止在粘贴卷材时因直角转弯而折断或不能铺实，如图 10-17 所示。泛水也可与女儿墙压顶连为一体，从而简化构造和施工程序。

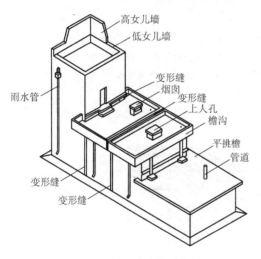

图 10-16 屋面防水构造部位

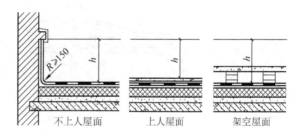

图 10-17 泛水高度的起点

泛水高度确定以后，应注意处理好防水层的端头部位，必须将端部嵌入墙内封牢，否则将造成防水层出现起翘而发生渗漏。收口一般采用钉木条、压薄钢板、嵌砂浆、嵌油膏和盖镀锌薄钢板等方法处理，还可在泛水上口挑出 1/4 砖用以挡水，构造处抹水泥砂浆斜口并做滴水（图 10-18）。

2）檐口构造。檐口构造有自由落水檐口和有组织排水檐口两种。

① 在自由落水檐口中，为使屋面雨水迅速排除，一般在距檐口 0.2~0.5m 范围内的屋面坡度不宜小于 15%。檐口处要做滴水线，并用 1：3 水泥砂浆抹面。卷材收头处采用油膏嵌缝，上面再洒绿豆砂保护，或用镀锌薄钢板出挑（图 10-19）。

② 有组织排水的檐口，有外挑檐口及女儿墙外排水等多种形式。在檐沟内及檐口处要加铺一层防水卷材，檐口收头处可用砂浆压实、嵌油膏和插铁卡等方法处理。在天沟、檐沟内用轻质材料做出不小于 1% 的纵向坡度。女儿墙外排水一般直接利用屋顶倾斜坡面在靠近

女儿墙屋面最低处做成排水沟。天沟内防水层应铺设到女儿墙上形成泛水，并翻高至屋面表面至少250mm以上（图10-20~图10-23）。

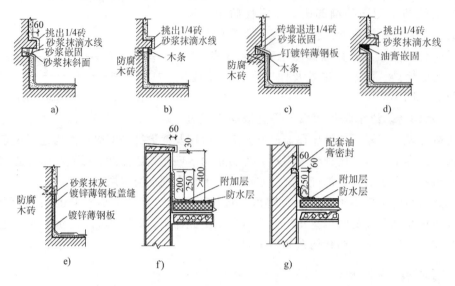

图 10-18　柔性卷材屋面泛水构造

a）砂浆嵌固收口泛水　b）钉木条嵌固收口泛水　c）木条固定镀锌薄钢板收口泛水
d）油膏嵌固收口泛水　e）镀锌薄钢板泛水　f）混凝土压顶女儿墙泛水
g）油膏嵌缝女儿墙泛水

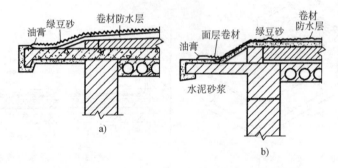

图 10-19　自由落水油毡屋面檐口构造

a）油膏嵌缝压毡　b）油膏嵌缝压毡再铺面层卷材盖砂

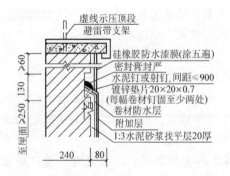

图 10-20　卷材收头处构造（砖砌女儿墙）

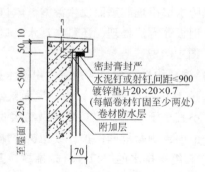

图 10-21　卷材收头处构造（钢筋混凝土女儿墙）

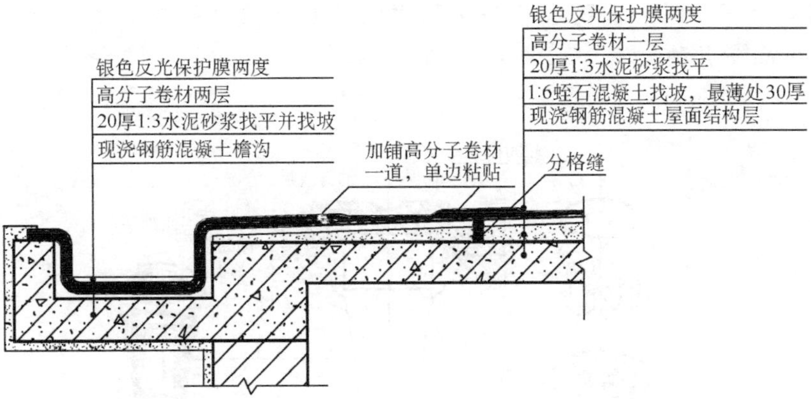

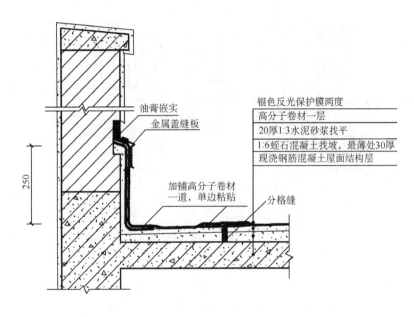

图 10-22 卷材防水屋面及檐沟构造

图 10-23 卷材防水屋面及女儿墙处构造

（4）雨水口构造 雨水口是屋面雨水排至落水管的连接构件，通常为定型产品，多用铸铁、钢板和硬塑料制品。雨水口分为直管式和弯管式两大类。直管式用于内排水中间天沟和外排水挑檐等。弯管式只适用于女儿墙外排水天沟。

直管式雨水口根据降雨量和汇水面积选择型号。套管呈漏斗型，安装在挑檐板上，防水卷材和附加卷材均粘贴在套管内壁上，再用环形筒嵌入套管内，将卷材压紧，嵌入深度不小于100mm，环形筒与底座的接缝需用油膏嵌缝（图10-24a）。雨水口周围直径500mm范围内坡度应不小于5%，并涂封厚度不小于2mm的密封材料。

弯管式雨水口呈90°弯状，由弯曲套管和铸铁箅两部分组成。弯曲套管置于女儿墙预留的孔洞中，屋面防水卷材和泛水卷材应铺到套管的内壁四周，铺入深度至少100mm，套管口用铸铁箅遮挡，防止杂物堵塞水口（图10-24b）。雨水口下面是雨水斗和雨水管，雨水斗是雨水口与雨水管的连接装置，也可不设置雨水斗，将雨水口与雨水管用钢板或镀锌薄钢板制品直接相连（图 10-25）。雨水管是排除雨水的竖向或倾斜向管道，内径有 100mm、125mm 及 150mm 等几种。

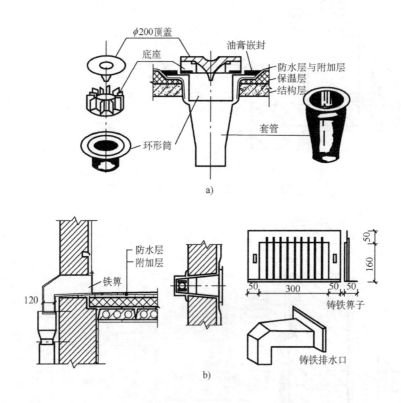

图 10-24　柔性卷材屋面雨水口构造
a）直管式雨水口　b）弯管式雨水口

（5）女儿墙压顶　女儿墙平屋顶中，女儿墙是外墙在屋顶以上的延续，也称檐墙。女儿墙不承受垂直荷载，墙厚一般为 240mm，为保证其稳定性和抗震能力，女儿墙高不宜超过 500mm，若为满足屋顶上人或建筑造型要求超过 500mm 时，需加设构造小柱与顶层圈梁相连。女儿墙顶端的构造称为压顶，压顶一般有预制和现浇两种。对于地震区应采用钢筋混凝土整体式现浇压顶，以增强女儿墙的整体性（图 10-26）。

（6）屋面上人孔　屋面上人孔是供检修人员到屋顶检修用的空洞，它的内径一般为 600mm×700mm，并至少有一个边与内墙面平齐，以便设置上人爬梯（图 10-27）。

（7）透气管出屋面　建筑中的卫生设备排水系统均应设置透气管并伸出屋顶。透气管出屋面的根部是渗漏的隐患，应针对该处的渗漏采取防水措施，以保证屋面不发生渗漏。透气管的出口应加设网罩，以防止飞禽误入堵塞（图 10-28）。

2. 刚性防水屋面构造

刚性防水屋面是以刚性防水材料作为防水层的屋面。这种屋面造价低，施工方便，但容易开裂，尤其对温度变化和结构变形较为敏感，一般刚性防水屋面多用于南方温差变化小的

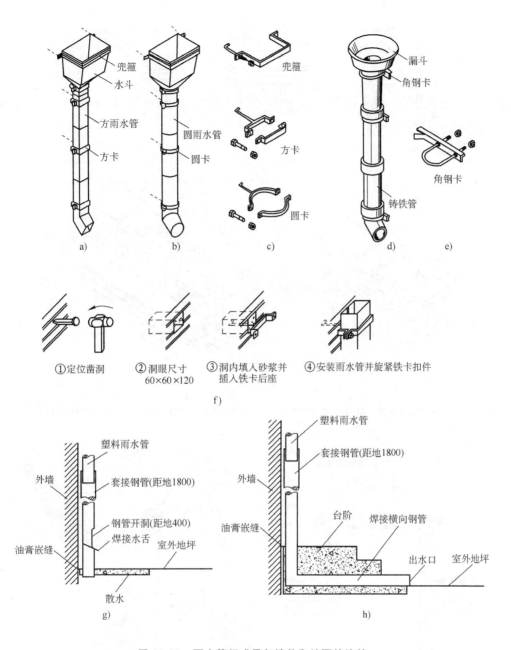

图 10-25 雨水管组成及与墙体和地面的连接

a) 镀锌薄钢板方雨水管 b) 硬质塑料圆雨水管 c) 固定件 d) 铸铁雨水管 e) 固定铁件
f) 铁卡安装顺序 g) 雨水管锚入散水内 h) 雨水管穿越台阶

地区，有高温、振动和基础有较大不均匀沉降的建筑不宜采用。

（1）刚性防水屋面的材料 刚性防水屋面主要由防水砂浆或密实混凝土浇捣而成。由于防水砂浆中掺入了防水剂，堵塞了毛细孔道，防水性能得到提高；而密实混凝土则是通过一系列精加工来排除多余水分，从而提高了其防水性能。这种屋面只适用于无保温

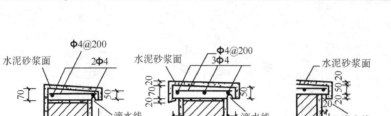

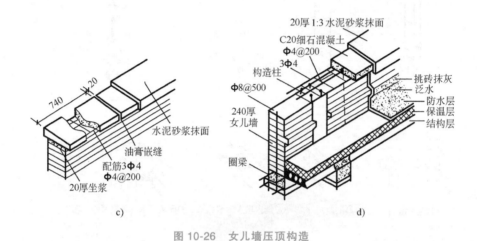

图 10-26 女儿墙压顶构造

a）预制压顶板构造 b）现浇板压顶构造 c）预制压顶板的安装 d）现浇板与构造柱的连接

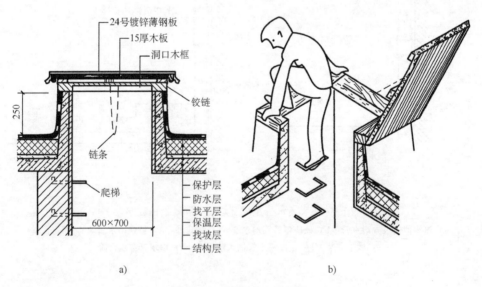

图 10-27 屋面上人孔构造

a）剖面图 b）示意图

层的屋面，因为保温层一般多采用轻质多孔的材料，上面不便湿作业；防水层也容易产生裂缝，所以多用于温差较小地区的建筑中。屋面坡度宜为 2%～3%。

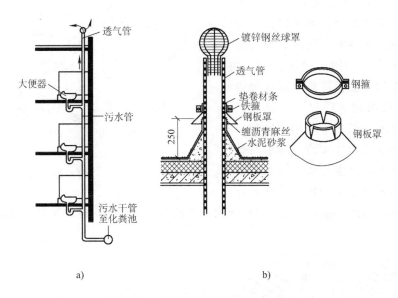

图 10-28　透气管出屋面的防水构造

a）透气管的位置　b）透气管出屋面的防水构造

（2）刚性防水屋面的防水构造（图 10-29）

1）结构层：结构层一般采用钢筋混凝土现浇或预制屋面板。

2）找平层：结构层采用预制钢筋混凝土板时，应做 20mm 厚 1:3 水泥砂浆找平层，采用现浇钢筋混凝土整体结构时，可以不做找平层。

3）隔离层：结构层在荷载作用下会产生挠曲变形，在温度变化时会产生胀缩变形。由于结构层较防水层厚，其刚度相应比防水层大，当结构产生变形时会将防水层拉裂。为减少结构层变形对防水层的不利影响，宜在结构层与防水层之间设置隔离层，隔离层常采用纸筋灰、低强度等级砂浆、卷材或沥青玛瑞脂等材料。若防水层中加膨胀剂，其抗裂性能有所改善，也可以不做隔离层。

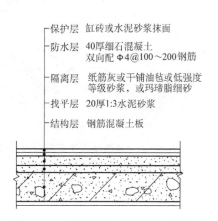

图 10-29　刚性防水屋面的防水构造

4）防水层：采用细石混凝土整体浇筑；混凝土强度不低于 C20，厚度不小于 40mm；防水层内设置 $\phi 4 \sim \phi 6 @ 100 \sim 200mm$ 的双向钢筋网片，以控制混凝土收缩后产生的裂缝；钢筋保护层厚度不小于 10mm。水泥砂浆和细石混凝土防水层中可掺入外加剂，如膨胀剂、防水剂等，以产生不溶性物质，堵塞毛细孔道，提高混凝土的防水性能。

（3）刚性防水屋面的细部构造

1）分格缝：分格缝是刚性防水层的变形缝，也称分仓缝，是用以适应屋面变形，防止不规则裂缝的人工缝。分格缝一般设置在屋面板易变形处，如屋面转折处、板与立墙交接处等，分格缝服务面积宜控制在 $20 \sim 30m^2$（图 10-30）。分格缝宽度一般为 20mm。为了有利于伸缩，缝内应嵌入密封材料，外表用防水卷材盖缝条盖住（图 10-31）。

2）泛水构造：刚性防水屋面泛水构造与柔性防水屋面原理基本相同，一般做法是将细石混凝土防水层直接延伸到墙面上，细石混凝土内的钢筋网片同时上弯。泛水应有足够的高度，转角处做成圆弧或45°斜面，与屋面防水层应一次浇成，不留施工缝。泛水上端应采取挡雨措施，一般做法是将砖墙挑出1/4砖，抹水泥砂浆滴水线。刚性屋面泛水与墙之间必须设分格缝，以免两者变形不一致，使泛水开裂

图 10-30 分格缝设置位置

滴水。分格缝内用弹性材料充填，缝口应用油膏嵌封或薄钢板盖缝，如图 10-32 所示。

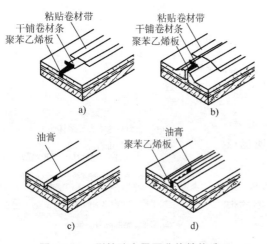

图 10-31 刚性防水屋面分格缝构造
a）平缝卷材盖缝 b）凸缝卷材盖缝
c）平缝油膏嵌缝 d）凸缝油膏嵌缝

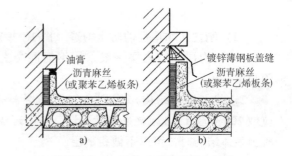

图 10-32 刚性防水屋面泛水构造
a）油膏嵌缝 b）镀锌薄钢板盖缝

3）檐口构造：常用的檐口形式有自由落水挑檐、有组织挑檐沟外排水及女儿墙外排水檐口。自由落水挑檐可用挑梁铺屋面板，将防水层做到檐口，注意在收口处做滴水线（图 10-33）。挑檐沟有现浇和预制两种，可将屋面防水层直接做到檐沟，并加铺防水层一道，如图 10-34 所示。女儿墙外排水一般直接利用屋顶倾斜坡面在靠近女儿墙屋面最低处做成排水沟，做法与前面女儿墙泛水相同，天沟内需铺设纵向排水坡，如图 10-35 所示。

4）雨水口构造：刚性防水屋面雨水口的规格和类型与前面介绍的柔性防水屋面所用雨水口相同（图 10-24）。安装直管式雨水口时，为防止雨水从套管与沟底接缝处渗漏，应在雨水口四周加铺柔性卷材，卷材应铺入套管内壁。檐口内浇筑的混凝土防水层应盖在附加的卷材上，防水层与雨水口相接处用油膏嵌封。安装弯式雨水口前，下面应铺一层柔性卷材，然后再浇筑屋面防水层，防水层与弯头交接处用油膏嵌缝（图 10-36）。

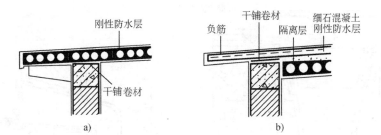

图 10-33　刚性防水屋面自由落水檐口处的构造做法

a) 挑梁搁置预制板　b) 外挑刚性防水层

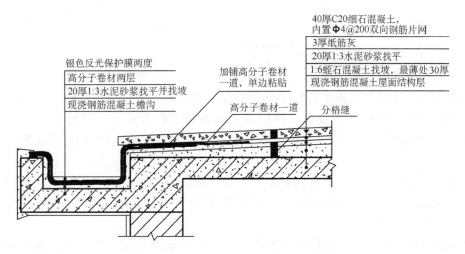

图 10-34　刚性防水屋面及檐沟处的构造做法

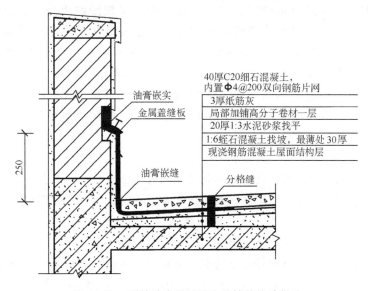

图 10-35　刚性防水屋面及女儿墙的构造做法

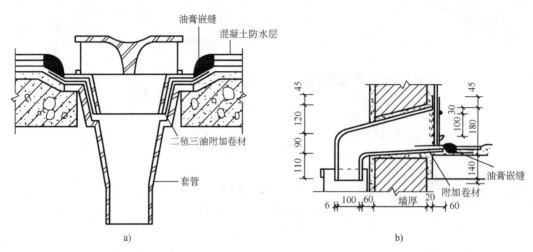

图 10-36　刚性防水屋面雨水口构造做法

a）直管式雨水口　b）弯管式雨水口

3. 涂膜防水平屋面

涂膜防水屋面所用的防水材料主要是可塑性和黏结力较强的防水涂料，分为水泥基涂料、合成高分子涂料、高聚物改性沥青防水涂料及沥青基防水涂料等。其工作机理是生成不溶性的物质堵塞混凝土表面的微孔，或者生成不透水的薄膜覆盖在基层的表面上。

涂膜防水层应当涂抹在平整的基层上。如果基层是混凝土或水泥砂浆，其空鼓、缺陷处和表面裂缝应先用聚合物砂浆修补，还应保持干燥，一般含水率在 8% ~ 9% 时方可施工。

屋面防水涂料因为是直接涂在基层之上的，所以如果基层发生变形，很容易使表层防水材料受到影响。因而涂膜必须涂抹多遍，达到规定的厚度方可，而且与防水卷材的构造做法相类似，在跨越分格缝时，要在下面加铺一层聚酯的无纺布，以增加适应变形的能力。此外，还规定在防水等级较高的工程中，屋面的多道防水构造层里只能够有一道是防水涂膜。图 10-37 所示为在防水混凝土之上再做防水涂膜的做法。为了保护涂膜不受损坏，通常需要在上面用细砂做隔离层进行保护，铺设预制混凝土块等硬质材料后，才能够上人。不过，遇有屋面凸出物，如管道、烟囱等与屋面的交接处，在其他防水构造方法较难施工或难以覆盖严实时，用防水涂料和纤维材料经多次敷设涂抹成膜，是一种简便易行的方法。

4. 粉剂防水平屋面

粉剂防水平屋面是以脂肪酸钙与氢氧化钙组成的复合型憎水粉加保护层的防水屋面。它是一种新型的防水形式，与柔性防水和刚性防水有所不同，粉剂也称憎水粉、拒水粉或镇水粉。这种屋面防水层透气不透水，有良好的憎水性、耐久性和随动性，适用于坡度不大于10% 的屋面，且构造简单、施工快、价格低、寿命长。

粉剂防水平屋面的构造做法是在结构层上抹水泥砂浆或细石混凝土找平层，然后铺 3 ~ 7mm 厚的建筑憎水粉，再覆盖保护层。保护层一般采用 20 ~ 30mm 厚的水泥砂浆或浇筑 30 ~ 40mm 厚的细石混凝土，也可以用大阶砖或预制混凝土压板盖，如图 10-38 所示。

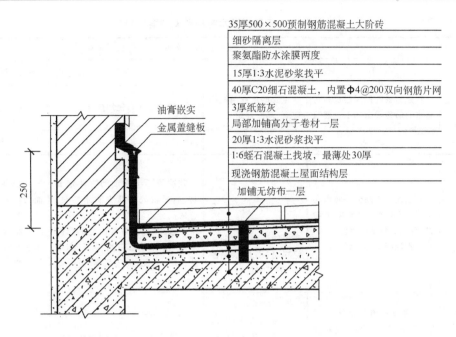

35厚500×500预制钢筋混凝土大阶砖

细砂隔离层

聚氨酯防水涂膜两度

15厚1:3水泥砂浆找平

40厚C20细石混凝土，内置Φ4@200双向钢筋片网

3厚纸筋灰

局部加铺高分子卷材一层

20厚1:3水泥砂浆找平

1:6蛭石混凝土找坡，最薄处30厚

现浇钢筋混凝土屋面结构层

油膏嵌实

金属盖缝板

加铺无纺布一层

图 10-37　涂膜防水屋面的构造做法

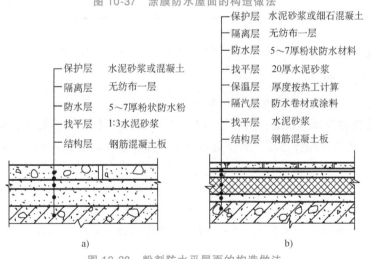

保护层	水泥砂浆或混凝土
隔离层	无纺布一层
防水层	5～7厚粉状防水粉
找平层	1:3水泥砂浆
结构层	钢筋混凝土板

保护层	水泥砂浆或细石混凝土
隔离层	无纺布一层
防水层	5～7厚粉状防水材料
找平层	20厚水泥砂浆
保温层	厚度按热工计算
隔汽层	防水卷材或涂料
找平层	水泥砂浆
结构层	钢筋混凝土板

a)　　　　　　　　　　　　　　b)

图 10-38　粉剂防水平屋面的构造做法

a) 非保温屋面构造　b) 保温屋面构造

5. 平屋面防水方案的选择

在具体工程项目中，平屋面的防水方案可以按照表 10-1 的规定做出原则上的选择，至于具体所采用的材料以及构造层次的安排，可以根据建筑物所在地的气候条件、屋面是否上人和造价的限制等因素来决定。例如属于表 10-1 中第Ⅱ类建筑物的屋面防水构造，如果是上人屋面，可以选择将两道防水层中的卷材放在下面，表面覆盖塑料薄膜作为隔离层（也可作为浮筑层）之后，直接做防水细石混凝土。这样整个屋面层厚度最小，细石混凝土可兼作防水卷材的保护层，还可以在上面进行装修，以适应上人的需要。诸如此类的做法，可以从工程实践中多加学习。

表 10-1 平屋面防水等级和设防要求

项 目	平屋面防水等级			
	I	II	III	IV
建筑物类别	特别重要的民用建筑和对防水有特殊要求的工业建筑	重要的工业与民用建筑,高层建筑	一般的工业与民用建筑	非永久性的建筑
使用年限	25 年	15 年	10 年	5 年
防水层选用材料	宜选用合成高分子防水卷材、高聚物改性沥青防水卷材、合成高分子防水涂料、细石防水混凝土等材料	宜选用高聚物改性沥青防水卷材、合成高分子防水卷材、合成高分子防水涂料、高聚物改性沥青防水涂料、细石防水混凝土、平瓦等材料	宜选用三毡四油沥青防水卷材、高聚物改性沥青防水卷材、合成高分子防水卷材、合成高分子防水涂料、高聚物改性沥青防水涂料、沥青基防水涂料、刚性防水层、平瓦、油毡瓦等材料	可选用二毡三油沥青防水卷材、高聚物改性沥青防水涂料、沥青基防水涂料、波形瓦等材料
设防要求	三道或三道以上防水设防,其中应有一道合成高分子防水卷材,且只能有一道厚度不小于 2mm 的合成高分子防水涂膜	二道防水设防,其中应有一道卷材,也可采用压型钢板进行一道设防	一道防水设防,或两种防水材料复合使用	一道防水设防

10.2.4 平屋顶的保温、隔热与节能构造

1. 平屋顶的保温构造

（1）柔性防水保温平屋顶的基本构造

1）保温材料的选择。保温材料要根据平屋顶的使用要求、气候条件、屋顶结构形式及当地资源和工程造价等综合考虑，必须是容重轻、热导率小的多孔材料，一般分为散料、块材和板材几种。

散料有炉渣、矿渣、膨胀珍珠岩和膨胀蛭石等。块材有沥青珍珠岩、沥青膨胀蛭石、水泥膨胀珍珠岩和加气混凝土等；板材有预制膨胀珍珠岩板、膨胀蛭石板、加气混凝土板、聚苯乙烯泡沫塑料板和岩棉板等轻质材料。施工时先在保温层上抹水泥砂浆找平层，再铺橡胶防水层。

2）保温层的设置

① 保温层在防水层下，如图 10-39a 所示。

构造层从上到下依次为：保护层、防水层、找平层、保温层、隔汽层、找平层、结构层，即保温层包裹在结构层的上面。保温层厚度根据热工计算来确定。这种做法能有效减小外界温度变化对结构的影响，而且结构受力合理，施工方便。但室内水蒸气容易产生凝结水，降低保温性能，另外也容易使防水层起鼓破坏，导致防水层失效。

② 保温层在防水层上，如图 10-39b 所示。

构造层次为：保护层、憎水性保温层、防水层、找平层、结构层。由于保温层的位置和通常设置的位置相反，所以也称为倒铺保温屋面。这种做法的优点是防水层不受外界气候的

影响，不受外界的破坏。采用吸湿性低、耐气候性强的憎水保温材料，如聚氨酯和聚乙烯泡沫材料等。这是一种较合理的做法，是一种有发展前景的构造方式。

（2）刚性防水保温平屋顶的构造 刚性防水保温平屋顶的保温构造与柔性防水保温平屋顶的构造方式基本相同，如图10-40所示。

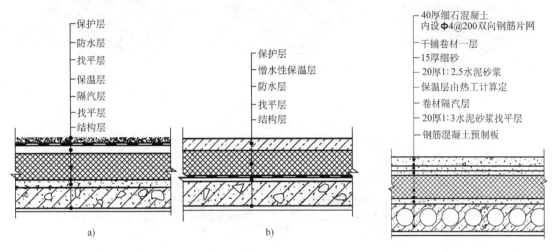

图 10-39 平屋顶保温屋面

a）防水层在上，保温层在下 b）防水层在下，保温层在上

图 10-40 刚性防水保温平屋顶构造

2. 平屋顶的隔热构造

（1）实体材料隔热屋面 利用材料的蓄热性、热稳定性和传导时间的延迟性来做隔热屋顶（图10-41）。

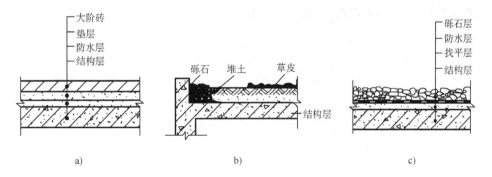

图 10-41 实体材料隔热屋面

a）大阶砖实铺屋面 b）堆土屋面 c）砾石屋面

（2）通风屋面 在屋顶设置通风的空气间层，利用空气的流动带走热量。一般有两种做法：一种是通风层设在结构层上面，采用架空大阶砖或预制板的方式，架空层的净空高度一般以 180~240mm 为宜，不宜超过 360mm，如图 10-42 所示；另一种为顶棚通风隔热，通风层设在顶棚与屋顶之间，如图 10-43 所示。

（3）反射蒸发降温屋面 屋顶表面涂成浅色，利用浅色反射一部分太阳辐射热，以达到降温的目的，如铺浅色砾石、刷银粉等。对要求较高的屋顶，可在间层内铺设铝箔，利用

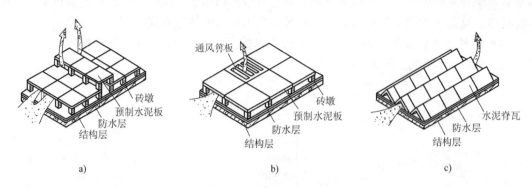

图 10-42 架空通风隔热屋顶

a) 架空高低板 b) 架空通风算板 c) 水泥脊瓦通风

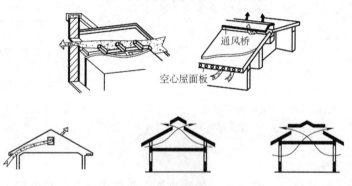

图 10-43 顶棚通风隔热屋顶

二次反射使隔热降温更加完善, 如图 10-44 所示。

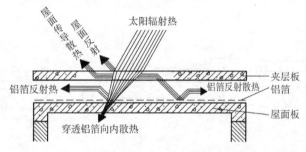

图 10-44 铝箔反射屋面

（4）蓄水隔热屋面 蓄水隔热屋面利用平屋顶所蓄积的水层来达到屋顶隔热的目的，如图 10-45 所示。其原理为：在太阳辐射和室外气温的综合作用下，水能吸收大量的热而由液体蒸发为气体，从而将热量散发到空气中，减少了屋顶吸收的热能，起到隔热的作用。水面还能反射阳光，减少阳光辐射对屋面的热作用。水层在冬季还有一定的保温作用。此外，水层长期将防水层淹没，使混凝土防水层处于水的养护下，减少由于温度变化引起的开裂和防止混凝土的碳化；此外，使诸如沥青和嵌缝胶泥之类的防水材料在水层的保护下推迟老化过程，延长使用年限。

（5）种植隔热 种植隔热的原理是：在屋顶上种植植物，借助栽培介质隔热及植物吸收阳光进行光合作用和遮挡阳光的双重功效来达到降温隔热的目的，如图10-46所示。

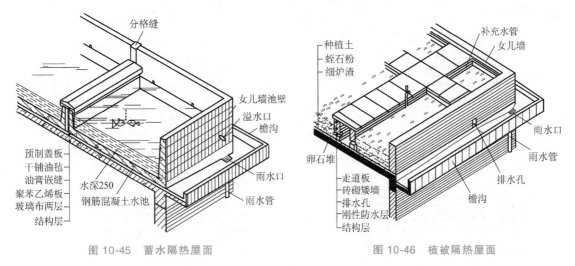

图10-45 蓄水隔热屋面　　　　　　　　图10-46 植被隔热屋面

3. 屋面节能构造

从原建设部2002年4月4日发函印发《公共建筑节能设计标准》列入国家标准实施计划起，节能就是建筑设计中重点设计的方案之一，因为建筑能耗在我国总能耗中所占的比例很大，为25%~45%。提高围护结构的保温性能是降低建筑能耗的关键。屋顶作为一种建筑物外围护结构，室内外温差很大，室内的热量极易通过屋顶散发损失。因此，必须加强屋顶的保温节能设计，提高节能效益。

目前，大多数住宅仍采用平屋顶，在太阳辐射最强的中午时分，太阳光线对坡屋面是斜射的，而对平屋面则是正射的。深暗色的平屋面仅反射不到30%的日照，而非金属浅暗色的坡屋面至少反射65%的日照，反射率高的屋面可节省20%~30%的能源消耗。经研究，使用聚氯乙烯膜或其他单层材料制成的反光屋面，确实能减少至少50%的空调能源消耗，在夏季高温酷暑季节能减少10%~15%的能源消耗。因此，平屋面隔热效果不如坡屋面，而且平屋面的防水较为困难。若将平屋面改为坡屋面，并内置保温隔热材料，不仅可提高屋面的热工性能，还有可能提供新的使用空间（顶层面积可增加约60%），有利于防水，降低检修维护费用，提高耐久性。随着建筑材料技术的发展，用于坡屋面的坡瓦材料形式较多，色彩选择范围较广，对改变平屋面千篇一律的单调风格、丰富建筑艺术造型、点缀建筑空间有很好的装饰作用。大量平改坡屋面被广泛应用于中小型建筑，但坡屋面若设计构造不合理、施工质量不好，也可能出现渗漏现象。因此，坡屋面的设计必须搞好屋面细部构造设计及保温层的热工设计，使其能真正达到防水和节能的目的。

（1）保温层设置在屋面结构层与防水层之间　这是最常见的做法，大部分不具备自防水性能的保温材料都可以放在屋面的这个位置上。由于保温层下设置了隔汽层，因室内温度较高产生的水蒸气就被隔离在保温层之下。同时在最上面的防水层又保护了保温材料，这种做法称为正铺法（图10-47）。保温层如果不兼作为找坡层，也可以在找平层之下用轻集料的混凝土找坡，保温层则可以做成统一的厚度。

（2）保温层设置在屋面防水层之上　只有具有自防水功能的保温材料才可以使用这种构造做法，例如保温材料是挤塑型聚苯乙烯板。由于保温层铺设在屋面防水层之上，防水层不会受到阳光的直射，而且温度变化较小，对防水层有很好的保护作用，这种做法称为倒铺法（图 10-48）。

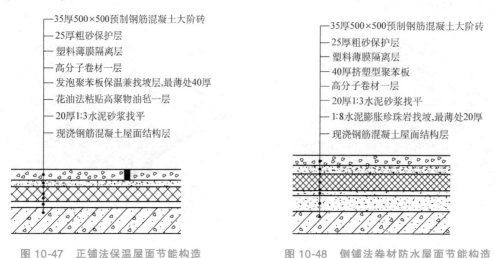

图 10-47　正铺法保温屋面节能构造　　　　图 10-48　倒铺法卷材防水屋面节能构造

（3）保温层设置在屋面结构层之下　在顶层屋面板下做吊顶的建筑物中，屋面保温层也可以直接放置在屋面板或者板底与吊顶之间的夹层内。如图 10-49 所示是在结构板底直接粘贴硬质或半硬质的带反射铝箔的岩棉保温层的屋顶构造做法。如图 10-50 所示是将袋装保温散料搁在吊顶面板上。吊顶板与屋面板底之间的夹层最好有透气孔，可以将蒸汽排出。

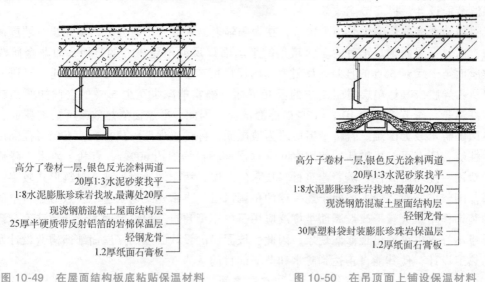

图 10-49　在屋面结构板底粘贴保温材料　　　　图 10-50　在吊顶面上铺设保温材料

10.3　坡屋顶

课题导入：坡屋顶的组成和类型有哪些？坡屋顶构造和节能是怎样做的？

【学习要求】　了解坡屋顶的作用、组成、坡度与设计的要求。掌握坡屋顶的构造做法及屋顶的保温和隔热处理、节能技术。

10.3.1 坡屋顶的特点与形式

1. 坡屋顶的特点

坡屋顶建筑是我国传统的建筑形式，多用瓦材防水，坡度一般大于5%。它具有坡度大、排水快、防水功能好、易于维修和可就地取材等优点，但坡屋顶消耗材料较多、体形复杂、结构处理较难（图10-51）。

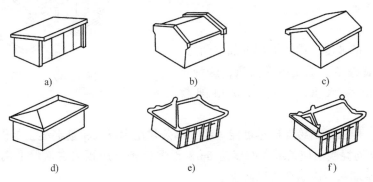

图 10-51　坡屋顶的形式

a) 单坡屋顶　b) 硬山两坡顶　c) 悬山两坡顶　d) 四坡顶　e) 庑殿顶　f) 歇山顶

2. 坡屋顶的形式

（1）单坡屋顶　房屋宽度很小或临街时采用单坡屋顶。

（2）双坡屋顶　房屋宽度较大时采用双坡屋顶，可分为悬山屋顶和硬山屋顶两种。悬山是指屋顶两端挑出山墙外的屋顶形式；硬山是指两端山墙高出屋面的屋顶形式。

（3）四坡屋顶　四坡屋顶也称四坡落水屋顶。古代宫殿庙宇常用的庑殿顶和歇山顶都属于四坡屋顶。

10.3.2 坡屋顶的组成

坡屋顶主要由承重结构、屋面和顶棚组成，必要时还设有保温层和隔热层等，如图10-52所示。

（1）承重结构　承重结构主要作用是为屋面提供基层、承受屋面荷载等，一般有椽条、檩条、屋架或大梁等。

（2）屋面　屋面的主要作用是直接承受风、雨、雪和太阳辐射等，它包括屋面盖料和基层，如挂瓦条、屋面板等。

（3）顶棚　顶棚是屋顶下面的遮盖部分，结合室内装修进行，可以增加室内空间的艺术效果，此外，有了屋顶夹层后对提高屋顶保温、隔热性能也有一定帮助。

（4）保温、隔热层　保温或隔热层可设

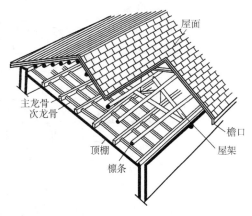

图 10-52　坡屋顶的组成

在屋面层或顶棚处，视具体情况而定。

10.3.3 坡屋顶的承重结构

坡屋顶的承重结构常用的有横墙承重、屋架承重及钢筋混凝土梁板承重。房屋开间较小的建筑，如住宅、宿舍等，常采用横墙承重；要求有较大空间的建筑，如食堂、礼堂及俱乐部等采用屋架承重。

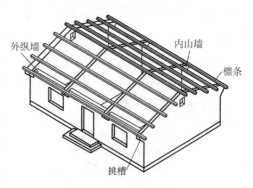

图 10-53　横墙承重

1. 横墙承重

按屋顶要求的坡度，横墙上部砌成三角形，在墙上直接搁置檩条，承受屋面重量，这种承重方式称为横墙承重，也称为硬山架檩（图 10-53）。

横墙间距，即檩条的跨度应尽可能一致，檩条常用木材或钢筋混凝土制作。木檩条跨度在 4m 以内，钢筋混凝土檩条最大跨度达 6m。设置檩条时应预先在横墙上搁置木块或混凝土垫块，木檩条端头需涂刷沥青以防腐。

2. 屋架承重

屋架搁置在建筑物外纵墙或柱上，屋架上设檩条，传递屋面荷载，使建筑物内有较大的使用空间（图 10-54）。屋架形式有三角形、梯形、矩形及多边形（图 10-55），可根据排水坡度和空间要求确定采用形式。木制屋架跨度可达 18m，钢筋混凝土屋架跨度可达 24m，钢屋架跨度可达 36m 以上（图 10-55）。屋架应根据屋面坡度进行布置，在四坡屋顶及屋面相交接处需要增加斜梁或半屋架等构件（图 10-56）。

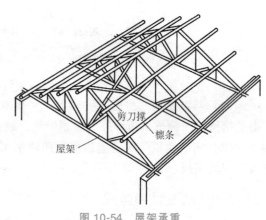

图 10-54　屋架承重

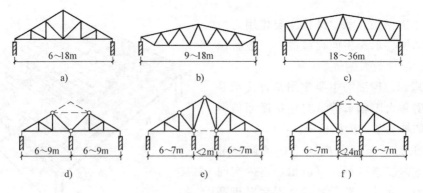

图 10-55　常用屋架形式

a）豪式屋架　b）梭形屋架　c）梯形屋架　d）三支点屋架　e）、f）四支点屋架

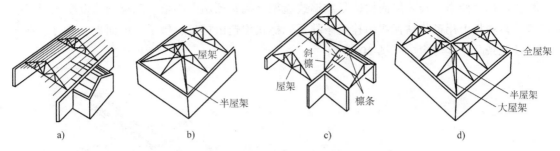

图 10-56 屋架布置示意图

a）房屋垂直相交，檩条相叠 b）四坡屋顶端部，半屋架放在全屋架上

c）房屋垂直相交，斜檩在屋架上 d）转角处，半屋架放在全屋架上

3. 钢筋混凝土梁板承重

由于木材缺陷和使用的限制，木材制作的坡屋顶承重结构正在被逐步淘汰，取而代之的是钢筋混凝土坡屋面。采用钢筋混凝土结构技术，能塑造坡屋顶的任何形式，如直斜面、多折斜面或曲斜面等。钢筋混凝土可预制可现浇。所以钢筋混凝土坡屋面被广泛用于民居、别墅及仿古建筑等，如图 10-57 所示。

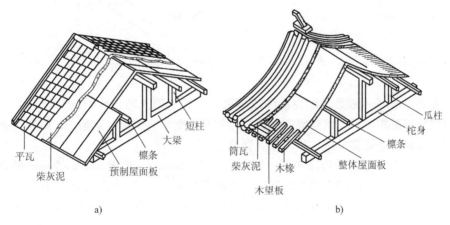

图 10-57 钢筋混凝土梁板承重坡屋顶

a）预制直斜面 b）现浇曲斜面

10.3.4 坡屋顶的屋面排水及屋面构造

1. 坡屋顶的排水组织

坡屋顶是利用其屋面坡度自然进行排水的，和平屋顶一样，当雨水集中到檐口处，可以无组织排水，也可以有组织排水（内排水或外排水），如图 10-58 所示。

2. 屋面基层

在我国传统坡屋顶建筑中，主要是依靠最上层的各种瓦材相互搭接形成防水能力的，其屋面构造

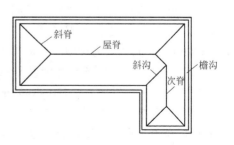

图 10-58 坡屋顶排水组织

分板式和檩式两类。板式屋面构造是在墙或屋架上搁置预制空心板、现浇钢筋混凝土板或挂瓦板，再在板上用砂浆贴瓦或用挂瓦条挂瓦；檩式构造由檩条、椽子、屋面板、卷材、顺水条、挂瓦条及平瓦等组成（图 10-59）。

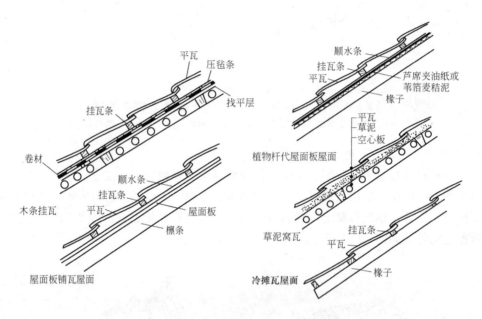

图 10-59　常用坡屋顶构造组成示意图

（1）檩条　檩条一般是支承在横墙或屋架上，其断面及间距应根据构造需要由结构设计确定。檩条可采用木材、钢筋混凝土或轻型钢材。断面有圆形、矩形、L 形和 T 形等。采用木材时，木材需经防腐处理，以防潮、防腐。

（2）椽子　椽子垂直于檩条布置，间距为 200~300mm，常用 50mm×50mm 的方木或直径为 50mm 的圆木，其跨度为檩条的间距。当檩条间距较小时，也可以不用椽子。

（3）屋面板　屋面板俗称望板，一般为 15~20mm 厚木板，其主要作用是为屋面防水层提供基层。

（4）卷材　在屋面板上干铺一层卷材作为辅助防水层。一般卷材应平行于屋脊自下向上铺设，搭接长度大于等于 100mm，用顺水条固定于屋面板上。

（5）顺水条　顺水条是截面为（20~30）mm×6mm 木条，沿坡度方向钉在屋面板上，间距为 400~500mm，其主要作用是固定卷材，因其顺水方向故俗称顺水压毡条。

（6）挂瓦条　挂瓦条是沿顺水条垂直方向并固定于顺水条上的木条，常用截面为 20mm×30mm，其间距为屋面平瓦的有效尺寸，主要作用是挂瓦。

（7）平瓦　我国传统平瓦为黏土平瓦，近几年保护耕地已禁用，目前有水泥平瓦、陶瓦等替代品。平瓦尺寸为（190~240）mm×（380~450）mm。

（8）挂瓦板　挂瓦板是将檩条、屋面板及挂瓦条几个功能结合的屋面构件。基本形式有 F 形板及单 T 形、双 T 形板，挂瓦板屋顶简单、经济，但易漏水。

3. 屋面铺设

坡屋顶的屋面构造，是指按屋面材料的种类而选择相应的屋面基层。屋面基层是指檩条上支承屋面材料的构造层。坡屋顶的屋面材料有多种，如小青瓦、机制平瓦、波形瓦及金属瓦等。

（1）机制平瓦屋面 机制平瓦有水泥瓦和黏土瓦两种。外形尺寸为400mm×230mm，上下层搭接，瓦面上有排水槽，瓦底有挂钩，可以挂在挂瓦条上，以防止平瓦下滑。在屋脊处需要用脊瓦将两坡平瓦受头处压盖，并用水泥石灰麻刀灰砂浆嵌缝。由于机制平瓦的瓦型较小、接缝多，容易因飘雨而渗漏，可在平瓦屋面的瓦下铺设卷材或垫泥背（素泥或草泥）均能避免和减缓渗漏。机制平瓦和脊瓦如图10-60所示。

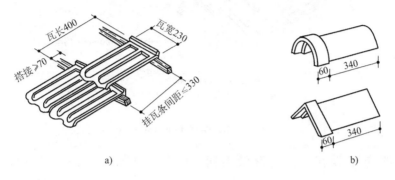

图 10-60 机制平瓦和脊瓦

a）平瓦的规格和构造要求 b）筒形脊瓦和三角形脊瓦

1）冷摊瓦屋面。冷摊瓦屋面是平瓦屋面中最简单的做法，即在密集屋架或椽条上钉挂瓦条后直接挂瓦（图10-61）。这种做法构造简单，造价较低，但保温及防漏均比较差，多用于简易临时用房。

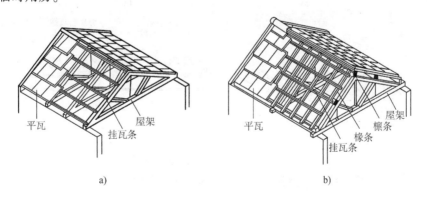

图 10-61 冷摊瓦屋面

a）密集屋架钉挂瓦条 b）椽条上钉挂瓦条

2）屋面板平瓦屋面。一般平瓦屋面的防水主要靠瓦与瓦之间的相互拼缝搭接，但往往雨水和雪花容易飘入瓦缝里，形成渗水现象。为防止渗水现象，一般在檩条上钉屋面板，屋面板上满铺一层卷材，沿排水方向钉顺水条，再沿顺水条垂直方向钉挂瓦条，并在挂瓦条上挂瓦。上下行瓦错开半片，檐口瓦需用镀锌铁丝穿入瓦底小孔与挂瓦条相连，防止被风掀起（图10-62）。

（2）波形瓦屋面 波形瓦屋面按材料不同，可分为水泥石棉瓦、镀锌薄钢板瓦、钢丝

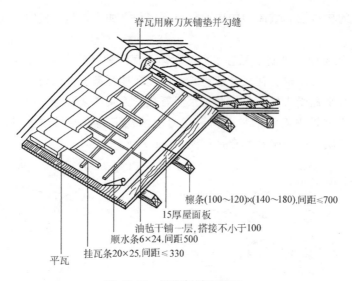

脊瓦用麻刀灰铺垫并勾缝

檩条(100~120)×(140~180),间距≤700
15厚屋面板
油毡干铺一层,搭接不小于100
顺水条6×24,间距500
挂瓦条20×25,间距≤330
平瓦

图 10-62 屋面板平瓦屋面

网水泥瓦及彩色钢板瓦等；按形状不同，可分为大波、中波、弧形波及不等波等（图 10-63）。

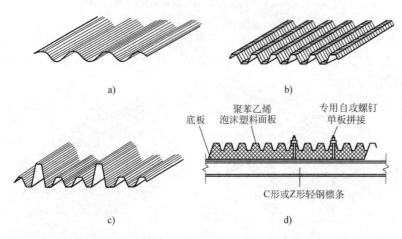

a)   b)

底板
聚苯乙烯泡沫塑料面板
专用自攻螺钉
单板拼接

C形或Z形轻钢檩条

c)   d)

图 10-63 波形瓦的形式分类

a）弧形波瓦　b）梯形波瓦　c）不等波瓦　d）彩色压型钢板复合屋面板

1）水泥石棉瓦屋面。水泥石棉瓦屋面是用水泥与石棉纤维压制而成的瓦，质量小、耐火、施工方便，但容易折断破裂。水泥石棉瓦可直接固定在檩条上，上下行瓦的搭接处应在檩条上。水泥石棉瓦的铺设方式有两种：一种是上下行对正铺设，外观整齐，但左右搭接和上下搭接同在一点，有四层瓦厚，容易翘裂，一般在安装前将对角两块瓦的重叠部分割去一角；另一种方式是上下行瓦错开半块或一定距离，避开重叠集中点，以省去割角的工时（图 10-64）。

2）梯形压型钢板瓦屋面。压型钢板瓦屋面是在钢檩条上焊接带波形的钢支架，将压型钢板用套管螺栓固定，脊背铺设屋脊板和挡水板（图 10-65）。

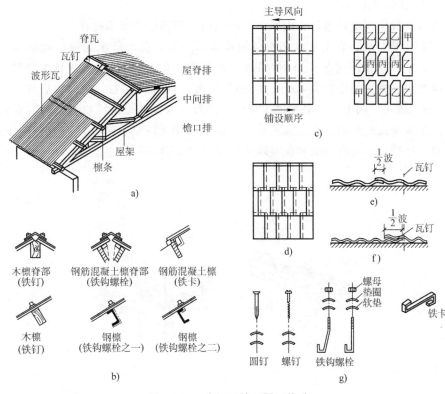

图 10-64 水泥石棉瓦屋面构造

a) 示意图 b) 瓦与檩条的固定方式 c) 上下行对正铺设和瓦角的切割 d) 上下行交错铺设不需切割瓦角

e) 大中波瓦左右搭接 f) 小波瓦左右搭接 g) 固定铁件种类

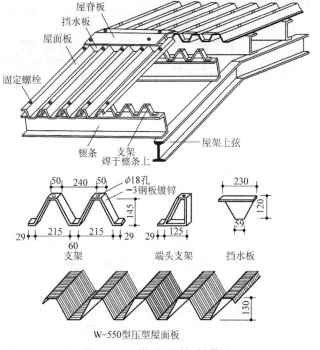

图 10-65 梯形压型钢板屋面

4. 平瓦坡屋顶细部构造

平瓦屋顶一般应该做好檐口、山墙、天沟及屋脊等部位的细部处理。

（1）檐口 檐口分为自由落水和有组织排水两大类。自由落水的檐口挑出墙面不宜小于400mm，以防雨水淋湿墙面（图10-66a）。有组织排水分为外排水和内排水两种，即设置外檐沟或内檐沟，檐沟的净宽为400~500mm，净高为400mm左右。在檐沟底部的找坡不小于1%。内檐沟位于房间上方，必须铺设保温隔热层。有女儿墙的檐口必须做好泛水，它的顶端距檐沟防水层最低处的垂直距离不小于250mm（图10-66b和图10-66c）。还可在平屋顶上做坡屋顶，这样可以提高防水和保温隔热性能（图10-66d）。

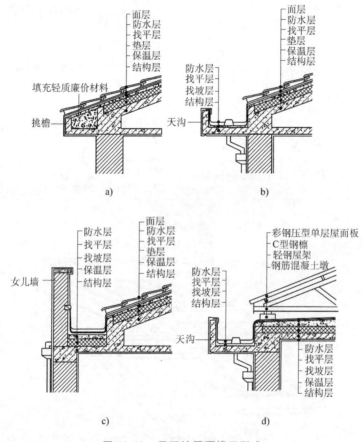

图10-66 平瓦坡屋顶檐口形式

a）自由落水 b）外檐沟排水 c）内檐口排水 d）平屋顶加坡屋顶

（2）山墙

1）硬山。硬山有平硬山（平封山）和出山（高封山）两种做法。平硬山，是将屋面与山墙基本砌平，屋面瓦的端头用一皮单砖或用水泥砂浆压瓦线。出山，是将山墙砌出屋面形成女儿墙，顶部外挑砖或做钢筋混凝土压顶，再抹防水砂浆，用水泥石灰麻刀灰浆或用镀锌薄钢板做泛水。出山的泛水高度一般不小于250mm，但也不宜超过500mm，以利于防震。如超过500mm时，应采取加固措施（图10-67a和图10-67b）。

2）悬山。在山墙外侧悬挑出与檐沟形似的斜带，使前后檐和两山墙统一协调（图

10-67c）。

3）四坡屋顶。屋顶呈现四个坡向，各坡向的檐口统一形式和做法，造型美观，但结构和构造较为复杂（图10-67d）。

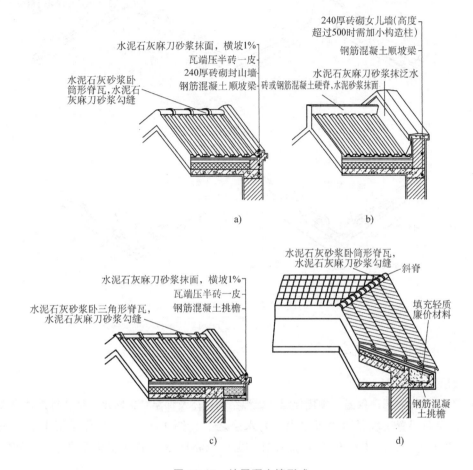

图 10-67　坡屋顶山墙形式

a）硬山（平封山）　b）硬山（高封山）　c）悬山　d）四坡屋顶

5. 屋脊和斜天沟构造

（1）屋脊构造　坡屋顶两斜屋面相交形成的角称为屋脊，分为正脊和斜脊（图10-68）。做法：一般采用1:2水泥砂浆或水泥纸筋石灰砂浆窝脊瓦（图10-69）。

（2）斜天沟构造　坡屋面两斜面相交的阴角称为斜天沟。斜天沟也就是汇水槽，一般用镀锌薄钢板制成，薄钢板置于瓦下每侧不小于150mm，薄钢板下铺两层卷材，这样才能防止雨水溢出。也可以采用弧形瓦或缸瓦铺斜天沟，搭接处要用麻刀灰坐牢（图10-70）。

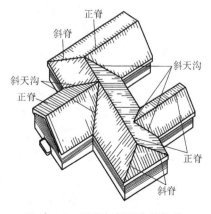

图 10-68　屋脊与斜天沟的位置

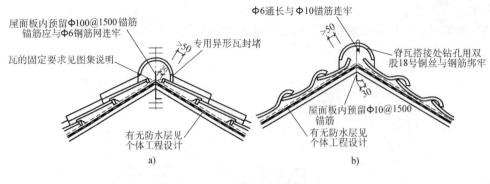

图 10-69 坡屋顶屋脊构造

a）正脊 b）斜脊

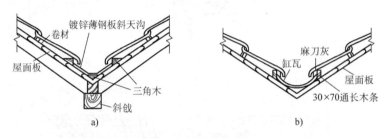

图 10-70 斜天沟构造

10.3.5 坡屋顶的保温与隔热

1. 坡屋顶的保温

坡屋顶的保温有屋面保温、顶棚保温、保温结构一体及保温结构防水一体化等多种形式。

1）将保温层置于坡屋顶顶板之上、防水层之下（图 10-71a），在保温层上必须覆盖一层配筋混凝土垫层，以支承防水层和面层。也可以将防水层置于保温层下，即"倒置法"防水层。

2）将保温层置于坡屋顶顶板之下，即在坡屋顶顶板之下，用专用胶聚苯乙烯板粘贴在屋面板下，或在板底喷涂聚氨酯泡沫保温层（图 10-71b）。

3）对地震烈度较高的地区，要求在做坡屋顶顶板之前，先做一水平盖板，保温层可直接置于水平板上盖（图 10-71c）。

4）保温层置于吊顶上，即在吊顶龙骨的网格内搁置保温板，如矿棉板、岩棉板等（图 10-71d）。

5）保温层与结构层一体化，即屋面板本身具有保温性能，如配筋加气混凝土屋面板、钢筋混凝土夹芯屋面板（图 10-71e）。

6）保温层、结构层和防水层一体化，如彩钢复合屋面板，它是由彩钢面板、聚苯乙烯板和彩钢底板压制而成的，本身具有承重、保温和防水功能（图 10-71f）。

2. 坡屋顶的隔热

（1）通风屋顶 炎热地区坡屋顶中一般设进气口，用屋顶内外热压差和迎背风面的压力差组织空气对流，形成屋顶内的自然通风，可以把屋面的太阳辐射热带走，能降低瓦底面的温度（图10-72）。

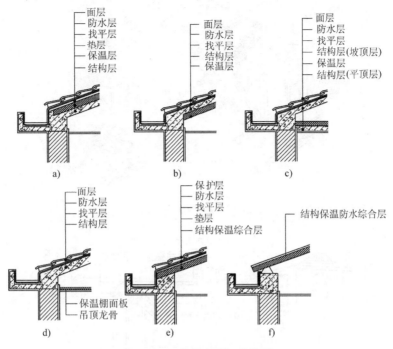

图 10-71　坡屋顶保温的类型

a）保温层置于坡顶上　b）保温层置于坡顶下　c）保温层置于平顶上
d）保温层置于吊顶上　e）保温-结构一体化　f）保温-结构-防水一体化

图 10-72　顶棚通风隔热屋面

（2）气窗、老虎窗通风　气窗常设于屋脊处，上面加盖小屋面。窗扇多采用百叶窗，也可做成能采光的玻璃窗。小屋面支撑在屋顶的屋架或檩条上（图10-73）。

坡屋顶建筑内上部的空间可作为阁楼，供居住或贮藏用。为了室内采光与通风，在屋顶开口架设的立窗，称为老虎窗。老虎窗支撑在屋顶檩条

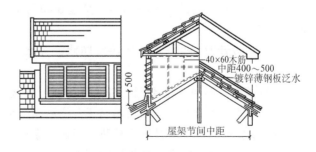

图 10-73　气窗通风构造

或椽条上，一般是在檩条上立小柱，柱顶架梁，然后盖老虎窗的小屋面（图10-74）。

（3）山墙设百叶窗通风　在房屋山墙的山尖部分或歇山屋顶的山花处常设百叶通风窗（图10-75）。百叶窗后可钉纱窗，也可用砖砌花格或预制混凝土花格装于山墙顶部做通风窗。

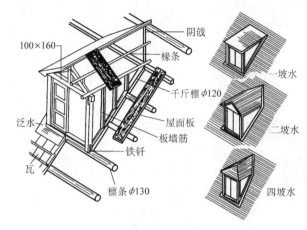

图 10-74 老虎窗构造

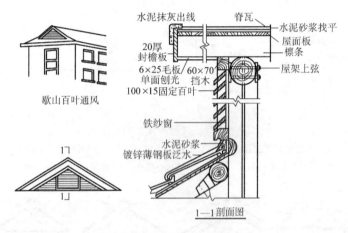

图 10-75 歇山百叶通风窗

本章回顾

1. 屋顶是建筑物的外围护结构,是建筑物的重要组成部分。屋顶主要由屋面和支承结构组成。

2. 屋顶设计的重要任务是解决好防水、排水、保温隔热、强度、刚度、稳定性及造型美观等。

3. 屋顶按外形和坡度不同,分为平屋顶、坡屋顶和曲面屋顶;按保温隔热要求不同,分为保温屋顶、不保温屋顶和隔热屋顶;按屋面防水材料不同,分为细石混凝土、防水砂浆等刚性防水屋面,各种卷材等柔性防水屋面,涂料、粉剂等防水屋面,瓦类防水屋面,波形瓦屋面,平金属板、压型金属板屋面等类型。

4. 影响屋顶坡度的主要因素有屋面防水材料、屋顶结构形式、地理气候条件、施工方法及建筑造型等方面。平屋顶排水坡度的大小主要取决于排水要求、防水材料、屋顶使用要求和屋面坡度形成方式等因素。屋面坡度主要由结构找坡和材料找坡形成。

5. 卷材屋面防水层的下面需做找平层,上面应做保护层,不上人屋面用绿豆砂保护,上人屋面可在防水层上浇筑30~40mm厚细石混凝土,也可用20mm厚1:3水泥砂浆贴地砖或混凝土预制板构成保护层。卷材防水屋面的细部构造是防水的薄弱部位，包括泛水、天沟、雨水口、檐口及变形缝等。卷材屋面存在的主要问题有起鼓、流淌、开裂，应采取构造措施加以防止。

6. 混凝土刚性防水屋面主要适用于我国温差较小的南方地区。为了防止防水层开裂，应在防水层中加钢筋网片，设置分格缝，以及在防水层与结构层之间加铺隔离层。分格缝应设在屋面板的支承端、屋面坡度的转折处或泛水与立墙的交接处。分格缝之间的距离不应超过 6m。泛水、分格缝、变形缝、檐口及雨水口等部位的细部构造需有可靠的防水措施。

7. 坡屋顶的承重结构主要由椽子、檩条及屋架等组成。承重方式主要有山墙承重、屋架承重和钢筋混凝土梁板承重。瓦屋面的屋脊、檐口及天沟等部位应做好细部构造处理。

第11章

门窗

知识要点及学习程度要求

- 门窗的作用和分类（了解）
- 木门窗、钢门窗和铝合金门窗的构造及安装方法（掌握）
- 门窗的设计要求（了解）
- 各类特殊门窗的特点和适用范围（了解）

11.1　门窗的形式与尺度

课题导入：门窗有什么作用？常见的门窗类型及尺度有哪些？

【学习要求】　了解门窗的作用，掌握门窗的分类及常见的尺度。

11.1.1　门窗的作用

门窗是房屋建筑中的围护构件。门的作用主要是交通联系，并兼采光和通风；窗的作用主要是采光、通风及眺望。在不同情况下，门和窗还有分隔、保温、隔声、防火、防辐射及防风沙等要求。门窗在建筑立面构图中的影响也较大，它的尺度、比例、形状、组合及透光材料的类型等，都影响着建筑的艺术效果。

11.1.2　门的类型与尺度

1. 门的类型

（1）**按材料分类**　木门、钢门、铝合金门及塑料门等。

（2）**按使用要求分类**　保温门、隔声门、防火门及防 X 射线门等。

（3）**按开启方式分类**　平开门、弹簧门、推拉门、折叠门及转门等。

1）平开门：即水平开启的门，有单扇、双扇及内开和外开之分，平开门的特点是构造简单，开启灵活，制作、安装和维修方便（图 11-1a）。

2）弹簧门：这种门制作简单、开启灵活，采用弹簧铰链或弹簧构造，开启后能自动关闭，适用于人流出入较频繁或有自动关闭要求的简单场所（图 11-1b）。

3）推拉门：优点是制作简单，开启时所占空间较少，但五金零件较复杂，开关灵活性取决于五金的质量和安装的好坏，适用于各种大小洞口的民用及工业建筑（图 11-1c）。

4）折叠门：优点是开启时占用空间少，但五金较复杂，安装要求高，适用于各种大小洞口（图 11-1d）。

5）转门：为三扇或四扇门连成风车形，在两个固定弧形门套内旋转的门。对防止内外空气的对流有一定的作用，可作为公共建筑及有空调房屋的外门（图 11-1e）。

其他还有上翻门、升降门及卷帘门等，一般适用于需要较大活动空间（如车间、车库及某些公共建筑）的外门。

2. 门的尺度

门的尺度通常是指门洞的高宽尺寸。门作为交通疏散通道，其尺度取决于人的通行要求、家具器械的搬运及与建筑物的比例关系等，并要符合现行《建筑模数协调标准》（GB/T 50002—2013）的规定。

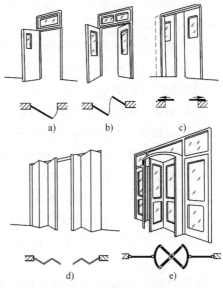

图 11-1 门的开启方式

a）平开门 b）弹簧门 c）推拉门
d）折叠门 e）转门

（1）门的高度 一般为 2000～2100mm。如门设有亮窗时，亮窗高度一般为 300～600mm，公共建筑大门高度可视需要适当提高。

（2）门的宽度 单扇门为 800～1000mm，双扇门为 1200～1800mm。宽度在 2100mm 以上时，则做成三扇、四扇或双扇带固定扇的门，因为门扇过宽易产生翘曲变形，同时也不利于开启。辅助房间（如浴厕、贮藏室等）门的宽度可窄些，一般为 700～800mm。

11.1.3 窗的类型与尺度

1. 窗的类型

窗的形式一般按开启方式确定。而窗的开启方式主要取决于窗扇铰链安装的位置和转动方式。通常窗的开启方式有以下几种（图 11-2）：

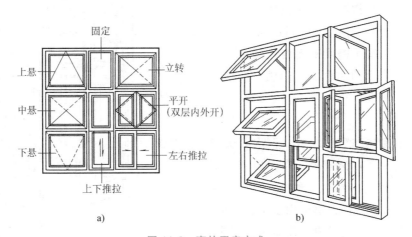

图 11-2 窗的开启方式

a）开启方式立面图 b）开启方式外观示意图

（1）固定窗　无窗扇、不能开启的窗为固定窗。固定窗的玻璃直接嵌固在窗框上，可供采光和眺望之用。

（2）平开窗　铰链安装在窗扇一侧与窗框相连，向外或向内水平开启。平开窗有单扇、双扇、多扇，有向内开与向外开之分。其构造简单，开启灵活，制作、维修方便，是民用建筑中采用最广泛的窗之一。

（3）悬窗　因铰链和转轴的位置不同，可分为上悬窗、中悬窗和下悬窗三种。

（4）立转窗　引导风进入室内效果较好，防雨及密封性较差，多用于单层厂房的低侧窗。因密闭性较差，不宜用于寒冷和多风沙的地区。

（5）推拉窗　推拉窗分为垂直推拉窗和水平推拉窗两种。它们不多占使用空间，窗扇受力状态较好，适宜安装较大玻璃，但通风面积受到限制。

（6）百叶窗　主要用于遮阳、防雨及通风，但采光差。百叶窗可用金属、木材、塑料及钢筋混凝土等制作，有固定式和活动式两种。

2. 窗的尺度

窗的尺度一般根据采光和通风要求、结构构造要求和建筑造型等因素确定，同时应符合300mm的扩大模数要求。但居住建筑的层高为1M（即100mm）级差，故也可采用1400mm，以符合2800mm的居住建筑层高要求。窗洞口常用尺寸为：宽度和高度为600～2400mm；窗扇宽度为400～600mm，高度为800～1500mm。平开木窗一般为单层玻璃窗。为防止蚊蝇进入，还可以加设纱窗；为满足保温和隔声要求，可设置双层窗。

11.1.4　门窗的组成

1. 门的组成

门主要由门框、门扇、亮窗和五金配件等部分组成（图11-3）。

门框：由上框、中横框和边框等组成。门扇：通常有玻璃门、镶板门、夹板门和平板门等。亮窗：又称亮子，在门的上方，可供通风及采光之用，形式上可固定也可开启。亮窗是为走道、暗厅提供采光的一种主要方式。五金配件常用的由合页、门锁、插销及拉手等。

2. 窗的组成

窗主要由窗框和窗扇组成。窗扇有玻璃窗扇、纱窗扇及百叶窗扇等。在窗扇和窗框之间装有各种铰链、风钩、插销、拉手以及导轨、滑轮等五金零件，窗框由上框、下框、中横框、边框及中竖框组成，窗扇由上冒头、下冒头、边梃、窗芯及玻璃组成（图11-4）。

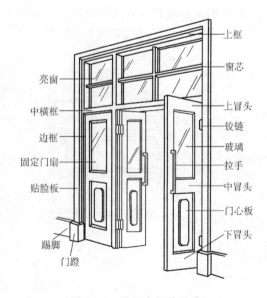

图 11-3　平开木门的组成

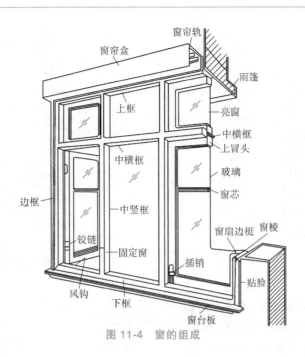

图 11-4　窗的组成

11.2　平开木门窗的构造

课题导入：平开木门及平开木窗的构造是怎样的？安装有哪些方式？

【学习要求】　了解木门窗的组成，掌握木门窗的构造及安装方式。

11.2.1　平开木窗的构造

1. 窗框

窗框主要由上框、下框、边框及中横框等组成，其主要作用是与墙连接并通过五金件固定窗扇（图 11-4）。各框料的截面形状和尺寸与窗扇的层数、窗扇的厚度、开启方式、裁口大小及洞口尺寸等因素有关。

2. 窗扇

窗扇由上冒头、下冒头、边梃及窗芯等组成（图 11-5）。由于木材强度较低，为避免变形，木窗扇的尺寸应控制在 600mm×1200mm 以内。按其镶嵌材料不同，窗扇可分为玻璃窗扇、纱窗扇及百叶窗扇等形式。纱窗扇的截面略小于玻璃窗扇。窗扇通过铰链固定于窗框或中竖框上。

3. 窗的五金零件

窗的五金零件主要有铰链、插销、窗钩及拉手等（图 11-6）。铰链俗称合页、折页，是窗扇和窗框的连接件，窗扇可绕铰链转动。

4. 木窗的安装

木窗安装在外墙上时，一般安装至墙内表面抹灰面平齐的位置；内墙扇的木窗可安装于墙中，也可与一侧墙面抹灰面平齐。在施工时，一般是先安装窗框，再安装窗扇和五金零件。施工时，窗框的安装有立口和塞口两种。

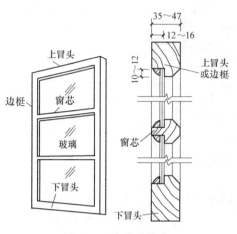

图 11-5　窗扇的组成

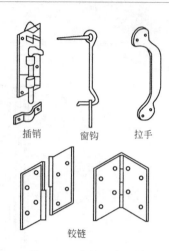

图 11-6　窗的五金零件

（1）立口　立口安装是在墙砌至窗台高度时先安装窗框并进行临时固定，然后再砌墙。为加强窗框与墙间的连接，一般应将上框和下框由边框向外伸出 120~200mm，并沿窗高每侧每隔 500mm 高度设木拉砖砌入墙中（图 11-7）。立口安装窗框与墙的连接较为紧密，但施工不便，而且窗框在施工过程中容易受损。

（2）塞口　塞口安装是在砌墙时先留出窗洞，预留洞口应比窗框外缘尺寸多出 20~30mm，之后再安装窗框。为了加强窗框与墙的连接，砌墙时需在窗洞口两侧每隔 500~600mm 预埋木砖（每侧不少于两块），用长钉或螺钉将窗框固定在木砖上。塞口安装窗框施工比较方便，但窗框与墙体之间需要留有较大的安装空隙，对密封不利（图 11-8）。

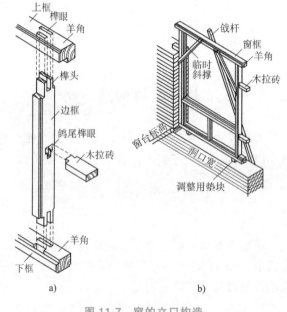

a)

b)

图 11-7　窗的立口构造

a）立口窗框构造　b）立口窗框安装

窗框安装时凡与砖墙或混凝土柱接触的木件、预埋砖等均应进行防腐处理。

11.2.2　平开木门的构造

1. 门框

门框一般由上框和边框组成，如果门上设有亮窗则应设中横框；当门扇较多时，需设中竖框；外门及特种需要的门有些还设有下槛，可作防风、防尘、防水以及保温、隔声之用（图 11-9）。

门框的断面形式与门的类型、层数有关，同时应利于门的安装，并应具有一定的密闭性。门框与墙或混凝土接触部分应满涂防腐油。

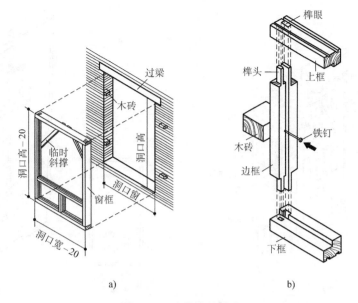

图 11-8　窗的塞口构造

a) 窗框塞口安装　b) 窗框塞口构造

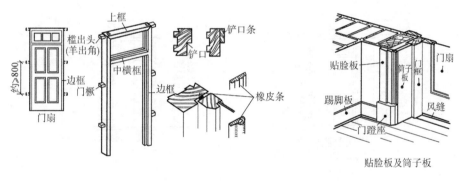

贴脸板及筒子板

图 11-9　门框的组成

2. 门扇

（1）镶板门　镶板门也称框樘门，主要骨架是由上、中、下框和两边边梃组成的框子，中间镶嵌门芯板。由于门芯板的尺寸限制和造型的需要，还需设几根中横框或中竖框（图11-10）。

镶板门中的门芯板换成其他材料，即成为纱门、玻璃门及百叶门等。玻璃门可以整块独扇，也可以半块镶玻璃、半块镶门板，还有的整扇门镶多块玻璃以形成一定的图案与造型，这些门在构造上基本相同。

（2）夹板门　夹板门中间为轻型骨架，表面钉或粘贴薄板（图11-11）。

夹板门的面板一般采用胶合板、硬质纤维板或塑料板，这些面板不宜暴露于室外，因而夹板门常用于内门。为了使门板不因温度变化产生内应力，保持内部干燥，应做透气孔贯穿上下框格。

3. 门框的安装

门框的安装与窗框的安装相同，根据施工方式不同可分为塞口和立口两种方式（图11-12）。

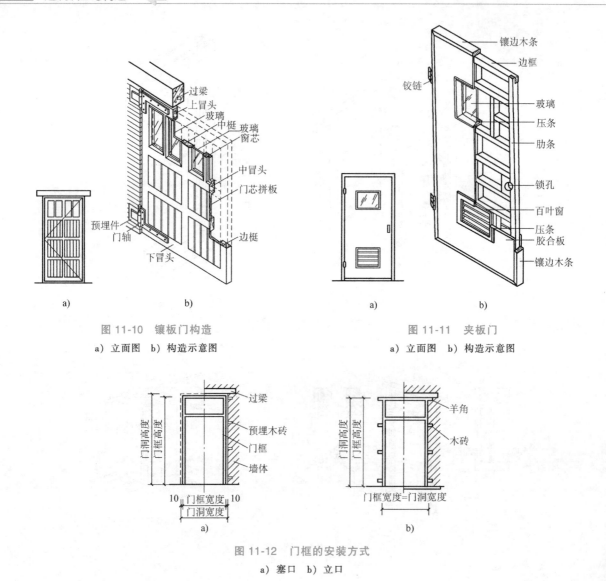

图 11-10 镶板门构造

a）立面图 b）构造示意图

图 11-11 夹板门

a）立面图 b）构造示意图

图 11-12 门框的安装方式

a）塞口 b）立口

11.3 金属门窗的构造

课题导入：金属门窗有哪几种？各种金属门窗的构造是怎样的？安装有什么特点？

【学习要求】 了解金属门窗的类型，掌握金属门窗的构造特点。

11.3.1 钢门窗

钢门窗是用型钢或薄壁空腹型钢在工厂制作而成的。它符合工业化、定型化与标准化的要求，各地均有标准图集供选用。在强度、刚度、防火及密闭等性能方面，均优于木门窗，但在潮湿环境下易锈蚀、耐久性差。

1. 钢门窗的材料

（1）实腹式 实腹式钢门窗料是最常用的一种，有各种断面形状和规格，构造做法如

图 11-13 所示。

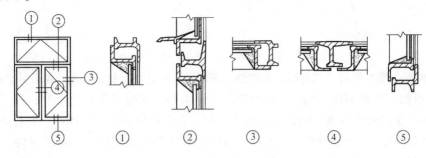

图 11-13　实腹式钢门窗构造

（2）空腹式　空腹式钢门窗与实腹式窗料比较，具有更大的刚度，外形美观，质量小，可节约钢材 40% 左右。但由于壁薄、耐腐蚀性差，不宜用于湿度大、腐蚀性强的环境，如图 11-14 所示。

2. 钢门窗框的安装方法

钢门窗框的安装方法常采用塞口法。门窗框与洞口四周的连接方法主要有以下两种：

1）在砖墙洞口两侧预留孔洞，将钢门窗的燕尾形铁脚埋入洞中，用砂浆窝牢。

2）在钢筋混凝土过梁或混凝土墙体内先预埋铁件，将钢窗的 Z 形铁脚焊在预埋钢板上（图 11-15）。

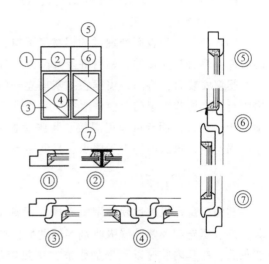

图 11-14　空腹式钢门窗构造

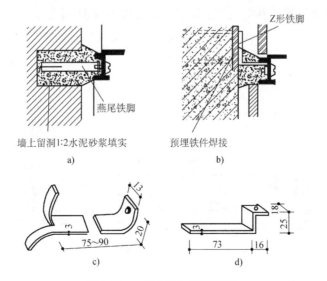

图 11-15　钢门窗与墙的连接

a）与砖墙连接　b）与混凝土连接　c）燕尾铁脚　d）Z 形铁脚

11.3.2 铝合金门窗

1. 铝合金门窗的特点

1）自重轻。铝合金门窗用料省、自重轻，较钢门窗小 50% 左右。

2）性能好。密封性好，气密性、水密性、隔声性及隔热性都较钢、木门窗有显著提高。

3）耐腐蚀、坚固耐用。铝合金门窗不需要涂涂料，氧化层不褪色、不脱落，表面不需要维修。铝合金门窗强度高、刚性好、坚固耐用、开闭轻便灵活、无噪声、安装速度快。

4）色泽美观。铝合金门窗框料型材表面经过氧化着色处理后，既可以保持铝材的银白色，又可以制成各种柔和的颜色或带色的花纹，如古铜色、暗红色及黑色等。

图 11-16 所示为铝合金推拉窗构造示意图。

2. 铝合金门窗的安装

铝合金门窗是表面处理过的铝材经下料、打孔、铣槽及攻螺纹等加工，制作成门窗框料的构件，然后与连接件、密封件及开闭五金件一起组合装配成门窗。

门窗安装时，将门、窗框在抹灰前立于门窗洞处，与墙内预埋件对正，然后用木楔将三边固定。经检验确定门及窗框水平、垂直、无翘曲后，用连接件将铝合金框固定在墙（柱、梁）上，连接件固定可采用焊接、膨胀螺栓或射钉等方法（图 11-17）。门窗框与墙体等的连接固定点，每边不得少于两点，且间距不得大于 0.7m。

11.3.3 塑钢门窗

塑钢门窗是以改性硬质聚氯乙烯（简称 UPVC）为主要原料，加上一定比例的稳定剂、着色剂、填充剂及紫外线吸收剂等辅助剂，经挤出机挤出成型为各种断面的中空异型材。经切割后，在其内腔衬以型钢加强筋，用热熔焊接机焊接成型为门窗框扇，配装上橡胶密封条、压条及五金件等附件而制成的门窗。其较全塑门窗刚度更好，质量小，造价适宜。塑钢门窗具有强度好、耐冲击、耐久性好、耐腐蚀、隔声隔热性能好及使用寿命长等特点，较一般门窗有一定的优势，故在各类建筑上得到了广泛应用（图 11-18）。

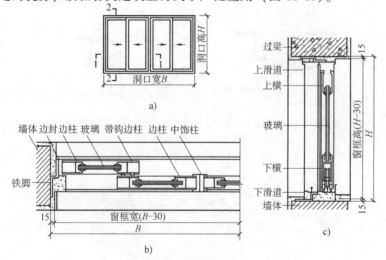

图 11-16 铝合金推拉窗构造示意图

a）立面图 b）1—1 剖面图 c）2—2 剖面图

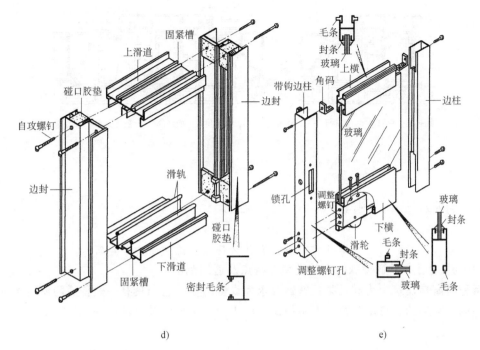

图 11-16 铝合金推拉窗构造示意图（续）

d）窗框连接示意图 e）窗扇连接示意图

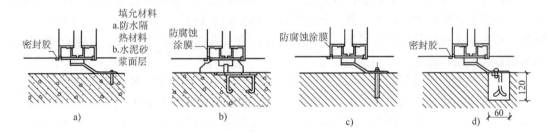

图 11-17 铝合金窗框与墙体的连接构造

a）预埋铁件连接 b）燕尾铁脚连接

c）金属膨胀螺栓连接 d）射钉连接

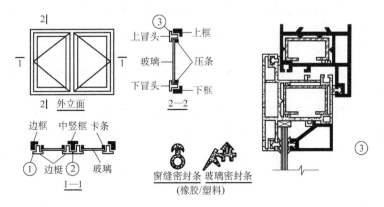

图 11-18 平开单玻塑钢窗构造

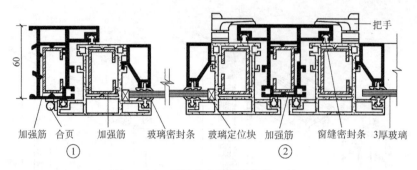

加强筋　合页　加强筋　玻璃密封条　玻璃定位块　加强筋　窗缝密封条　3厚玻璃

把手

① ②

图 11-18　平开单玻塑钢窗构造（续）

11.4　特殊门窗的构造

课题导入：特殊门窗有哪几种？各自有什么特点？适用于哪些建筑？

【学习要求】　了解特殊门窗的类型、特点及适用范围。

特种门窗是建筑中为满足某些特殊要求而设置门窗，它们具有一般普通门窗所不具备的特殊功能，常见的有自动门窗、卷帘门窗、防火门、全玻门及旋转门等。

11.4.1　特殊门

1. 自动门

自动门结构精巧、布局紧凑、运行噪声小、开闭平稳，有遇障碍自动停机功能，安全可靠，主要用于人流量大、出入频繁的公共建筑，如宾馆、饭店、大厦、车站、空港、医院、商场、高级净化车间及计算机房等。化工、制药、喷漆等工业厂房和有毒、有味介质的隔离门采用自动门尤为合适。

自动门按所用材料不同，分为铝合金门、不锈钢门、无框全玻门和异型薄壁钢管门；按扇形形式不同，可分为两扇、四扇和六扇等形式；按探测传感器种类不同，可分为超声波传感器、红外线探头、微波探头、遥控探测器、毡式传感器和手动按钮式传感器；按开启方式不同，可分为中分式、折叠式、滑动式和平开式等多种类型。

2. 卷帘门

卷帘门具有造型美观、新颖，结构紧凑、先进，操作简便，坚固耐用，刚性强，密封性好，不占地面积，开启灵活方便，防风、防尘、防火、防盗等特点，广泛应用于商业、仓储建筑的启闭，也可用于银行、医院、机关及学校等建筑。

3. 防火门

防火门是近年来为适应越来越高的高层建筑防火要求而发展起来的一种新型门，主要用于大型公共建筑和高层建筑。

防火门按耐火极限的不同，可分为甲、乙和丙三个等级。其中，甲级的耐火极限为1.2h，一般为全钢板门；乙级的耐火极限为0.9h，为全钢板门；丙级的耐火极限是0.6h，也是全钢板门。防火门按材质不同，可分为钢质防火门（图 11-19）、复合玻璃防火门和木质防火门。

4. 全玻门

全玻门也称玻璃装饰门，是用12mm以上厚安全玻璃直接做门扇的一种高档门。全玻门具有宽敞、通透、明亮且豪华等特点，一般用在高级宾馆、影剧院、展览馆、酒楼、商场、银行及大厦等建筑的入口。全玻门还可做成自动门，成为全玻自动门及玻璃装饰门等形式（图 11-20）。

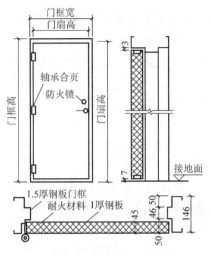

图 11-19 钢质防火门构造

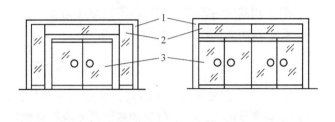

图 11-20 玻璃装饰门形式

1—金属包框 2—固定部分 3—活动开启扇

5. 旋转门

旋转门有铝合金结构和钢质结构两种类型。近年来已广泛采用不锈钢旋转门，它由不锈钢管作为门及转壁的框架材料，豪华大气。

金属旋转门由于豪华且造价高，主要用于要求较高的建筑，如高级宾馆、使馆、机场及大型高档商场等建筑设施。它具有控制人流量并保持室内温度的作用。

6. 保温门和隔声门

保温门要求门扇具有一定热阻值和门缝密闭处理，故常在门扇两层面板间填以轻质、疏松的材料（如玻璃棉、矿棉等）。隔声门的隔声效果与门扇的材料及门缝的密闭有关，隔声门常采用多层复合结构，即在两层面板之间填吸声材料，如玻璃棉、玻璃纤维板等。

7. 防盗门

防盗门又称防撬门。它是采用多台阶防撬门框、防撬扣边门扇，即关上门时，门扇防撬扣边刚好与台阶形门框紧紧相扣；其次，设置由嵌入式固定撬栓，即关门后，门扇三面钢栓（锁舌）自动嵌入门框，使门扇与门框成为一体。防盗门采用规格为宽度 860mm、950mm，高度 1970mm、2050mm，门厚度 50mm、67mm 等几种。

11.4.2 特殊窗

1. 固定式通风高侧窗

在我国南方地区，结合其气候特点，创造出多种形式的通风高侧窗。它们的特点是能采光、防雨、常年进行通风，无需设开关器，构造较简单，管理和维修方便，多在工业建筑中采用。

2. 防火窗

防火窗必须采用钢窗或塑钢窗，镶嵌铅丝玻璃以免破裂后掉下，防止火焰窜入室内或窗外。

3. 保温窗和隔声窗

保温窗常采用双层窗及双层玻璃的单层窗两种。双层窗可内外开或内开、外开。双层玻璃单层窗又可分为双层中空玻璃窗和双层密闭玻璃窗。

1）双层中空玻璃窗：双层玻璃之间的距离为 5~7mm，窗扇的上下冒头应设透气孔。

2）双层密闭玻璃窗：两层玻璃之间为封闭式空气间层，其厚度一般为 4~12mm，充以干燥空气或惰性气体，玻璃四周密封。这样可增大热阻、减少空气渗透，避免空气间层内产生凝结水。

若采用双层窗隔声，应采用不同厚度的玻璃，以减少吻合效应的影响。厚玻璃应位于声源一侧，玻璃间的距离一般为 80~100mm。

本 章 回 顾

1. 门的类型按开启方式不同，可分为平开门、弹簧门、推拉门、折叠门及转门等。平开门是最常见的门之一。门洞的高度尺寸应符合现行《建筑模数协调标准》（GB/T 50002—2013）。门主要由门框、门扇、亮窗、五金体及其他附体件组成。

2. 窗的开启方式主要取决于窗扇转动五金体的位置及转动方式，主要有固定窗、平开窗、悬窗、立转窗及推拉窗等。窗主要由窗框、窗扇、五金体等组成。

3. 平开门由门框和门扇等组成。木门扇有镶板门和夹板门两种结构。平开窗由窗框、窗扇、五金零件及附件组成。

4. 铝合金窗门窗和塑钢门窗以其优良的性能，得到了广泛的使用。

第12章

变形缝

知识要点及学习程度要求

- 伸缩缝的作用（掌握）
- 墙体伸缩缝的构造要求（重点掌握）
- 屋顶伸缩缝的构造要求（重点掌握）
- 基础沉降缝的构造要求（重点掌握）
- 防震缝的设置（掌握）

建筑物由于受温度变化、地基不均匀沉降以及地震作用的影响，结构内部将产生附加的应力和应变，如不采取措施或处理不当，就会使建筑物产生裂缝，甚至倒塌，影响建筑物的安全和使用。为了避免出现上述情况，解决的方法有两种：一是加强建筑物的整体性，使之具有足够的强度和整体刚度来抵抗这些破坏应力；二是预先在这些变形敏感的部位将结构断开、预留缝隙，以保证各部分建筑物有足够的变形宽度而不造成建筑物的破坏。这些预留的缝称为变形缝。对应不同的变形情况，变形缝可以分为以下三种：

1）伸缩缝，应对昼夜温差变化引起的变形。

2）沉降缝，应对不均匀沉降变化引起的变形。

3）防震缝，应对地震变化可能引起的变形。

12.1　伸缩缝

课题导入：什么是伸缩缝？墙体伸缩缝的构造如何？

【学习要求】　了解伸缩缝的设置以及构造要求。

12.1.1　伸缩缝的设置

伸缩缝又称温度缝，是为避免由于温度变化引起材料的热胀冷缩导致构件开裂，而沿建筑物竖向位置设置的缝隙。伸缩缝要求建筑物的墙体、地面、楼板及屋面等基础以上构件全部分开，由于基础埋在地下，受温度变化影响较小，所以不必断开。

伸缩缝的间距与结构形式、材料和建筑物所处环境以及构造方式有关。《砌体结构设计规范》（GB 50003—2011）和《混凝土结构设计规范》（GB 50010—2010）对砌体建筑和钢筋混凝土结构建筑中伸缩缝的最大间距所做的规定，见表 12-1 和表 12-2。

表 12-1 砌体房屋伸缩缝的最大间距（单位：m）

屋盖或楼盖类别		间　距
整体式或装配整体式钢筋混凝土结构	有保温层或隔热层的屋盖、楼盖	50
	无保温层或隔热层的屋盖	40
装配式无檩体系钢筋混凝土结构	有保温层或隔热层的屋盖、楼盖	60
	无保温层或隔热层的屋盖	50
装配式有檩体系钢筋混凝土结构	有保温层或隔热层的屋盖	75
	无保温层或隔热层的屋盖	60
瓦材屋盖、木屋盖或楼盖、轻钢屋盖		100

注：1. 层高大于 5m 的砌体结构单层建筑，其伸缩缝间距可按表中数值乘以 1.3。

　　2. 温差较大且变化频繁的地区和严寒地区不采暖建筑物的墙体伸缩缝的最大间距应按表中数值予以适当减小。

表 12-2 钢筋混凝土结构伸缩缝最大间距（单位：m）

结　构　类　别		室内或土中	露　天
排架结构	装配式	100	70
框架结构	装配式	75	50
	现浇式	55	35
剪力墙结构	装配式	65	40
	现浇式	45	30
挡土墙、地下室墙等类结构	装配式	40	30
	现浇式	30	20

注：1. 当屋面板上部无保温或隔热措施时，框架、剪力墙结构的伸缩缝间距可按表中露天栏的数值选用；排架结构的伸缩缝间距可按表中室内栏的数值适当减小。

　　2. 排架结构的柱高低于 8m 时宜适当减小伸缩缝间距。

　　3. 伸缩缝间距应考虑施工条件的影响，必要时（如材料收缩较大或室内结构因施工时外露时间较长）宜适当减小伸缩缝间距，伸缩缝宽度一般为 20~30mm。

12.1.2　伸缩缝的构造

1. 墙体伸缩缝的构造

　　根据墙体的厚度不同，伸缩缝可做成平缝、错口缝或企口缝（图 12-1）。一般 240mm 墙体只能做出平缝和错口缝，370mm 墙体可以做成企口缝。但地震区只能采用平缝，以适应地震时的摇摆。

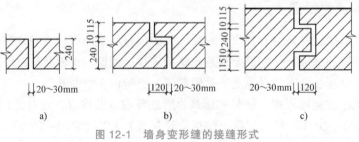

a)　　　　　　　　　b)　　　　　　　　　c)

图 12-1　墙身变形缝的接缝形式

a）平缝　b）错口缝　c）企口缝

（1）外墙伸缩缝 外墙伸缩缝的构造特点是保温、防水和保持立面美观。根据缝宽的大小，缝内一般填塞具有防水、保温和防腐蚀性的弹性伸缩材料，如沥青麻丝、聚苯板、泡沫塑料条、橡胶条及油膏等。伸缩缝外侧常用镀锌薄钢板、铝板或彩色钢板等金属调节板盖缝（图12-2）。

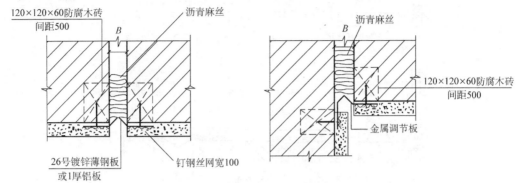

图 12-2 外墙伸缩缝构造

B—伸缩缝宽度

（2）内墙伸缩缝 内墙伸缩缝的构造主要应考虑室内环境装饰的协调、完整及美观，有的还要考虑隔声、防火性能。一般常用具有一定装饰效果的木盖板，也可采用金属板盖缝（图12-3）。

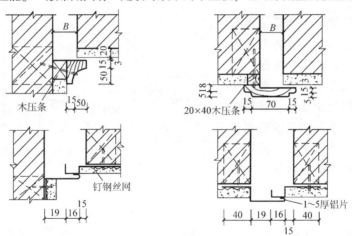

图 12-3 内墙伸缩缝的构造

2. 楼地板层伸缩缝的构造

（1）楼地层伸缩缝 楼地层伸缩缝的位置与宽度应与墙体变形缝一致。其构造应方便行走、防火和保持美观等，卫生间等有水环境还应考虑采取防水措施。

楼地面伸缩缝的缝内常填塞有弹性的油膏、沥青麻丝、金属或橡胶类调节片，上铺与地面材料相同的活动盖板、金属盖板或橡胶片等，但要注意盖板与地面之间要留有 5mm 的缝隙（图12-4）。

（2）顶棚伸缩缝 顶棚伸缩缝可用木板、金属板或其他吊顶材料覆盖（图12-5）。构造上应注意不能影响结构的变形，若是沉降缝则应将盖板固定于沉降较大的一侧。

3. 屋顶伸缩缝的构造

屋顶伸缩缝在构造上主要应解决好防水及保温等问题。屋顶伸缩缝一般按所处位置不同

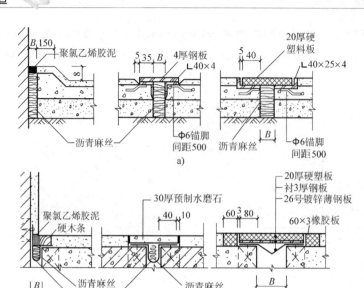

图 12-4 楼地层伸缩缝的构造

a）地面伸缩缝的构造 b）楼面伸缩缝的构造

分为等高屋面伸缩缝和不等高屋面伸缩缝；按使用要求不同又分为上人屋面伸缩缝和非上人屋面伸缩缝。其中，非上人屋面通常在缝的一侧或两侧加砌矮墙或做混凝土矮墙，墙至少高出层面 250mm。然后按屋面泛水构造要求将防水层沿矮墙上卷，固定于预埋木砖上，缝口用镀锌薄钢板、铝板或混凝土覆盖。盖板的形式和构造应满足两侧结构自由变形的要求。上

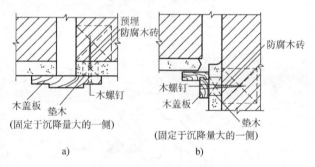

图 12-5 顶棚伸缩缝的构造

人屋面因使用需要一般不设矮墙，应做好防水，避免渗漏。屋顶伸缩缝的构造如图 12-6 所示。

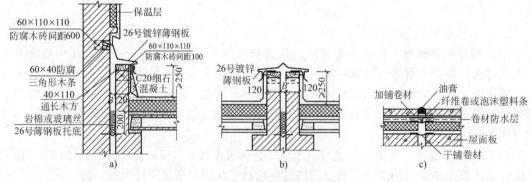

图 12-6 屋面伸缩缝的构造

a）非上人屋面不等高屋面变形缝 b）非上人屋面等高屋面变形缝 c）上人屋面等高屋面变形缝

12.2 沉降缝

课题导入：沉降缝一般设置在什么位置？沉降缝和伸缩缝的区别是什么？

【学习要求】 了解沉降缝的设置、沉降缝和伸缩缝的区别以及沉降缝的构造做法。

12.2.1 沉降缝的设置

1. 沉降缝的设置

当建筑物建造在土层性质差别较大的地基上，或因建筑物相邻部分高度、荷载和结构形式差别较大时，建筑物就会出现不均匀沉降。为此，在适当的位置设置垂直缝隙，将建筑物划分成几个可以自由沉降的单元（图12-7），以避免建筑物因不均匀沉降而引起破坏。

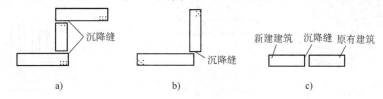

图 12-7 沉降缝设置部位示意图

a）高度不同的部位 b）结构不同的部位 c）新旧建筑处

凡属下列情况时，均需设置沉降缝：

1）建筑平面的转折部位。

2）高度差异或荷载差异处。

3）长高比过大的砌体承重结构或钢筋混凝土框架结构的适当部位。

4）地基土的压缩性有显著差异处。

5）建筑结构或基础类型不同处。

6）分期建造房屋的交界处。

沉降缝应有足够的宽度，缝宽可按表12-3选用。

表 12-3 房屋沉降缝的宽度

房 屋 层 数	沉降缝宽度/mm
2~3	50~80
4~5	80~120
5层以上	不小于120

2. 沉降缝与伸缩缝的最大区别

伸缩缝只需保证建筑物在水平方向的自由伸缩变形，基础可以不断开，而沉降缝主要满足建筑物在竖直方向的自由沉降变形，所以沉降缝是从建筑物基础底面至屋顶全部断开的。

12.2.2 沉降缝的构造

沉降缝也具有伸缩缝的作用，其构造与伸缩缝基本相同，但盖缝条及调节片构造必须能保证水平方向和垂直方向的自由变形。

1. 墙体沉降缝的构造

墙体沉降缝的构造与伸缩缝的构造基本相同，但缝宽比伸缩缝大，且沉降缝主要满足建筑物在竖直方向的自由沉降变形，所以建筑物基础底面至屋顶全部断开，在构造上应注意盖缝的牢固、防风及防水等处理（图12-8）。

2. 基础沉降缝的构造

基础沉降缝的处理方式有双墙式、悬挑式和跨越式。

（1）双墙式　双墙式是在沉降缝两侧都设置承重墙，以保证每个沉降单元都有纵横墙连结，使建筑物的整体式较好，但在基础发生不均匀沉降时会产生一定的挤压力（图12-9）。

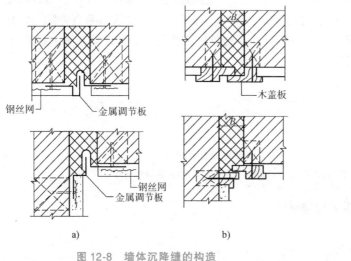

图 12-8　墙体沉降缝的构造

a）外墙沉降缝（内加沥青麻丝或聚苯乙烯板条）　b）内墙沉降缝

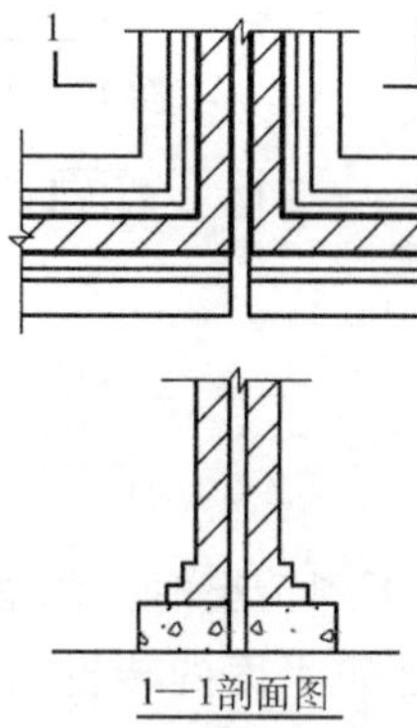

图 12-9　双墙式基础

（2）悬挑式　悬挑式是为了使沉降缝两侧的基础能自由沉降而又不互相影响而常采用的方式，此时挑梁端上的墙体尽量用轻质隔墙并应设置构造柱（图12-10）。

（3）跨越式　跨越式是在沉降缝两侧的墙下均设置基础梁，基础大放脚划分为若干个段，并伸入另一侧基础梁之下，两侧基础各自沉降自如，互不影响。这种形式受力均匀、效果较好，但施工难度大、造价较高（图12-11）。

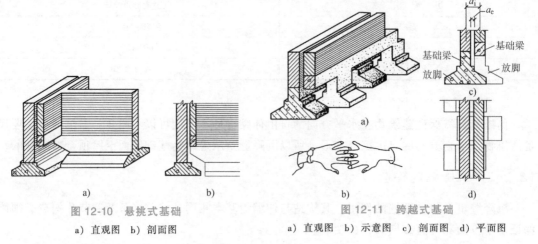

图 12-10　悬挑式基础

a）直观图　b）剖面图

图 12-11　跨越式基础

a）直观图　b）示意图　c）剖面图　d）平面图

12.3 防震缝

课题导入：什么是防震缝？防震缝设置的原则是什么？

【学习要求】 了解防震缝的设置原则、防震的宽度以及防震缝的构造做法。

12.3.1 防震缝的设置

1. 防震缝设置的原则

防震缝是为了防止建筑物各部分在地震时相互撞击引起破坏而设置的缝隙。通过防震缝将建筑物划分成若干体形简单、结构刚度均匀的独立单元。

对以下情况，需考虑设置防震缝：

1）建筑平面复杂，有较大凸出部分时。

2）建筑物立面高差在 6m 以上时。

3）建筑物有错层，且楼层错开较大时。

4）建筑物的结构体系、材料或质量变化较大时。

防震缝的设置范围一般与伸缩缝类似，基础可以不断开，而地面以上构件应全部断开。防震缝两侧均应布置墙或柱，形成双墙、双柱或一墙一柱。

2. 防震缝的宽度

1）在多层砖混结构中，按设计烈度不同，防震缝的宽度取 50~100mm。

2）在多层钢筋混凝土框架结构中，建筑物的高度在 15m 及 15m 以下时防震缝的宽度为 70mm。

3）当建筑物的高度超过 15m、设计烈度 7 度时，建筑物每增高 4m，缝宽增加 20mm；设计烈度 8 度时，建筑物每增高 3m，缝宽增加 20mm；设计烈度 9 度时，建筑物每增高 2m，缝宽增加 20mm。

12.3.2 防震缝的构造

防震缝在墙身、楼地板层及屋顶各部分的构造基本与伸缩缝、沉降缝相似。但因防震缝缝宽较大，在构造处理时，应特别考虑盖缝、防风及防水等防护措施的处理（图 12-12）。

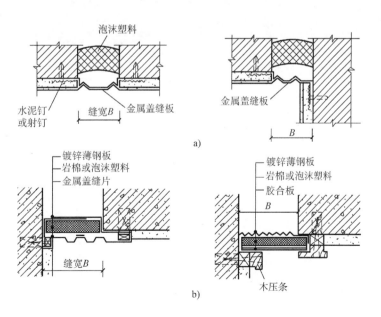

图 12-12 墙身防震缝的构造

a）外墙防震缝的构造 b）内墙防震缝的构造

本 章 回 顾

1. 伸缩缝的设置范围：只需将建筑物的墙体、楼板层及屋顶等基础以上部分全部断开，基础部分因埋于地下、受温度变化影响较小，可不必断开。为保证伸缩缝两侧相邻部分能在水平方向自由伸缩，缝度一般为 20~30mm。

2. 伸缩缝两侧的墙体断面形式一般可做成平缝、错口缝及企口缝。伸缩缝在楼地板层位置的缝宽与墙体、屋顶变形缝一致，缝内常采用可压缩变形的材料做填缝处理。屋顶上的伸缩缝常设在两边屋面在同一高程和高低屋面错层处，一般在伸缩缝处加砌矮墙，并做屋面防水和泛水处理。

3. 沉降缝与伸缩缝的最大区别是沉降缝主要满足建筑物在竖直方向的自由沉降变形，而伸缩缝只需保证建筑物在水平方向的自由伸缩变形。

4. 沉降缝也具有伸缩的作用，即沉降缝可代替伸缩缝，但伸缩缝不能代替沉降缝。沉降缝的构造与伸缩缝的构造基本相同，但盖缝条及调节片构造必须能保证水平方向和垂直方向的自由变形。基础沉降的处理方式有双墙式、悬挑式和跨越式。

5. 防震缝的设置范围一般与伸缩缝类似，基础以上的结构部分完全断开，并留有足够的缝宽，一般砌体结构的房屋防震缝缝宽取 50~100mm。

6. 防震缝既要保证建筑物在垂直方向自由沉降，又要保证建筑物在水平方向能左右移动。在地震区设置伸缩缝、沉降缝时均需按防震缝要求考虑。

第4篇

工业建筑

第13章

工业建筑概论

知识要点及学习程度要求

- 工业建筑的特点及分类（了解）
- 工业建筑的特点（了解）
- 单层工业厂房的结构类型及结构组成（了解）
- 单层工业厂房的主要构件（掌握）
- 单层工业厂房柱网的形成和剖面高度的确定（了解）

13.1 工业建筑的分类与特点

课题导入：工业建筑有什么特点？是按什么业分类的？

【学习要求】 了解工业建筑的特点，了解工业建筑按用途、按生产状况和按层数分类有哪些不同？

13.1.1 工业建筑的分类

工业建筑是各类工厂为工业生产需要而建造的各种不同用途的建筑物和构筑物的总称。工业建筑中供生产用的各种房屋，通常称为厂房或车间。工业建筑与民用建筑一样，要体现适用、安全、经济、美观的方针。根据生产工艺的要求不同，来确定工业建筑的平面、立面、剖面和建筑体形，并进行细部构造设计，以保证有一个良好的工作环境。

工业建筑通常是按厂房的用途、生产状况和层数来进行分类的。

1. 按厂房的用途分类

1）主要生产厂房：如机械制造厂的铸造车间、机械加工车间和装配车间等。

2）辅助生产厂房：为主要生产车间服务的各类厂房，如机械厂的机修车间及工具车间等。

3）动力用厂房：为全厂提供能源的各类厂房，如发电站、变电站、锅炉房、煤气发生站及压缩空气站等。

4）储藏用建筑：储藏各种原材料、半成品或成品的仓库，如金属材料库、木料库、油料库、成品及半成品仓库等。

5）运输用建筑：用于停放、检修各种运输工具的库房，如汽车库及电瓶车库等。

2. 按生产状况分类

1）热加工车间：在高温状态下进行生产，生产过程中散发大量的热量、烟尘的车间，如炼钢、轧钢、铸造车间等。

2）冷加工车间：在正常温湿度条件下生产的车间，如机械加工车间、装配车间等。

3）恒温恒湿车间：为保证产品质量的要求，在稳定的温湿度状态下进行生产的车间，如纺织车间和精密仪器车间等。

4）洁净车间：根据产品的要求需在无尘无菌、无污染的高度洁净状况下进行生产的车间，如集成电路车间、药品生产车间等。

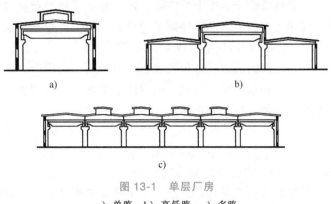

图13-1　单层厂房
a）单跨　b）高低跨　c）多跨

3. 按厂房层数分类

1）单层厂房：这类厂房是工业建筑的主体，广泛应用于制造工业、冶金工业及纺织工业等（图13-1）。

2）多层厂房：在食品、化学、电子、精密仪器工业以及服装加工业等应用较广（图13-2）。

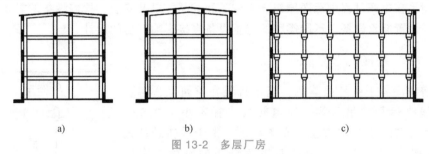

图13-2　多层厂房
a）内廊式　b）统间式　c）大宽度式

3）混合层数厂房：在同一厂房内既有单层也有多层的厂房称为混合层数厂房，多用于化工工业和电力工业厂房（图13-3）。

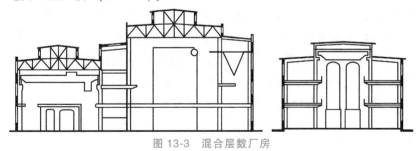

图13-3　混合层数厂房

13.1.2　工业建筑的特点

1. 满足生产工艺的要求

厂房的设计是以工艺设计为基础的，它必须满足不同工业生产的要求，并为工人创造良好的工作环境。

2. 内部有较大的空间

由于生产方面的要求,工业建筑往往需要配备大中型的生产设备,而为了各工部之间联系方便需要起重运输设备,这就决定着厂房内有较大的面积和宽敞的空间。

3. 采用大型的承重骨架结构

工业建筑由于生产上的需要,所受楼面和屋面荷载较大,因此单层厂房经常采用装配式的大型承重构件,多层厂房则采用钢筋混凝土骨架结构或钢结构。

4. 结构、构造复杂,技术要求高

由于厂房的面积、体积较大,有时采用多跨组合,工艺联系密切,不同的生产类型对厂房提出功能要求不同。因此,在空间、采光、通风和防水、排水等建筑处理上及结构、构造上都比较复杂,技术要求高。

13.2　厂房内部的起重运输设备

课题导入:厂房内部常用的起重设备有哪些?各有什么特点?

【学习要求】　了解厂房内部常用起重机的类型,掌握各类起重设备的特点和适用范围。

为了满足在生产过程中运送原料、半成品和成品,以及安装、检修设备的需要,在厂房内部一般需设置起重设备。不同类型的起重设备直接影响厂房的设计。

13.2.1　单轨悬挂式起重机

在厂房的屋架下弦悬挂单轨,起重机装在单轨上,起重机按单轨线路运行起吊重物。轨道转弯半径不小于 2.5m,起重量不大于 5t。其操纵方便,布置灵活。由于单轨悬挂式起重机悬挂在屋架下弦,由此对屋盖结构的刚度要求较高(图 13-4)。

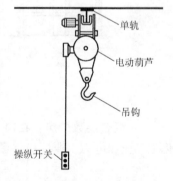

图 13-4　单轨悬挂式起重机

13.2.2　梁式起重机

梁式起重机包括悬挂式与支承式两种类型。悬挂式起重机是在屋顶承重结构下悬挂梁式钢轨,钢轨平行布置,在两行轨梁上设有可滑行的单梁 (图 13-5a)。支承式起重机是在排架柱上设牛腿,牛腿上安装起重机梁和钢轨,钢轨上设有可滑行的单梁,在单梁上安装滑行的滑轮组,这样在纵、横两个方向均可起重 (图 13-5b)。梁式起重机起重量一般不超过 5t。

13.2.3　桥式起重机

桥式起重机是由桥架和起重行车 (或称小车) 组成的。起重机的桥架支承在起重机梁的钢轨上,沿厂房纵向运行,起重小车安装在桥架上面的轨道上,横向运行 (图 13-6),起重量为 5~400t,甚至更大,适用于大跨度的厂房。起重机一般由专职人员在起重机一端的驾驶室内操纵。厂房内需设供驾驶人员上下的钢梯。

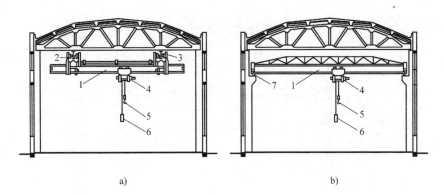

图 13-5 梁式起重机

a）悬挂式 b）支承式

1—钢梁 2—运行装置 3—轨道 4—提升装置 5—吊钩 6—操纵开关 7—起重机梁

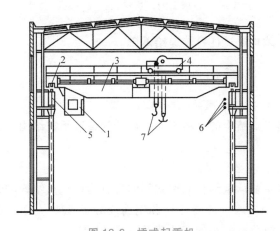

图 13-6 桥式起重机

1—吊车驾驶室 2—起重机轮 3—桥架 4—起重小车

5—起重机梁 6—电线 7—吊钩

13.3 单层工业厂房结构类型和组成

课题导入：单层工业厂房的结构类型是按什么业分类的？我国常用的排架结构是有哪些部分组成的？

【学习要求】 了解单层工业厂房的结构分类，掌握常用的装配式钢筋混凝土排架结构体系的组成以及各组成部分的作用。

在单层工业厂房建筑中，支承各种荷载的构件所组成的骨架，通常称为结构。厂房依靠各种结构构件合理地连接为一体，组成一个完整的结构空间来保证厂房的坚固、耐久（图 13-7）。单层工业厂房排架结构的主要荷载有：垂直方向为屋面荷载、墙体自重和起重机荷载，并分别通过屋架、墙梁、起重机梁等构件传递到柱身；水平方向为纵横外墙风荷载和起重机纵横向冲击荷载，并分别通过墙、墙梁、抗风柱、屋盖、柱间支撑、起重机梁等构

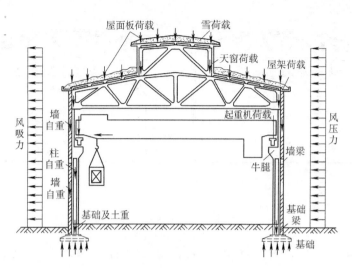

图 13-7　单层工业厂房结构主要荷载示意图

件传递到柱身。所有荷载均通过柱身传递给基础。

13.3.1　单层工业厂房的结构类型

1. 单层工业厂房结构按其承重结构的材料分类

单层工业厂房按其承重结构的材料不同，可分为砖墙承重结构、钢筋混凝土结构和钢结构等类型。

2. 单层工业厂房按其主要承重结构的形式分类

单层工业厂房按其主要承重结构的形式不同可分为墙承重结构和骨架承重结构两类。

（1）墙承重结构　由砖墙（或砖柱）和钢筋混凝土屋架（梁）或钢屋架组成，一般适用于跨度、高度、起重机荷载较小的工业建筑（图 13-8）。

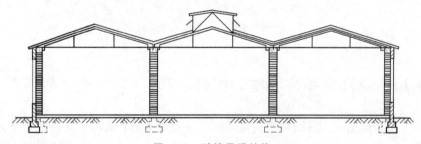

图 13-8　砖墙承重结构

（2）骨架承重结构　骨架承重结构由柱子、屋架或屋面梁、柱基础等承重构件组成，可分为排架、刚架及空间结构。其中以排架结构最为常见。

1）装配式钢筋混凝土排架结构：该结构由横向排架和纵向联系构件以及支承构件组成。横向排架包括：屋架（或屋面梁）、柱子及柱基础等。纵向构件包括：屋面板、连系梁、起重机梁、基础及纵向支撑等构件（图 13-9）。这种结构施工周期短，坚固耐久，可节省钢材，造价较低，以用较广。

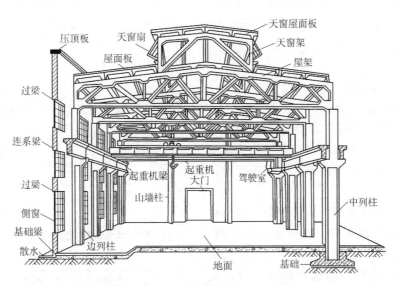

图 13-9 装配式钢筋混凝土排架结构

2）钢排架结构：因装配式钢筋混凝土结构的自重大、抗震性能较差，目前较多采用钢结构排架，这种结构自重轻、抗震性能好、施工速度快，但易锈蚀，耐久性、耐火性较差，维护费用高，使用时必须采取必要的防护措施（图 13-10）。钢排架结构多用于跨度大、空间高、载重大、高温或振动大的工业建筑。

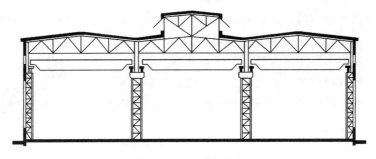

图 13-10 钢排架结构

13.3.2 单层工业厂房的结构组成

我国单层工业厂房一般采用的结构体系是装配式钢筋混凝土排架结构。这种体系由承重构件和围护构件两大部分组成（图 13-9）。

1. 承重构件

我国单层工业厂房的结构体系是装配式钢筋混凝土排架结构，承重构件有排架柱、基础、屋架、屋面板、起重机梁、基础梁、连系梁、支撑系统及抗风柱等。

2. 围护构件

围护构件有屋面、外墙、门窗及地面等。

对于排架结构来讲，以上所有构件中，屋架、排架柱和基础是最主要的结构构件。

这三种主要承重构件，通过不同的连接方式，形成具有较强刚度和抗震能力的厂房结构体系。

13.3.3 单层工业厂房的主要构件

1. 基础及基础梁

基础支承厂房上部结构的全部荷载，并将荷载传递到地基中去，因此基础起着承上传下的作用，是厂房结构中的重要构件之一。

（1）现浇柱下基础 基础与柱均为现场浇筑但不同时施工，因此需在基础顶面留出插筋，以便与柱连接。

（2）预制柱下基础 钢筋混凝土预制柱下基础顶部应做成杯口，柱安装在杯口内。这种基础称为杯形基础。有时为了使安装在埋置深度不同的杯形基础中的柱子规格统一，可以把基础做成高杯基础。在伸缩缝处，双柱的基础可以做成双杯口形式（图13-11）。

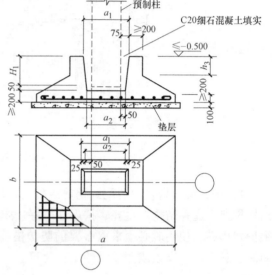

图 13-11 预制柱下杯形基础

（3）基础梁 当厂房采用钢筋混凝土排架结构时，仅起围护或隔离作用的外墙或内墙通常设计成自承重式。如果外墙或内墙增设基础，则由于其所承重的荷载比柱基础小得多，当地基土层构造复杂、压缩性不均匀时，基础将产生不均匀沉降，容易导致墙面开裂。因此，一般厂房常将外墙或内墙砌筑在基础梁上，基础梁两端搁置在柱基础的杯口顶面，这样可使内外墙和柱沉降一致，墙面不易开裂（图13-12）。

基础梁的截面常采用梯形，分为预应力与非预应力钢筋混凝土两种。其外形与尺寸如图13-13所示。梯形基础梁预制较为方便，可利用已制成的梁作模板。

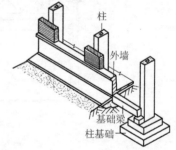

图 13-12 基础梁与基础的连接

为了避免影响开门及满足防潮要求，基础梁顶面标高至少应低于室内地坪标高50mm，比室外地坪标高至少高100mm。基础梁底回填土时一般不需要夯实，并留有不少100mm的空隙，以利于基础梁随柱基础一起沉降。当基础埋深较深时，可用牛腿支托基础梁（图13-14）。在寒冷地区，为防止土层冻胀致使基础梁隆起而开裂，则应在基础梁下及周围铺一定厚度的砂或炉渣等松散材料，同时在外墙周围做散水坡，如图13-15所示。

2. 柱及柱间支撑

（1）柱的形式与构造

1）排架柱。排架柱是厂房结构中的主要承重构件之一。它主要承受屋盖和起重机梁等竖向荷载、风荷载及起重机产生的纵向和横向水平荷载，有时还承受墙体、管道设备等荷载。所以，柱应具有足够的抗压和抗弯能力，并通过结构计算来合理确定截面尺寸和形式。

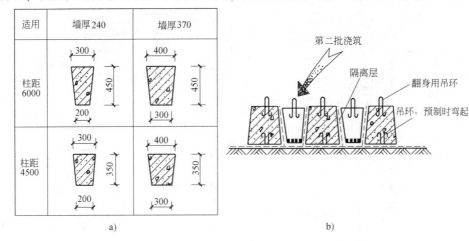

图 13-13 基础梁的截面形式和现场制作方法

a）截面形式 b）现场制作方法

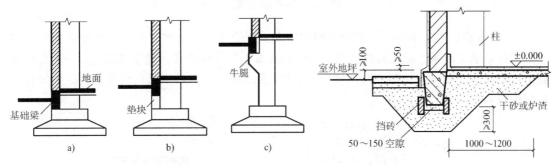

图 13-14 基础梁的位置与搁置方式

a）放在柱基础顶面 b）放在混凝土垫块上 c）放在牛腿上

图 13-15 基础梁搁置构造要求及防冻措施

柱按截面形式不同可分为单肢柱（包括矩形截面、工字形截面）和双肢柱（包括平腹杆、斜腹杆、双肢管柱）两大类。单层工业厂房常用的几种预制钢筋混凝土柱如图 13-16 所示。

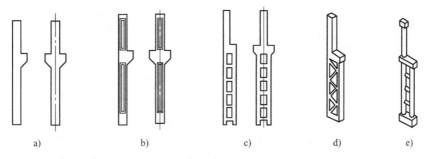

图 13-16 预制钢筋混凝土柱

a）矩形柱 b）工字形柱 c）平腹杆双肢柱 d）斜腹杆双肢柱 e）双肢管柱

2）柱的预埋件。为使柱与其他构件有可靠的衔接措施，应在柱的相应位置处预埋件。预埋件包括柱与屋架（柱顶）、柱与起重机梁（上柱内侧和牛腿顶面）、柱与连系梁或圈梁

（柱外侧）、柱与砌体或挂板（柱外侧）、柱与柱的柱间支撑等处的连接（图13-17）。

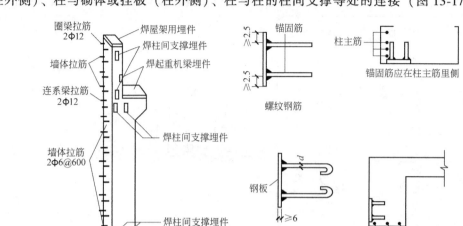

图 13-17 柱的预埋件

3）抗风柱。由于单层厂房的山墙面积较大，所受到的风荷载很大，因此要在山墙处设置抗风柱来承受墙面上的风荷载，使一部分风荷载由抗风柱直接传递至基础，另一部分风荷载由抗风柱的上端（与屋架上弦连接），通过屋盖系统传递到厂房纵向列柱上去。抗风柱一般间距以 6m 为宜（图13-18）。

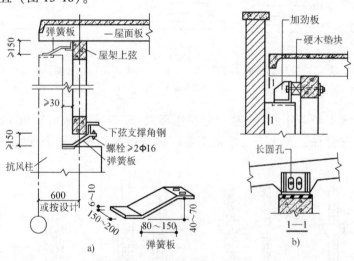

图 13-18 抗风柱与屋架的连接
a）一般情况下采用 b）厂房下沉较大时采用

（2）柱间支撑 柱间支撑的作用是提高厂房的纵向刚度和稳定性，并保证结构构件在安装和使用阶段的稳定和安全，同时起到传递水平荷载或地震作用的功用。以牛腿为界线，分为上部柱间支撑与下部柱间支撑（图13-19）。

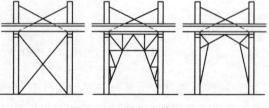

图 13-19 柱间支撑形式

3. 起重机梁

当厂房设有桥式起重机（或梁式起重机）时，需在柱牛腿上设置起重机梁，并在起重机梁上铺设轨道以供起重机运行，因此，起重机梁是厂房结构中的重要承重构件之一。

（1）起重机梁的类型　起重机梁的形式很多，起重机梁按截面形式不同，可分为等截面的 T 形、工字形起重机梁和变截面的鱼腹式起重机梁等。

（2）起重机梁与柱的连接　起重机梁与柱的连接多采用焊接。为承受起重机横向水平制动力，起重机梁上翼缘与柱间用钢板或角钢焊接；为承受起重机梁竖向压力，起重机梁底部安装前应焊接上一块垫板（或称支承钢板），使其与柱牛腿顶面预埋钢板焊牢（图 13-20）。

（3）起重机轨道的安装与车挡　起重机轨道与起重机梁采用垫板和螺栓连接的方法（图 13-21）。在起重机行驶过程中，为防止来不及制动而撞到山墙上，可在起重机梁的末端设置车挡。车挡一般用螺栓固定在起重机梁的翼缘上（图 13-22）。

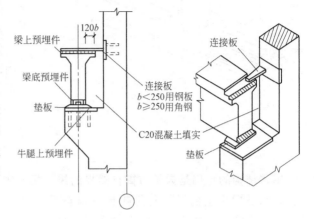

图 13-20　起重机梁与柱的连接

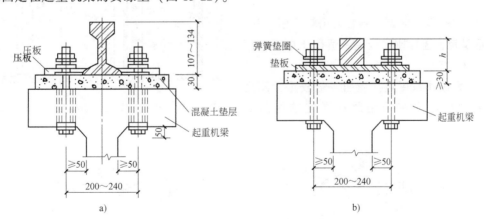

图 13-21　起重机轨道与起重机梁的连接

a）中型起重机轨道　b）轻型起重机轨道

4. 连系梁与圈梁

连系梁是柱与柱之间在牛腿上预埋的纵向水平连系构件，它同时还承担着上部墙体的荷载，支承在排架柱外伸的牛腿上，并通过螺栓或焊接与柱子连接（图 13-23）。若连系梁的位置与门窗过梁一致，并在同一水平面上相交封闭时，可兼作过梁和圈梁。墙体圈梁仅起拉结作用而不承受墙体质量，宜在厂房的柱顶、屋架端部顶、起重机梁附近设置，且应该与柱侧的预埋筋现浇连为一体（图 13-24）。

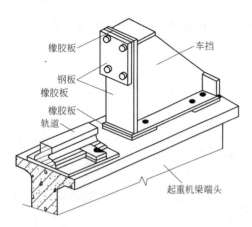

图 13-22 车挡

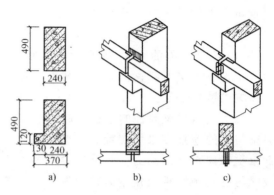

图 13-23 连系梁与柱的连接

a) 断面形状　b) 预制钢板电焊　c) 预制螺栓连接

5. 屋盖结构

屋盖结构的作用是为了防御自然界的风、雨、雪、太阳辐射和冬季低温对工业厂房的影响，它承受屋顶上的风、雪荷载和屋顶自重，并保证正常的生产和改善工人劳动条件。它可分为覆盖构件和承重构件两部分。

（1）单层厂房的屋盖结构形式　目前，屋盖结构形式大致可分为有檩体系和无檩体系两种。

1）有檩体系屋盖。一般采用轻屋面材料，屋盖重量轻，屋面刚度较差，适用于中小型厂房（图 13-25）。

2）无檩体系屋盖。屋面一般较重，刚度大，大中型厂房多采用此种屋盖结构形式（图 13-26）。

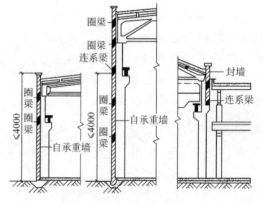

图 13-24 外墙、封墙连系梁与圈梁的位置

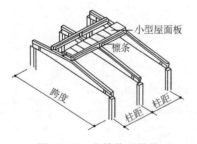

图 13-25 有檩体系屋盖

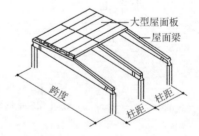

图 13-26 无檩体系屋盖

（2）屋盖承重构件

1）屋架或屋面梁。屋架（或屋面梁）是屋盖结构的主要承重构件，它直接承受屋面荷载及安装在屋架上的顶棚、悬挂起重机、天窗架和其他工艺设备的重量。一般多采用钢筋混凝土屋架或屋面梁。

屋架按其形式不同，可分为屋面梁、两铰（或三铰）拱屋架及桁架式屋架三大类。桁架式屋架的外形有三角形、梯形、拱形及折线形几种（图13-27）。

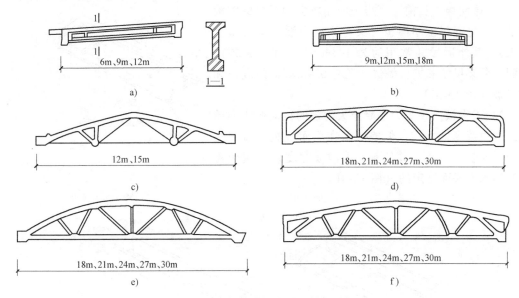

图 13-27 钢筋混凝土屋面梁与屋架

a）单坡屋面梁 b）双坡屋面梁 c）两铰拱组合屋架 d）梯形屋架 e）拱形屋架 f）折线形屋架

2）屋架与柱的连接方法有焊接和螺栓连接两种。采用较多的是焊接连接，焊接连接是在屋架（或屋面梁）端部支撑部位的预埋件底部焊上一块垫板，待屋架（或屋面梁）就位校正后，与柱预埋钢板焊接牢固（图13-28a）。螺栓连接方式是在柱顶伸出预埋螺栓，在屋架（或屋面梁）端部支撑部位焊接上带有缺口的支撑钢板，就位纠正后用螺母拧紧（图13-28b）。

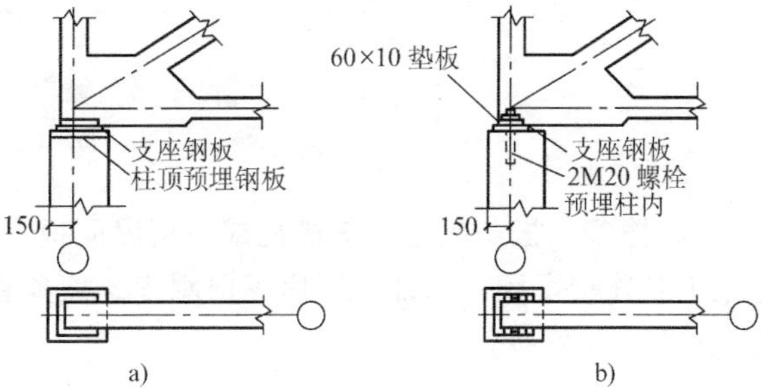

3）屋架托架。当厂房全部或局部柱距为 12m 或 12m 以上，而屋架间距仍保持 6m 时，需在 12m 或 12m 以上的柱距间设置托架（图13-29）来支承中间屋架，通过托架将屋架上的荷载传递给柱。起重机梁也相应采用 12m

图 13-28 屋架与柱的连接

a）焊接连接 b）螺栓连接

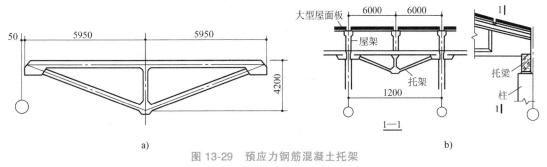

图 13-29 预应力钢筋混凝土托架

a）托架 b）托架布置

或 12m 以上长。托架有预应力混凝土和钢托架两种。

（3）屋盖的覆盖构件

1）屋面板。目前，厂房中应用较多的屋盖覆盖构件是预应力混凝土屋面板（又称预应力混凝土大型屋面板），其外形尺寸常用的为 1.5m×6m（图 13-30）。为配合屋架尺寸和檐口做法，还有 0.9m×6m 的嵌板和檐口板（图 13-31）。

2）天沟板。预应力混凝土天沟板的截面形状为槽形，两边壁高低不同，低壁依附在屋面板边，高壁在外侧，安装时应注意其位置。天沟板宽度是随屋架跨度和排水方式而确定的（图 13-31）。

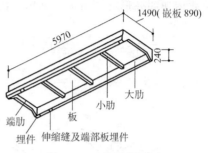

图 13-30　大型屋面板

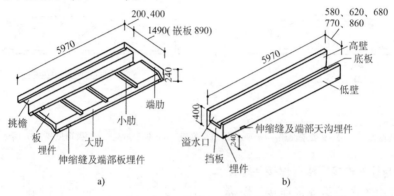

a)　　　　　　　　　　b)

图 13-31　檐口板和天沟板

a）檐口板　b）天沟板

3）檩条。檩条起着支承槽瓦或小型屋面板，并将屋面荷载传给屋架等作用。檩条应与屋架上弦连接牢固，以加强厂房纵向刚度。檩条有钢筋混凝土檩条、型钢檩条和冷弯钢板檩条几种（图 13-32）。

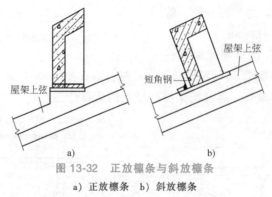

a)　　　　　　　　　　b)

图 13-32　正放檩条与斜放檩条

a）正放檩条　b）斜放檩条

13.4　单层工业厂房的柱网尺寸

课题导入：厂房的柱网尺寸是怎样确定的？什么是柱距？什么是跨度？

【学习要求】 了解厂房柱网尺寸是怎样确定的，掌握跨度和柱距的概念。

厂房的定位轴线是确定厂房主要构件的位置及其标志尺寸的基线，同时也是设备定位、安装及厂房施工放线的依据。厂房设计只有采用合理的定位轴线划分才可能采用较少类型和规格的标准构件来建造。定位轴线的划分是在柱网布置的基础上进行的，与柱网布置一致。

在单层工业厂房中，为支承屋盖和起重机荷载需设置柱子，为了确定柱位，在平面图上要布置纵横向定位轴线。一般在纵横向定位轴线相交处设柱子。厂房柱子纵横向定位轴线在平面上形成的有规律的网格称为柱网。柱子纵向定位轴线间的距离称为跨度，横向定位轴线的距离称为柱距。柱网尺寸的确定，实际上就是确定厂房的跨度和柱距（图13-33）。

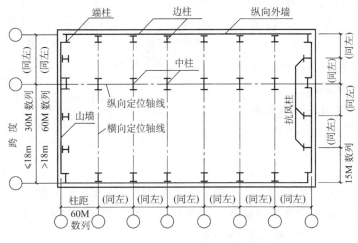

图13-33 跨度和柱距示意图

确定柱网尺寸时，首先要满足生产工艺要求，尤其是工艺设备的布置；其次是根据建筑材料、结构形式、施工技术水平、经济效益以及提高建筑工业化程度、扩大生产、技术改造等方面因素来确定。《厂房建筑模数协调标准》（GB/T 50006—2010）对单层厂房柱网尺寸做出了有关规定，具体如下。

1. 跨度

单层厂房的跨度在18m以下时，应采用扩大模数30M数列，即9m、12m、15m、18m；在18m以上时，应采用扩大模数60M数列，即24m、30m、36m等（图13-33）。

2. 柱距

单层厂房的柱距应采用扩大模数60M数列。根据我国现有情况，采用钢筋混凝土或钢结构时，常采用6m柱距，有时也可采用12m柱距。单层厂房山墙处的抗风柱柱距宜采用扩大模数15M数列，即4m、5m、6m、7m（图13-33）。

厂房定位轴线的划分，应满足生产工艺的要求并注意减少厂房构件的类型和规格，同时使不同厂房结构形式所采用的构件能最大限度地互换和通用，有利于提高厂房工业化水平。

13.5 单层工业厂房的剖面高度

课题导入：单层工业厂房的剖面高度是怎样确定的？厂房剖面高度有什么要求？

【学习要求】 了解厂房的剖面是怎样确定的以及对剖面高度有什么要求。

单层工业厂房的剖面设计是厂房设计中的重要环节，是在平面设计的基础上进行的。设计要求确定好合理的高度，解决好厂房的采光和通风，使其满足生产工艺的要求并具有良好的工作环境。

厂房高度是指地面至屋架（屋面梁）下表面的垂直距离。一般情况下，屋架下表面的高度即是柱顶与地面之间的高度。所以单层厂房的高度也可以是地面到柱顶的高度（图 13-34）。对于单层工业厂房的剖面高度，有以下几个规定：

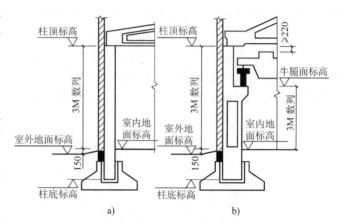

图 13-34 单层厂房高度示意图
a）无起重机厂房　b）有起重机厂房

1）厂房室内地面至柱顶的高度应为扩大模数 3M 数列。

2）厂房室内地面至支承起重机梁的牛腿面的高度，应为 3M 数列，当超过 7.2m 时，宜采用 6M 数列。

3）起重机的小车顶面距柱顶或屋架下弦底面之间应留有不少于 220mm 的安全净空。

4）厂房室内地面距室外地面应有不少于 100mm 的高差，以防止雨水流入室内，但也不应超过 200mm，为运输方便常采用 150mm。

本 章 回 顾

1. 工业建筑：工业建筑是各类工厂为工业生产需要而建造的各种不同用途的建筑物和构筑物的总称。按厂房的用途不同，分为主要生产厂房、辅助生产厂房、动力用厂房、储藏用建筑、运输用建筑；按生产状况不同，分为热加工车间、冷加工车间、恒温恒湿车间、洁净车间；按厂房层数不同，分为单层厂房、多层厂房、混合层数厂房。

2. 单层工业厂房中的起重设备有单轨悬挂式起重机、梁式起重机和桥式起重机等。

3. 我国单层工业厂房一般采用的结构体系是装配式钢筋混凝土排架结构，其承重构件主要有基础、柱子、屋架、基础梁及起重机梁等，围护构件主要有外墙、门窗、屋面、天窗及地面等。

4. 单层厂房定位轴线的确定不仅要满足生产工艺的要求，还要符合《厂房建筑模数协调标准》（GB/T 50006—2010）的要求。

5. 厂房柱网是柱子纵横向定位轴线在平面上形成的有规律的网格。柱子纵向定位轴线间的距离称为跨度，横向定位轴线的距离称为柱距。柱网尺寸的确定，实际上就是确定厂房的跨度和柱距。

6. 厂房高度是指地面至屋架（屋面梁）下表面的垂直距离。一般情况下，屋架下表面的高度即是柱顶与地面之间的高度，所以，单层厂房的高度也可以是地面到柱顶的高度。

第14章

单层工业厂房主要构造

知识要点及学习程度要求

- 单层工业厂房外墙的类型及构造做法（掌握）
- 厂房屋面的排水方案（了解）
- 单层工业厂房的天窗形式及构造（了解）
- 厂房地面的常用做法及地面变形缝的构造做法（掌握）
- 钢结构厂房压型钢板外墙的构造（了解）

单层工业厂房构造包括外墙、侧窗、大门、天窗和地面等（图14-1）。在我国，单层工业厂房的承重结构、围护结构及构造做法均有全国或地方通用的标准图，可供设计者直接选用或参考。

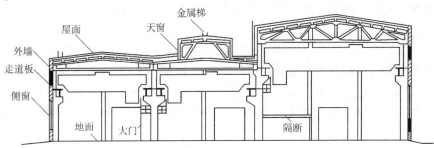

图 14-1　单层工业厂房主要构件示意图

14.1　外墙

课题导入：单层工业厂房自承重砌体墙的构造要求有哪些？大型墙板的布置及与柱的连接是怎样的？

【学习要求】　了解单层工业厂房外墙的作用及分类，掌握自承重墙和柱的相对位置和构造连接，了解大型墙板的类型及布置方法，掌握大型墙板与柱的构造连接，了解轻质板材墙及开敞式墙的构造做法。

当单层工业建筑跨度及高度不大，没有或只有较小的起重运输设备时，可采用承重砌体墙直接承受屋盖与起重运输设备等荷载（图14-2）。

当单层工业建筑跨度及高度较大、起重运输设备较重时，通常由钢筋混凝土（或钢）

排架柱来承担屋盖起重运输设备等荷载，而外墙仅起围护作用，这种围护墙又分为承重砌体墙（图 14-2）、自承重砌体墙（图 14-3）、大型板材墙和轻质板材墙。

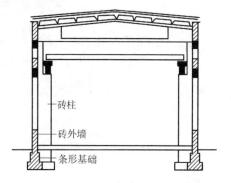 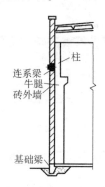

图 14-2　承重砌体墙
单层工业厂房

图 14-3　自承重砌体墙
单层工业厂房

14.1.1　承重砌体墙

承重砌体墙经济实用，但整体性差，抗震能力弱，这使它的使用范围受到了很大的限制。根据《建筑抗震设计规范》（GB 50011—2010）的规定，它只适用于以下范围：

（1）单跨和等高多跨且无桥式起重机的车间、仓库等。

（2）6~8 度设防时，跨度不大于 15m 且柱顶标高不大于 6.6m。

（3）9 度设防时，跨度不大于 12m 且柱顶标高不大于 4.5m。

14.1.2　自承重砌体墙

自承重砌体墙是单层工业厂房常用的外墙形式之一，可采用砖砌体或砌块砌筑。

1. 自承重墙的支承

自承重墙直接支承在基础梁上，基础梁支承在杯形基础的杯口上，这样可以避免墙、柱、基础交接的复杂构造，同时加快了施工进度，方便构件的定型化和统一化。

根据基础埋深不同，基础梁有不同的搁置方式。不论哪种形式，基础梁顶面的标高通常低于室内地面 50mm，并高于室外地面 100mm，车间室内外高差为 150mm，以防止雨水倒流，也便于设置坡道并保护基础梁（图 14-4）。

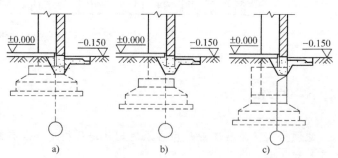

图 14-4　自承重砖墙的下部构造
a）基础梁设置在杯口上　b）基础梁设置在垫块上
c）基础梁设置在小牛腿（或高基础的杯口）上

2. 墙和柱的相对位置及连接构造

（1）墙和柱的相对位置　排架柱和外墙的相对位置通常有 4 种构造方案（图 14-5）。其中，墙体在柱外侧的方案（图 14-5a）构造简单、施工方便、热工性能好，便于厂房构配件的定型化和统一化，采用最多。墙体外缘与柱外缘重合的方案（图14-5b）将排架柱局部嵌入墙内，比前者稍节约土地，可在一定程度上加强柱列的刚度，但基础梁等构配件复杂，施工繁琐；墙体在柱中的方案（图14-5c）虽可加强排架柱的刚度，但结构外露易受气温变化影响，基础梁等构配件复杂化，施工不便。

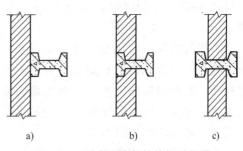

图 14-5　厂房外墙与柱的相对位置

a）墙体在柱外侧　b）墙体外缘与柱外缘重合
c）墙体在柱中

（2）墙和柱的连结构造　为使自承重墙与排架柱保持一定的整体性与稳定性，必须加强墙与柱的连结。其中，最常见的做法是采用钢筋拉结（图14-6）。

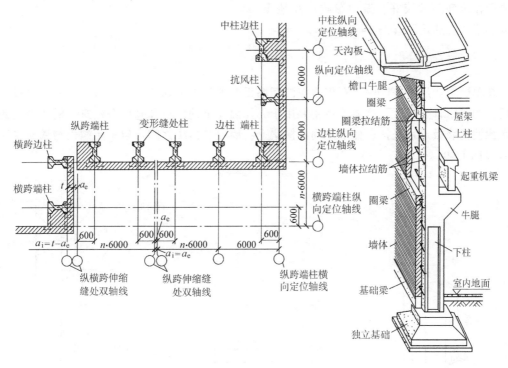

图 14-6　砌体外墙与柱的连接

14.1.3　大型板材墙

采用大型板材墙可成倍提高工程效率，加快建设速度。同时，它还具有良好的抗震性能，因此大型板材墙是我国工业建筑优先采用的外墙类型之一。

1. 墙板的类型

墙板的类型很多，按其保温性能不同，可分为保温墙板和非保温墙板；按所用材料不同，可分为单一材料墙板和复合材料墙板。

2. 墙板连接

墙板连接中最常用的是板柱连接。

板柱连接应安全可靠，便于制作、安装和检修。一般分为柔性连接和刚性连接两类。

（1）柔性连接　墙板与厂房骨架以及板与板之间在一定范围内可相对独立位移，能较好地适应震动引起的变形，但对土建施工的精度要求较高。设计烈度高于7度的地震区宜用此法连接墙板（图14-7）。

（2）刚性连接　将每块板材与柱子用型钢焊接在一起，无需另设钢支托。其突出的优点是连接件钢材少，但由于失去了能相对位移的条件，对不均匀沉降和振动较为敏感，主要用在地基条件较好、振动影响小和地震烈度小于7度的地区（图14-8）。

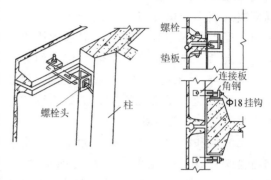

图 14-7　墙板与柱的螺栓柔性连接

14.1.4　轻质板材墙

在单层工业厂房外墙中，石棉水泥波瓦墙板、塑料玻璃钢波形外墙板及金属外墙板等轻质板材的使用日益广泛。这类墙板主要用于无保温要求的厂房和仓库等建筑，例如常用的石棉水泥波瓦墙板通常是挂在柱子之间的横梁上，墙板与横梁之间可以采用螺栓与铁卡将两者夹紧（图14-9）。

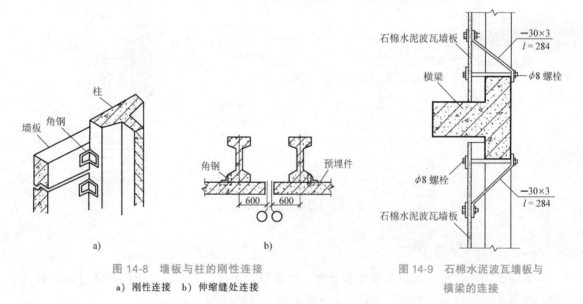

图 14-8　墙板与柱的刚性连接

a）刚性连接　b）伸缩缝处连接

图 14-9　石棉水泥波瓦墙板与横梁的连接

14.1.5　开敞式外墙

在南方炎热地区，热加工车常采用开敞或半开敞式外墙，能迅速排烟、尘、热量以及通风、换气、避雨，其构造主要是采用挡雨板。常见的挡雨板有石棉水泥波瓦墙板和钢筋混凝土挡雨板（图14-10）。

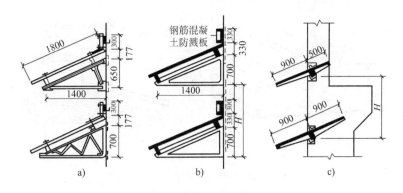

图 14-10 挡雨板构造

a) 钢支架 b) 钢筋混凝土支架 c) 无支架挡雨板

14.2 屋面

课题导入：工业厂房屋面排水有哪两种？各有什么优缺点？工业厂房屋面防水有什么措施？

【学习要求】 掌握单层工业厂房屋面的排水方式，了解各排水方式的优缺点，了解单层工业厂房屋面的防水种类，掌握各防水方式的构造做法，了解屋面天沟的做法及屋面雨水口的设置距离。

单层工业厂房的屋面直受到风雨、积雪、积灰、酷热、严寒和有害介质的影响，有一些特殊工业厂房，还需设置防爆泄压、排尘散热等装置。就其共性而言，屋面排水和防水是屋面构造的最主要问题之一。

14.2.1 屋面排水

与民用建筑一样，单层厂房屋顶的排水方式分为无组织排水和有组织排水两种。无组织排水常用于降雨量小的地区，屋面坡长较小、高度较低的厂房。有组织排水又分为内排水和外排水。内排水主要用于大型厂房及严寒地区的厂房，有组织外排水常用于降雨量大的地区。

（1）无组织排水 无组织排水是使雨水顺屋坡流向屋檐，然后自由泻落到地面，也称为自由落水（图 14-11）。无组织排水在屋面上不设天沟，厂房内部也无需设置雨水管及地下雨水管网，构造简单，施工方便，造价较低，不易发生泄漏。它适用于檐高较低的单跨双面坡的小型厂房。

（2）有组织排水 有组织排水是通过屋面上的天沟、雨水斗、雨水管等有组织地将雨水疏导到散水坡、雨水明沟或雨水管网，分为有组织外排水和有组织内排水两种（图 14-12）。这种排水方式构造复杂，造价较高，容易发生堵塞和渗漏，适用于连跨多坡屋面和檐口较高、屋面集水面积较大的大中型厂房。

14.2.2 屋面防水

厂房屋面的防水，依据防水材料和构造不同，分为卷材防水、瓦屋面防水、构件自防水和刚性防水等几种。

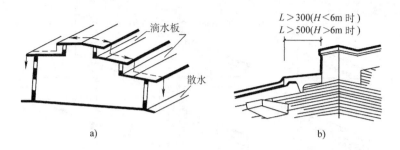

图 14-11 无组织排水

a) 无组织排水 b) 大型屋面板挑檐

注：L 为挑檐长度，H 为离地高度。

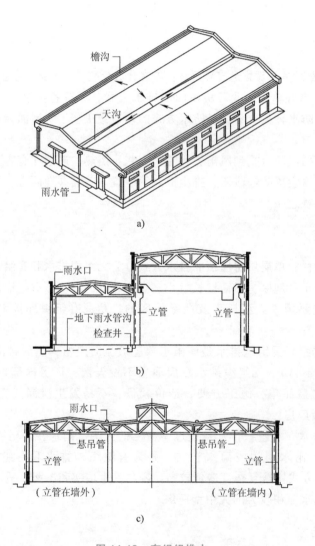

图 14-12 有组织排水

a) 有组织外排水 b) 有组织内排水 c) 内天沟外排水

1. 卷材防水

防水卷材有油毡、合成高分子材料及合成橡胶卷材等。目前，应用较多的仍为油毡卷材（图 14-13），其构造做法与民用建筑基本相同。

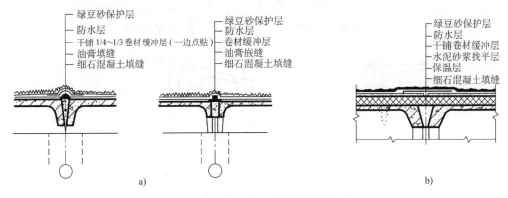

图 14-13 卷材防水屋面接缝的处理

a）非保温屋面做法 b）保温屋面做法

2. 瓦屋面防水

波形瓦屋面有石棉水泥瓦、镀锌薄钢板瓦、压型钢板瓦及玻璃钢瓦等。它们都属于有檩体系，构造原理也基本相同（图 14-14）。

3. 钢筋混凝土构件自防水屋面

钢筋混凝土构件自防水屋面是利用钢筋混凝土板本身的密实性，对板缝进行局部防水处理而形成的防水屋面。根据板缝采用防水措施的不同，分为嵌缝式、搭盖式等。

（1）嵌缝式防水构造　嵌缝式构件自防水屋面，是利用大型屋面板作防水构件并在板缝内嵌灌油膏（图 14-15）。板缝分为纵缝、横缝和脊缝三种。

（2）搭盖式防水构造　搭盖式构件自防水屋面是采用 F 形大型屋面板作防水构件，板纵缝上下搭接，横缝和脊缝用盖瓦覆盖（图 14-16）。这种屋面安装简便，施工速度快。但板型复杂，盖瓦在振动影响下易滑脱，造成屋面渗漏。

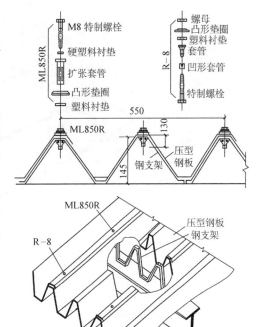

图 14-14 W 形压型钢板瓦构造

4. 刚性防水

刚性防水屋面一般是采用在大型屋面板上现浇一层细石混凝土的防水做法。

14.2.3 屋面天沟

厂房屋面的天沟分为女儿墙边天沟和内天沟两种。利用边天沟组织排水时，女儿墙根部要设出水口（图 14-17）。其构造处理同民用建筑。内天沟有单槽形天沟板和双槽形天沟板（图 14-18）。双槽形天沟板，施工方便，天沟板统一，应用较多，但应注意两个天沟板的接缝处理。

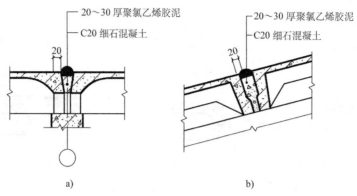

图 14-15　嵌缝式防水构造

a）横缝　b）纵缝

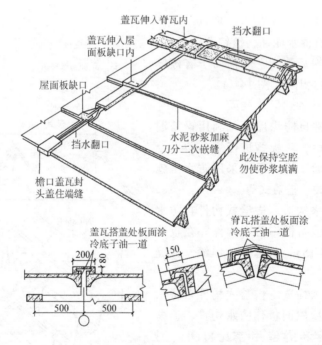

图 14-16　F 形屋面板的铺设及节点

14.2.4　屋面雨水口

雨水口是排除屋面集水的出口，雨水口下接雨水斗或雨水管。雨水口的间距和雨水管的直径是按当地降雨强度和集水面积计算得来的。雨水管的直径有 75mm、100mm、125mm、150mm 及 200mm 等几种规格，材料有镀锌成薄钢板、铸铁、钢及塑料等多种。采用直径为 100mm 或 125mm 的雨水管时，雨水口的间距不宜超过 4 个柱距，即 24m（图 14-19）。

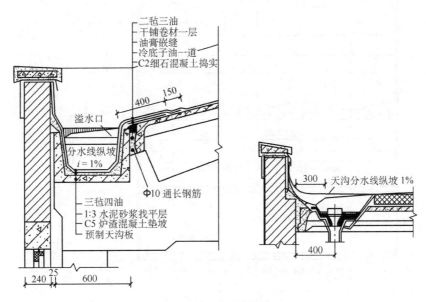

图 14-17 边天沟构造

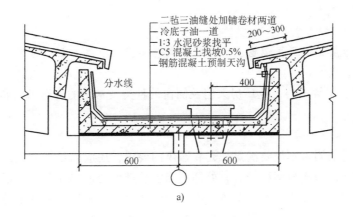

a)

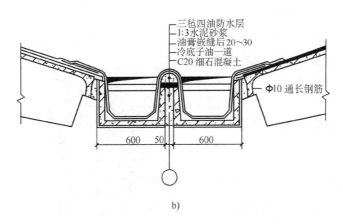

b)

图 14-18 内天沟构造

a) 单槽形天沟板 b) 双槽形天沟板

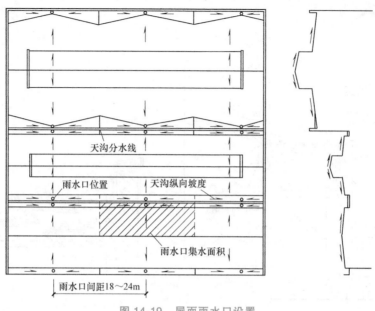

图 14-19　屋面雨水口设置

天沟分水线

雨水口位置　　天沟纵向坡度

雨水口集水面积

雨水口间距18～24m

14.3　侧窗和大门

课题导入：单层工业厂房侧窗及大门的种类有哪些？单层工业厂房常用的侧窗和大门的构造做法有什么特点？

【学习要求】　了解单层工业厂房大门及侧窗的种类及常用的构造做法和适用范围。

14.3.1　侧窗

单层工业厂房的侧窗不仅要满足采光和通风的要求，还应满足工艺上的泄压、保温、隔热及防尘等要求。由于侧窗面积较大，处理不当容易产生变形损坏和开关不便，因此，侧窗的构造还应坚固耐久、开关方便、节省材料及降低造价。通常厂房采用单层窗，但在寒冷地区或有特殊要求的车间（恒温、洁净车间等），须采用双层窗。

1. 侧窗的类型

按所采用的材料不同，侧窗可分为钢窗、木窗及塑钢窗等。其中，应用最多的是钢窗（图 14-20）。按开关方式不同，侧窗可分为中悬窗、平开窗、固定窗和垂直旋转窗等。根据厂房和通风需要，厂房外墙的侧窗，一般将悬窗、平开窗或固定窗等组合在一起。

2. 钢窗构造

钢窗具有坚固耐久、防火、关闭紧密且遮光少等优点，对厂房侧窗比较适用。我国所用钢窗主要有实腹钢窗和空腹钢窗两种。

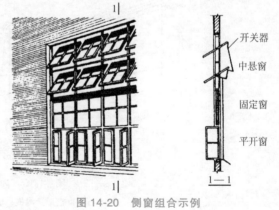

开关器

中悬窗

固定窗

平开窗

1—1

图 14-20　侧窗组合示例

　　厂房侧窗的面积较大，多采用基本窗拼接组合，靠竖向和水平的拼料保证窗的整体刚度和稳定性。钢窗的构造及安装方式同民用建筑钢窗。厂房侧窗高度和宽度较大，窗的开关常借助于开关器。开关器分手动和电动两种（图14-21）。

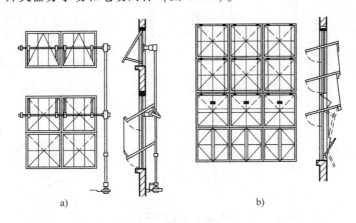

a)　　　　　　　　　　　　　　　b)

图14-21　中悬窗手动开关器

a）蜗轮蜗杆手摇开关器　b）撑臂式简易开关器

14.3.2　大门

1. 厂房大门的尺寸与类型

　　工业厂房大门主要是供人流、货流通行及疏散之用。因此，门的尺寸应根据所需运输工具的类型、规格、运输货物的外形并考虑通行方便等因素来确定。一般门的宽度应比满装货物时的车辆宽600~1000mm，高度应高出400~600mm。厂房大门尺寸如图14-22所示。

运输工具 \ 洞口宽	2100	2100	3000	3300	3600	3900	4200 4500	洞口高
3t 矿车	⊞							2100
蓄电池车		🚜						2400
轻型载货汽车			🚚					2700
中型载货汽车				🚛				3000
重型载货汽车					🚛			3900
汽车起重机						🚛		4200
火车							🚂	5100 5400

图14-22　厂房大门尺寸（单位：mm）

　　一般大门的材料有木、钢木、普通型钢和空腹薄壁钢等几种。门宽在1.8m以内时可采用木制大门。当门洞尺寸较大时，为了防止门扇变形，常采用钢木大门或钢板门。高大的门洞需采用各种钢门或空腹薄壁钢门。大门开启方式如图14-23所示。

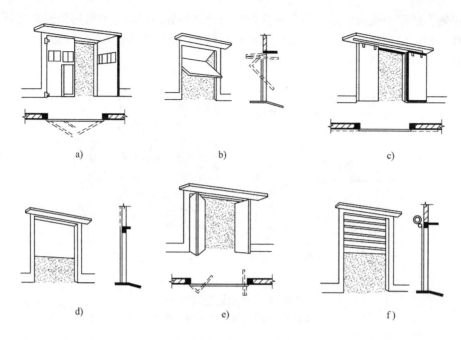

图 14-23　大门开启方式

a) 平开门　b) 上翻门　c) 推拉门　d) 升降门　e) 折叠门　f) 卷帘门

2. 厂房大门的一般构造

（1）平开门　平开门是由门扇、铰链及门框组成的。门洞尺寸一般不宜大于 3.6m×
3.6m，门扇可由木、钢或钢木组合而成。门框有钢筋混凝土和砌体两种。当门洞宽度大于 3m 时，应设钢筋混凝土门框。洞口较小时，可采用砌体砌筑门框，墙内砌入有预埋铁件的混凝土块。一般每个门扇设两个铰链（图 14-24 和图 14-25）。

（2）推拉门　推拉门由门扇、门轨、地槽、滑轮及门框组成。门扇可采用钢木门、钢板门及空腹薄壁钢门等。根据门洞大小，可布置成多种形式（图 14-26）。推拉门的支承方式分为上挂式和下滑式两种（图 14-27），当门扇高度小于 4m 时，采用上挂式。当门扇高度大于 4m 时，多采用

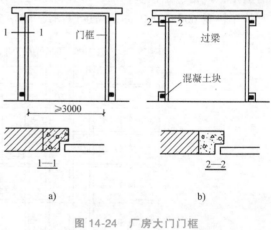

图 14-24　厂房大门门框

a) 钢筋混凝土门框　b) 砌体门框

下滑式，在门洞上下均设导轨，下面的导轨承受门扇的质量。推拉门位于墙外时，需设雨篷。

3. 特殊要求的门

（1）防火门　防火门用于加工易燃品的车间或仓库。根据耐火等级的要求选用。防火门目前多采用自动控制联动系统启闭。

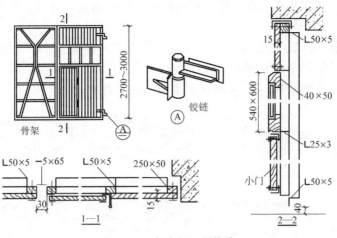

图 14-25 钢木平开门构造

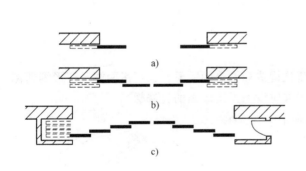

图 14-26 推拉门布置形式

a) 单轨双扇 b)、c) 多轨多扇

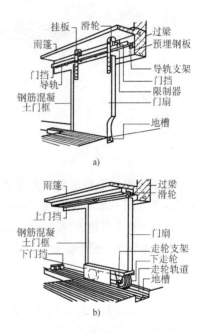

图 14-27 不同形式的推拉门

a) 上挂式 b) 下滑式

（2）保温门和隔声门 一般保温门和隔声门的门扇常采用多层复合板材，在两层面板间填充保温材料或吸声材料。门缝密闭处理和门框的裁口形式对保温、隔声和防尘有很大影响，应合理选择构造形式，以便正常使用。

14.4 天窗

课题导入：单层工业厂房天窗的种类有哪些？各适用于哪些类型的厂房？构造做法怎样？

【学习要求】 了解单层工业厂房天窗的种类、特点及适用范围，掌握矩形天窗的构造做法。

天窗的类型很多，基本上分为上凸式天窗、下沉式天窗和平天窗三大类型。上凸式天窗有矩形、M 形和三角形等；下沉式天窗有纵向下沉、横向下沉和天井式等；平天窗有采光带、采光屋面板和采光罩等。图 14-28 为天窗类型的示意图。

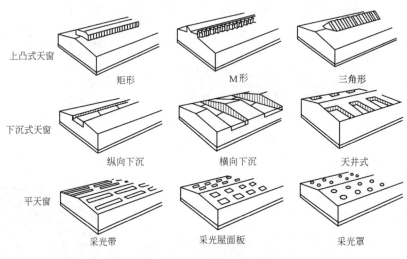

图 14-28　天窗的类型

14.4.1　矩形天窗

矩形天窗是沿厂房的纵向布置的，为简化构造和检修的需要，在厂房两端及变形缝两侧的第一个柱间一般不设天窗，每段天窗的端部应设上天窗屋面的检修梯。

矩形天窗主要由天窗架、天窗扇、天窗屋面板、天窗侧板及天窗端壁板等组成（图 14-29）。

1. 天窗架

天窗架是天窗的承重构件，它直接支承在屋架上弦上，其材料一般与屋架一致。天窗架有钢筋混凝土天窗架和钢天窗架两种（图 14-30）。

2. 天窗扇

矩形天窗设置天窗扇的作用是采光、通风和挡雨。天窗扇可用木材、钢材及塑料等材料

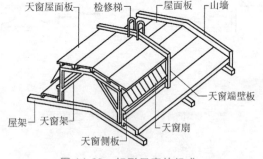

图 14-29　矩形天窗的组成

制作。由于钢天窗扇具有坚固、耐久、耐高温、不易变形和关闭较严密等优点，故被广泛采用。钢天窗扇的开启方式有上悬式和中悬式两种。

3. 天窗端壁

天窗端壁即天窗端部的山墙，可起承重和围护的作用。通常采用预制钢筋混凝土端壁板（图 14-31a）或钢天窗架石棉水泥瓦端壁（图 14-31b）。

4. 天窗屋面板和檐口

天窗的屋顶构造一般与厂房屋顶构造相同。当采用钢筋混凝土天窗架，无檩体系的大型

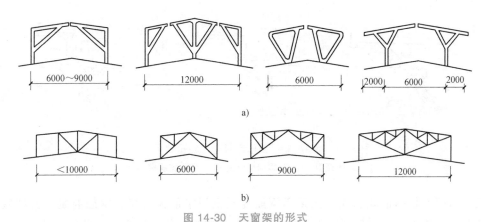

图 14-30 天窗架的形式

a）钢筋混凝土组合式天窗架 b）钢天窗架

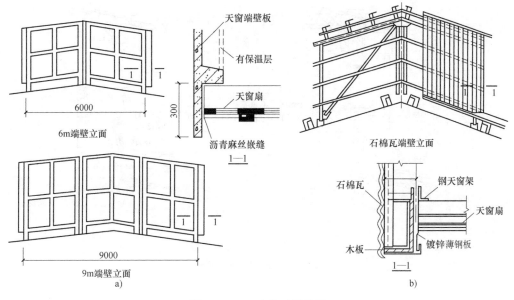

图 14-31 天窗端壁的类型

a）钢筋混凝土端壁 b）石棉水泥瓦端壁

屋面板时，其檐口构造有以下两类。

（1）带挑檐的屋面板 无组织排水的挑檐出挑长度一般为 500mm，若采用上悬式天窗扇，因防雨较好故出挑长度可小于 500mm；若采用中悬式天窗扇时，因防雨较差，其出挑长度可大于 500mm（图 14-32a）。

（2）带檐沟屋面板 有组织排水可采用带檐沟屋面板（图 14-32b），或者在钢筋混凝土天窗架端部预埋铁件焊接钢牛腿，以支承天沟（图 14-32c）。需要保温的厂房，天窗屋面应设保温层。

5. 天窗侧板

天窗扇下部需设置天窗侧板，侧板的作用是防止雨水溅入车间及防止因屋面积雪挡住天窗扇。从屋面至侧板上缘的距离，一般为 300mm。积雪较深的地区，可采用 500mm。侧板

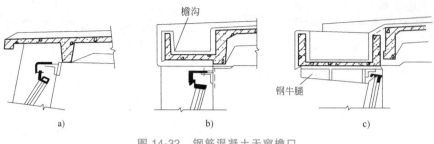

图 14-32 钢筋混凝土天窗檐口

a）挑檐板 b）带檐沟屋面板 c）牛腿支承槽沟板

的形式应与屋面板构造相适应。当采用钢筋混凝土门字形天窗架、钢筋混凝土大型屋面板时，侧板采用长度与天窗架间距相同的钢筋混凝土槽板（图 14-33a）。侧板与屋面板交接处应做好泛水处理（图 14-34）。

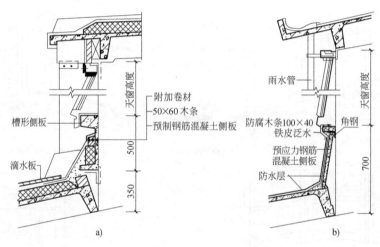

图 14-33 钢筋混凝土侧板

a）槽形侧板 b）小型侧板

14.4.2 矩形通风天窗

矩形通风天窗是在矩形天窗两侧加挡风板组成（图 14-35），这种天窗多用于热加工车间。为提高通风效率，除寒冷地区有保温要求的厂房外，天窗一般不设窗扇，而在进风口处设挡雨片。矩形通风天窗的挡风板，其高度不宜超过天窗檐口高度，挡风板与屋面板之间应留有 50～100mm 的间隙，以便于排除雨水和清除灰尘。在多雪地区，间隙可适当增加，但也不能太大，一般不超过 200mm。缝隙过大，易产生倒灌风，影响天窗的通风效果。挡风板端部要用端部板封闭，以保持风向变化时仍可排气。在挡风板或端部板上还应设置供清除灰尘和检修时通行的小门（图 14-36）。

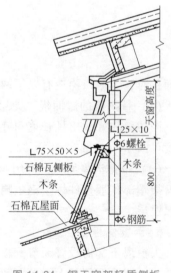

图 14-34 钢天窗架轻质侧板

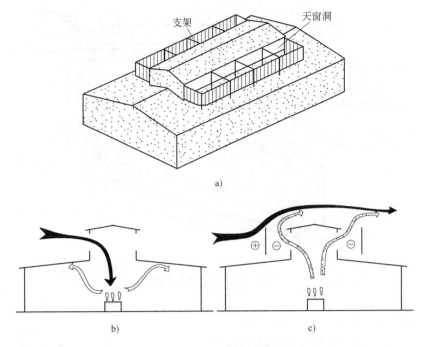

图 14-35 矩形通风天窗的原理

a）通风天窗的外观 b）普通天窗的倒灌现象 c）通风天窗通风流畅

1. 挡风板

挡风板的固定方式有立柱式和悬挑式两种。挡风板可向外倾斜或垂直布置（图 14-37）。挡风板向外倾斜，挡风效果更好。

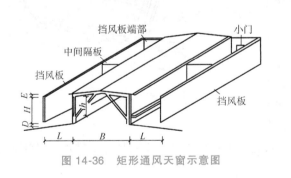

图 14-36 矩形通风天窗示意图

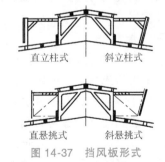

图 14-37 挡风板形式

（1）立柱式挡风板 立柱式挡风板是将钢筋混凝土或钢立柱支承在屋架上弦的混凝土柱墩上，立柱与柱墩上的钢板件焊接，立柱上焊接固定钢筋混凝土檩条或型钢，然后固定石棉水泥瓦或玻璃钢瓦制成的挡风板（图 14-38）。立柱式挡风板结构受力合理，但挡风板与天窗的距离受屋面板排列的限制，立柱处屋面防水处理较复杂。

（2）悬挑式挡风板 悬挑式挡风板的支架固定在天窗架上，挡风板与屋面板完全脱开（图 14-39）。这种布置处理灵活，但增加了天窗架的荷载，对抗震不利。

2. 挡雨设施

矩形通风天窗的挡雨设施有屋面做大挑檐、水平口设挡雨片和竖直口设挡雨板三种

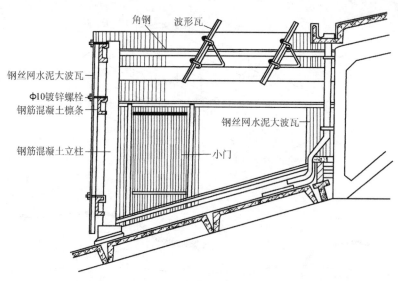

图 14-38 立柱式挡风板

（图 14-40）。挡雨片高度一般为 200～300mm。
垂直口设挡雨板时，挡雨板与水平面夹角越
小，通风越好。但考虑到排水和防止溅雨，一
般不宜小于 15°。挡雨片有石棉水泥瓦、钢丝
网水泥板、钢筋混凝土板及薄钢板等。

14.4.3 平天窗

平天窗的类型有采光屋面板、采光罩和采
光带三种类型。

1. 采光屋面板

采光屋面板是在定型的屋面板上开设窗
洞，安装平板透光材料，可做成固定式或开启
式两种（图 14-41）。通风式采光屋面板是将采
光孔壁的一侧加高并设置可开启的侧窗，倾斜

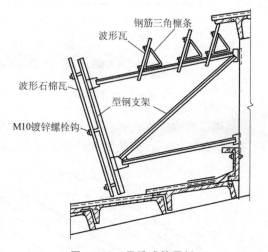

图 14-39 悬挑式挡风板

采光，既可以通风，又可以采光，且倾斜的采光面可减少积雪、积灰且便于排水，做法较矩
形天窗简单、经济且质量小（图 14-42）。

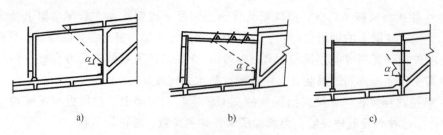

图 14-40 挡雨设施

a）大挑檐挡雨 b）水平口设挡雨片 c）垂直口

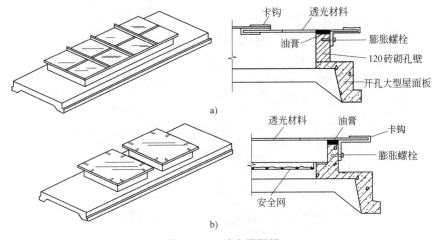

图 14-41 采光屋面板

a）大孔板 b）小孔板

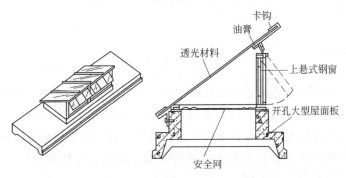

图 14-42 通风式采光屋面板

2. 采光罩

在屋面板上开洞并安装弧形透光材料，也有固定式和开启式两种（图 14-43）。

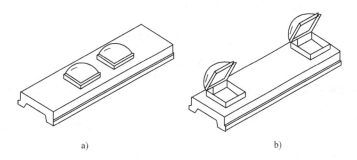

图 14-43 采光罩

a）固定式 b）开启式

3. 采光带

在屋顶上将屋面板隔开一些距离，做成通长的平天窗。槽瓦屋面宜做横向采光带，而屋面板宜做纵向采光带（图 14-44）。

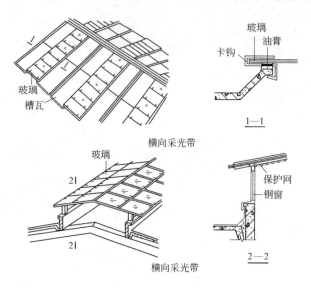

图 14-44　采光带

14.5　厂房地面

课题导入：厂房地面的选择依据是什么？厂房地面的特殊做法是什么？

【学习要求】　了解厂房地面选择的依据以及地面的构造做法。

厂房地面与民用建筑地面构造基本相同，一般由面层、垫层和地基组成。但厂房的地面往往面积、荷载较大，还要满足各种生产使用要求。因此，合理地选择厂房地面材料及构造，对生产和投资都有较大的影响。

14.5.1　地面的选择

地面面层是直接承受各种物理和化学作用的表面层，应根据生产特征、使用要求和影响地面的各种因素来选择。地面面层选择见表 14-1。

表 14-1　地面面层的选择

生产特征及对垫层使用要求	适宜的面层	生产特征举例
机动车行驶、受坚硬物体磨损	混凝土、铁屑水泥、粗石	车行通道、仓库、钢绳车间等
坚硬物体对地面产生冲击（10kg 以内）	混凝土、块石、缸砖	机械加工车间、金属结构车间等
坚硬物体对地面有较大冲击（50kg 以上）	矿渣、碎石、素土	铸造、锻压、冲压、废钢处理等
受高温作用地段（500℃ 以上）	矿渣、凸缘铸铁板、素土	铸造车间的熔化浇铸工段、轧钢车间加热和轧机工段、玻璃熔制工段
有水和其他中性液体作用地段	混凝土、水磨石、陶板	选矿车间、造纸车间
有防爆要求	菱苦土、木砖沥青砂浆	精苯车间、氢气车间、火药仓库等

（续）

生产特征及对垫层使用要求	适宜的面层	生产特征举例
有酸性介质作用	耐酸陶板、聚氯乙烯塑料	硫酸车间的净化、硝酸车间的吸收浓缩
有碱性介质作用	耐碱沥青混凝土、陶板	纯碱车间、液氨车间、碱熔炉工体段
不导电地面	石油沥青混凝土、聚氯乙烯塑料	电解车间
要求高度清洁	水磨石、陶瓷锦砖、拼花木地板、聚氯乙烯塑料、地漆布	光学精密器械、仪器仪表、钟表、电信器材装配

14.5.2　细部构造

1. 缩缝

混凝土垫层需考虑温度变化产生的附加应力的影响，同时防止因混凝土收缩变形所导致的地面裂缝。一般厂房内混凝土垫层按3~6m间距设置纵向缩缝，6~12m间距设置横向缩缝，设置防冻层的地面纵横向缩缝间距不宜大于3m。缝的构造形式有平头缝、企口缝和假缝三种（图14-45），一般多为平头缝。企口缝适合于垫层厚度大于150mm的情况，假缝只能用于横向缩缝。

2. 变形缝

地面变形缝的位置应与建筑物的变形缝一致。同时，在地面荷载差异较大和受局部冲击荷载的部分亦应设变形缝。变形缝应贯穿地面各构造层次（图14-46a），并用嵌缝材料填充。若面层为块料时，面层不再留缝（图14-46b）。

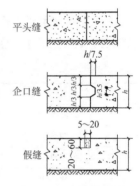

图14-45　混凝土垫层缩缝构造

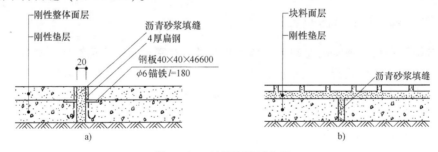

图14-46　地面变形缝构造

3. 交界缝

两种不同材料的地面，由于强度不同，接缝处易遭破坏，此时应根据不同情况采取措施（图14-47）。

14.5.3　垫层的设置与选择

垫层是承受并传递地面荷载至地基的构造层次，可分为刚性和柔性两类。刚性垫层整体性好、不透水、强度大，适用于荷载大且要求变形小的地面；柔性垫层在荷载作用下产生一定的塑性变形，造价较低，适用于承受冲击和强度振动作用的地面。

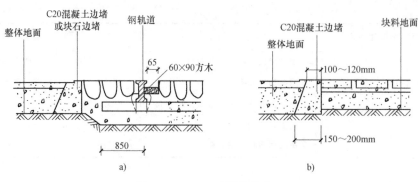

图 14-47　不同地面接缝处理

a）假缝　b）企口缝

垫层的厚度主要由作用在地面上的荷载来确定，地基的承受力对它也有一定的影响，对于较大荷载需要经过计算确定。地面垫层的厚度应满足表 14-2 的规定。

表 14-2　垫层最小厚度

垫 层 名 称	材料强度等级或配合比	厚度/mm
混凝土	≥C10	60
四合土	1:1:6:12（水泥:石灰膏:砂:碎砖）	80
三合土	1:3:6（熟化石灰:砂:碎砖）	100
灰　土	3:7 或 2:8（熟化石灰:黏性土）	100
砂、炉渣、碎（卵）石		60
矿　渣		80

14.5.4　厂房地面对地基的要求

地面应铺设在均匀密实的地基上。当地基土层不够密实时，应用夯实、掺骨料及铺设灰土层等措施加强。地面垫层下应选择砂土、粉土、黏性土及其他有效填料，不得使用过湿土、淤泥、腐殖土、冻土、膨胀土及有机物含量大于 8% 的土。

14.6　钢结构厂房构造

课题导入：钢结构厂房是由哪些部分组成的？压型钢板厂房外墙的构造有什么特点？

【学习要求】　了解钢结构厂房的组成以及压型钢板厂房外墙的构造做法，了解厂房金属梯与走道板的做法和构造连接。

钢结构厂房构件组成如图 14-48 所示。

钢结构厂房按其承重结构的类型不同，可分为普通钢结构厂房和轻型钢结构厂房两种，在构造组成上与钢筋混凝土结构厂房大同小异。其主要差别为，钢结构厂房因使用压型钢板外墙板和屋面板，在构造上增设了墙梁和屋面檩条等构件，从而产生了相应的变化。厂房屋顶还应满足防水、保温及隔热等基本围护要求。同时，根据厂房需要设置天窗以解决厂房采光问题。

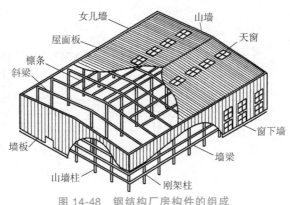

图 14-48 钢结构厂房构件的组成

1. 外墙材料

钢结构厂房外墙多采用压型钢板（图 14-49）。压型钢板按材料的热工性能不同，可分为非保温的单层压型钢板和保温复合型压型钢板。非保温的单层压型钢板目前使用较多的为彩色涂层镀锌钢板，一般为0.4~1.6mm 厚波形板。彩色涂层镀锌钢板具有较高的耐温性和耐腐蚀性。一般使用寿命可达 20 年。保温复合型压型钢板的做法通常有两种：一种是施工时在内外两层钢板中填充以板状的保温材料，如聚苯乙烯泡沫板等；另一种是利用成品材料——工

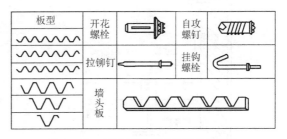

图 14-49 压型钢板板型及部分连接件

厂生产的具有保温性能的墙板直接施工安装，其材料是在两层压型钢板中填充发泡型保温材料，利用保温材料自身凝固使两层压型钢板结合在一起形成的复合型保温外墙板。

2. 外墙构造

钢结构厂房的外墙，一般采用下部为砌体（一般高度不超过 1.2m），上部为压型钢板墙体，或全部采用压型钢板墙体的构造形式。当抗震烈度为 7 度、8 度时，不宜采用柱间嵌砌砖墙；9 度时，宜采用与柱子柔性连接的压型钢板墙体。

压型钢板外墙构造力求简单，施工方便，与墙梁连接可靠，转角等细部构造应有足够的搭接长度，以保证防水效果。如图 14-50 所示和图 14-51 分别为非保温型（单层板）和保温型外墙压型钢板墙梁、墙板及包角板的构造图。图 14-52 为窗侧、窗顶及窗台包角的构造。图 14-53 和图 14-54 为山墙与屋面处泛水的构造。图 14-55 为彩板与砖墙节点的构造。

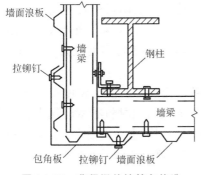

图 14-50 非保温外墙转角构造

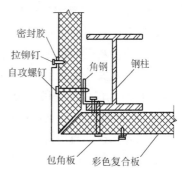

图 14-51 保温外墙转角构造

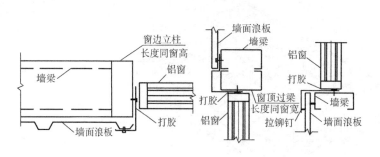

图 14-52　窗户包角构造

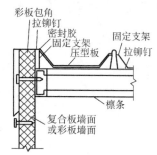

图 14-53　山墙与屋
面处泛水构造（1）

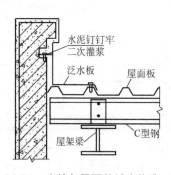

图 14-54　山墙与屋面处泛水构造（2）

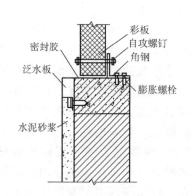

图 14-55　彩板与砖墙节点的构造

本 章 回 顾

1. 单层厂房的外墙主要起围护作用，目前使用比较广泛的有砌体墙、大型板材墙和轻质板材墙及开敞式外墙。大型板材墙板的布置方式有横向、竖向和混合布置三种，它们与柱子的连接分为刚性和柔性连接两种。轻质板材墙按材料不同，分有石棉水泥瓦、镀锌成薄钢板瓦、塑料波形瓦、压型钢板瓦、玻璃钢波形瓦及彩色压型钢板复合瓦等。

2. 厂房屋面排水方式和民用建筑一样，分为无组织排水和有组织排水两种。有组织排水又分为内排水、内落外排、檐沟排水及长天沟排水等。

3. 厂房屋面的防水有卷材防水、构件自防水、刚性防水和瓦屋面防水等几种。

4. 单层工业厂房多采用钢侧窗，具有坚固耐久、防火、关闭紧密且遮光少等优点，我国目前主要有实腹钢窗和空腹钢窗两种。厂房侧窗的面积较大，多采用基本窗拼接组合，依靠竖向和水平的拼料保证窗的整体刚度和稳定性。厂房侧窗高度和宽度较大，窗的开关常借助开关器。开关器又分手动和电动两种。

5. 工业厂房大门主要是供人流、货流通行及疏散之用。一般门的宽度应比满装货物时的车辆宽 600~1000mm，高度应高出 400~600mm。一般大门的材料有木、钢木、普通型钢和空腹薄壁钢等几种。当门洞尺寸较大时，为了防止门扇变形常采用钢木大门或钢板门。高大的门洞需采用各种钢门或空腹薄壁钢门。还有一些特殊要求的门，如防火门、保温门和隔声门等。

6. 单层工业厂房中作采光的天窗有矩形天窗、平天窗、下沉式天窗及锯齿形天窗等。作通风用的主要有矩形通风天窗、纵向或横向下沉式天窗等。

7. 矩形通风天窗是由矩形天窗及两侧的挡风板组成，为了增大通风量，可以不设窗扇。解决防雨的措施是采用挑檐屋面板、水平口挡雨片及垂直口挡雨板三种。

8. 井式天窗由井底板、井口板、挡风侧墙及挡雨设施组成。井式天窗的井底板既可横向布置，也可纵向布置。

9. 厂房地面与民用建筑地面构造基本相同，一般由面层、垫层和地基组成。面层是直接承受各种物理和化学作用的表面层，应根据生产特征、使用要求和影响地面的各种因素来选择地面。

10. 钢结构厂房按其承重结构的类型不同，可分为普通钢结构厂房和轻型钢结构厂房两种。在构造组成上与钢筋混凝土结构厂房大同小异。其主要差别为，钢结构厂房因使用压型钢板外墙板和屋面板，在构造上增设了墙梁和屋面檩条等构件，从而产生了相应的变化。

参 考 文 献

［1］ 吴舒琛，王献文. 土木工程识图（房屋建筑类）［M］. 北京：高等教育出版社，2010.

［2］ 白丽红. 土木工程识图（房屋建筑类）［M］. 北京：机械工业出版社，2010.

［3］ 同济大学，西安建筑科技大学，东南大学，等. 房屋建筑学［M］. 4 版. 北京：中国建筑工业出版社，2006.

［4］ 赵研. 建筑构造［M］. 2 版. 北京：中国建筑工业出版社，2005.

［5］ 白丽红. 建筑识图与构造［M］. 北京：机械工业出版社，2009.

［6］ 孙鲁，甘佩兰. 建筑构造［M］. 2 版. 北京：高等教育出版社，2007.

［7］ 强制性条文咨询委员会. 工程建设标准强制性条文——房屋建筑部分［M］. 北京：中国建筑工业出版社，2009.